U0166159

后浪

LA CASA

屋檐之下

人类住宅进化史

Daniel Torres

[西]丹尼尔·托雷斯 著　谢沛奕 译

四川美術出版社

丹尼尔·托雷斯

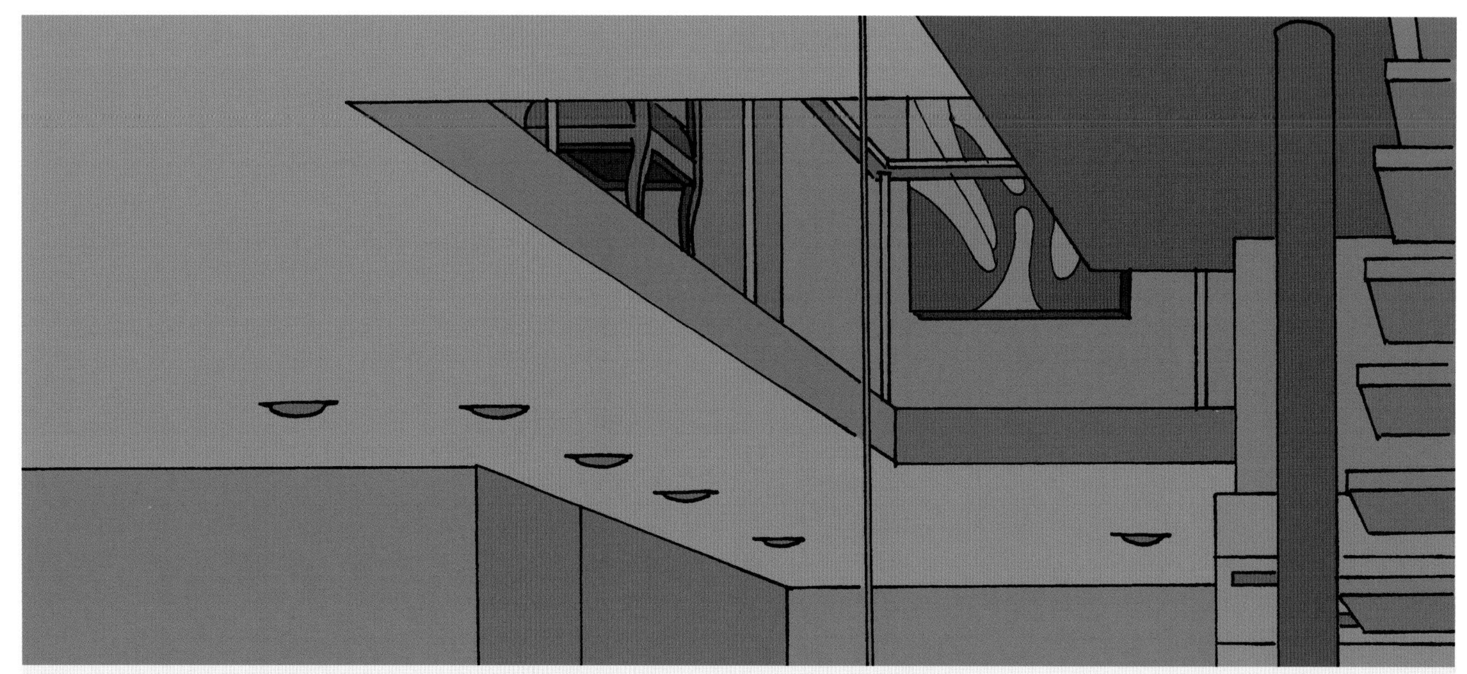

女人把车停进了车库。她坐上电梯，几秒之内就抵达了第二十层。这栋现代化建筑位于一座大城市。那是一个寒冷的冬日下午。通过指纹锁，女人打开了家门。她在上班地点知道了几点下班后，就启动了加热设备，并把温度设定在二十二摄氏度。这样，回到家的时候，迎接她的将是令人愉悦的室温。她走进房间，洗澡，穿上舒适的衣服。客厅里，一小簇火焰已经点燃，让她备感温暖。

她把大窗户的窗帘拉开，因为她喜欢看雪花飘落在这安静的城市；她打开电视，调到一个播放大自然纪录片的频道，但设置成静音，因为想听能让自己精神一振的音乐；她连上办公的电脑，选择音乐播放器；她打开烤箱，调整灯光的亮度，然后找菜谱；她给自己倒了一杯红酒。正准备做晚饭的时候，电话响了，她接起电话，并对电话里的人说："是的，我已经到家了。"

屋檐之下

人类住宅进化史

当我们打开家门时，有时候应该停下来想一想，这个在一生中重复了成千上万次的动作，是有意义的。也许这种思考会让我们发现，我们生活的墙壁之间，是一个空间，也是一种观念。是的，我们的家，在我们的大脑里占有一席之地。它让我们产生愉悦、安心、舒适、亲密等各种感觉。如果意识到“家”这个观念是历经千辛万苦才征服了我们，让我们产生这些感觉，我们一定会更重视它。我们所说的“征服”，并不是指对住所里个人的征服，而是人类经历的事情，让我们在转动钥匙的时候，可以这么想，“我到家了”。

几千年来，人类的日常生活是如此艰难困苦，以至于没有人有时间、机会或者意志力，停下来思考这样一个抽象概念，家的概念。事实上——我们来看看所谓的西方世界——仅仅在短短几十年前，我们才深刻地理解所有人都值得拥有体面的住房这一原则。虽然说这个权利最近才深入人心，但是我们倾向于认为这个权利一直都在，人们过去的经历，无意识地影响了我们现在的状况。如果我们发现，个人主义直到文艺复兴时期才初露端倪，且直到 19 世纪才真正实现；如果我们知道“拥有权利”这个说法直到前天才叩响我们的大门；如果我们能发现所有这些事物的含义，就能完全理解，对于人类来说，那个属于我们的空间之门被打开后，会有什么收获。

人们的生活，就是一个集合体，这里面有生理需求、忧虑、安全感、对环境的掌控以及精神上的追求。这一切在几百万年里，并没有改变多少。如果说从人类踩上地球的尘土到如今算是一天的话，几小时前，人类走进了洞穴；几分钟前，人类建起了住宅；而短短的几秒前，人类才有拥有体面住房的权利。

与其说历史是真实发生的事情，不如说是我们被告知的事情。因此，我们可以说，这是一口源自过去的井，我们可以从中汲取宝贵的结论。

这本书不是历史书，也不是关于建筑学或者室内设计的论著，更不是人类学作品。它是从这口过去的井里取出的故事集。在这些故事中，家是主角，里面有各种人物。私密生活的剧场、充满感情的场景、噪音与寂静的氛围、学习与回忆的地点，家就是这样成为一种回忆，永远与我们同在。

人类将自己的行为记录在书里、在战场上、在绘画里、在纪念碑上或者是在贸易协定里，但是在其他任何地方，都没有他们在这四面墙里坦诚。人类曾在这里出生、生活、受苦、睡觉、做梦、享乐以及死亡。

但是这些室内的历史，几乎从来都是用小字书写，隐匿在聚光灯和时间的阴影之下。

室内总是隐藏着秘密。我们只需想象一下，第一次走进一个陌生人或者熟人的家时产生的好奇心。这两种情境中，我们都想从身处的景象中，窥见或者完善住在这里的人的形象。事实就是这样，我们可以凭直觉感受到，室内就是个战场，人们的需求改变了这个地方，而这个地方也改变了我们。这里上演的是戏剧。谁能拒绝一部精彩的戏剧呢？

我们不知道听过多少次这样的话："如果墙壁会说话的话……"那好吧，是时候让它们说话了。让我们赋予它们声音吧。

目　录

第一章

永恒的火种

约旦河

公元前1200年

第一个村庄

太阳把田里的谷物晒熟。天才刚亮，四周已经热起来了。在这个由砖坯搭建起来的矮小建筑里，我们听见外面传来了日常劳作的声音。

人类这种喜爱符号的生物，找到了最能代表自己已经安定下来的符号：家。如果人类是其他哺乳动物，我们现在一定还继续生活在洞穴里。当然，洞穴也是个不差的住所：隐蔽、冬暖夏凉、易防守……但是我们之所以和其他哺乳动物不一样，我们之所以从洞穴里走出来，是因为人类迫切需要创造居住条件，一步步掌控四周的环境和资源。如果说每种生物都代表适应和抵抗周围环境的不同斗争，那人类的这种斗争是充满意志力和勇气的。

这个建筑分成三个小房间，地基均为四边形，屋顶是平的，没有阁楼。由木材做梁，混合根茎和泥土建成房顶。人们可以通过一个小天窗爬到房顶，上面可以储存物品和收集雨水，天气炎热时，还可以睡在这里。由砖坯搭起的墙面上沾满了黏土。地板是被压实的泥土。没有遮挡物的小洞就是门，只有一张布将室内和室外分开。布最主要的功能是遮挡阳光和尘土，而不是保护或者声明这是私有财产。夜幕降临时，所有人都睡在由棕榈叶子制成的席子上。没有更多空间可以利用。所有日常生活都在室外开展。

某天——当然，这里的“一天”指的是很多时间的总和——一个洞穴里的人发现如果给动物建立起围栅，就不需要去远方寻找食用肉和皮革了；而且他发现，如果一直在树旁生活，就可以年复一年收获树上的水果。于是，他放弃了不确定的游牧生活，选择了规律的农耕生活，而这个选择无法回头。世界上第一个村庄的居民体会到，生活就是由一系列不断重复的事情组成的。这就是这个世界的生活，这个世界既有来自过去的馈赠，也有必须面对的未来。他们需要努力战胜并利用这个世界的自然环境，创造新的生活条件。

这是一种艰辛的生活。是的，住在这些小房子里的居民们，受到气候、秩序和安全需求的严格限制。不过，为了日后能摆脱这种生活，他们依靠集体，每日不懈努力。于是，小村庄聚集成更大的村落，而它们又为后来最早的城市的形成打下了基础。

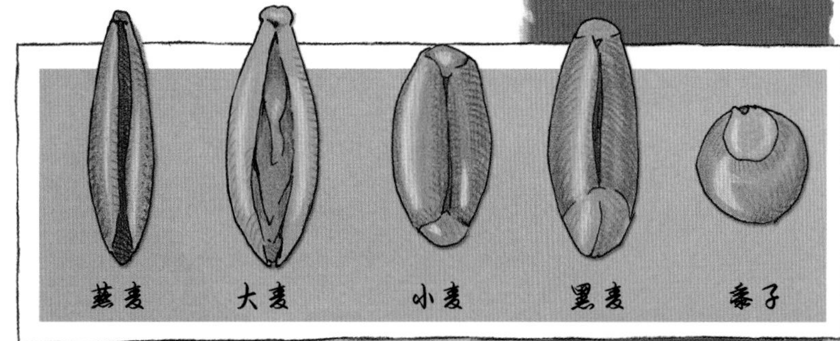

人们通过作物的谷穗形态和动物的出生来衡量时间。

他们每天工作。显而易见，这里既没有假期，也没有节日。日出而作，日落而息。一年的时光就等于播种、收割、准备播种、期待不那么差的丰收……每人都如此。

谷物的丰收（别忘了，谷物是唯一可以满足人们各种营养需求的食物。如今我们一半的热量都来自少数几种谷物，几万年前人们就开始在地中海东部耕种这些谷物了），导致人口大量增长。这证实了基于农业和放牧的生活模式的优越性。人口的增长扩大了田地，影响了谷物的自然选择。随着时间的推进，谷物变得越来越有营养，也能更好地抵抗病虫害。几百年的时间里，原本为了维持生计的生产，让步于扩大性生产。生活于人口中心的居民们给家添加了一个新的标志——粮仓，象征着他们和大地的联系。

让我们来看看下面几个人，在漫长的一天的清晨，他们和家、大地、工作产生了怎样的联系。

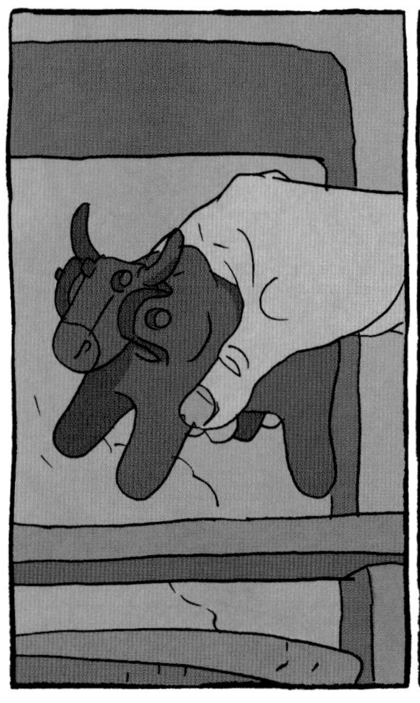

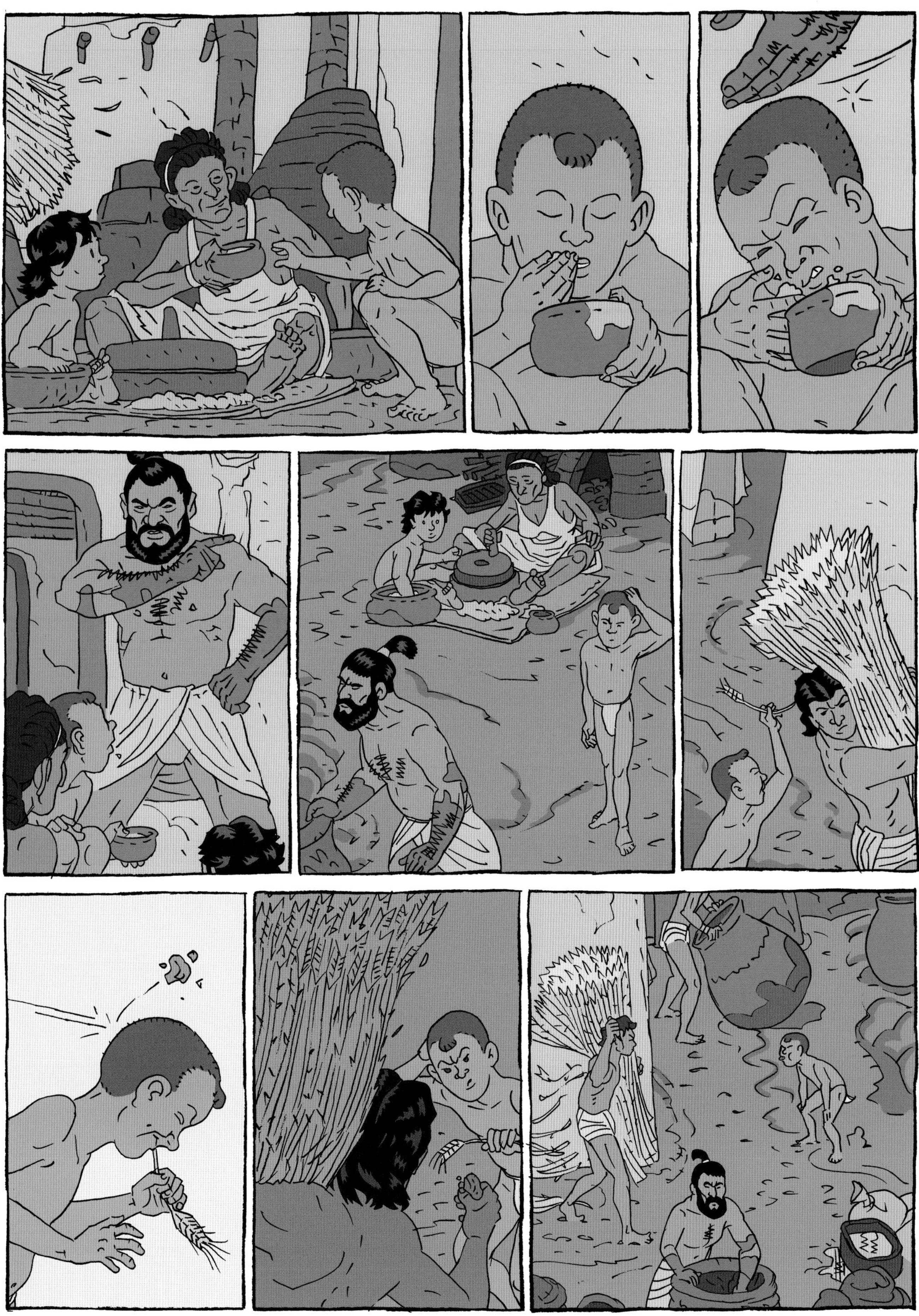

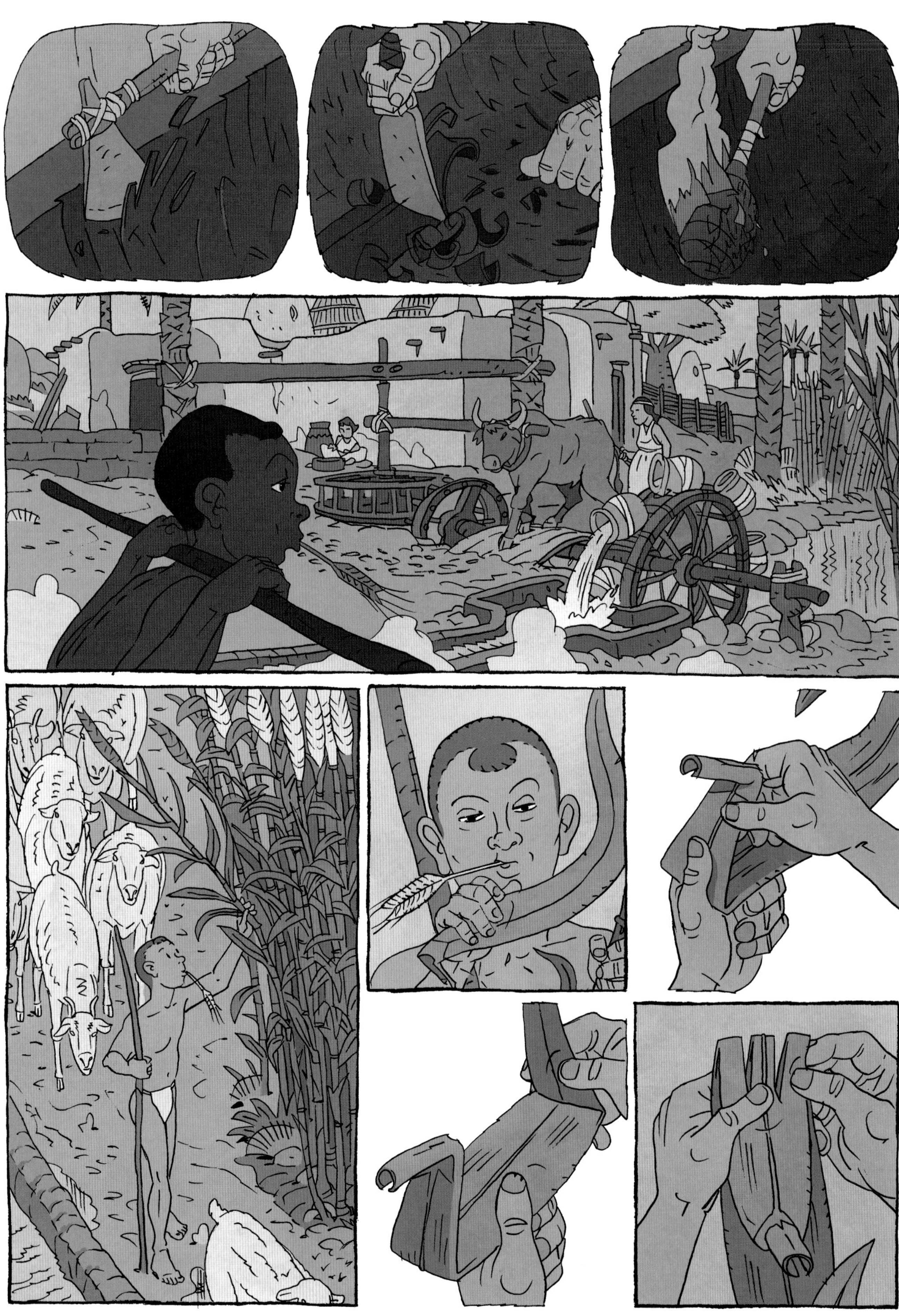

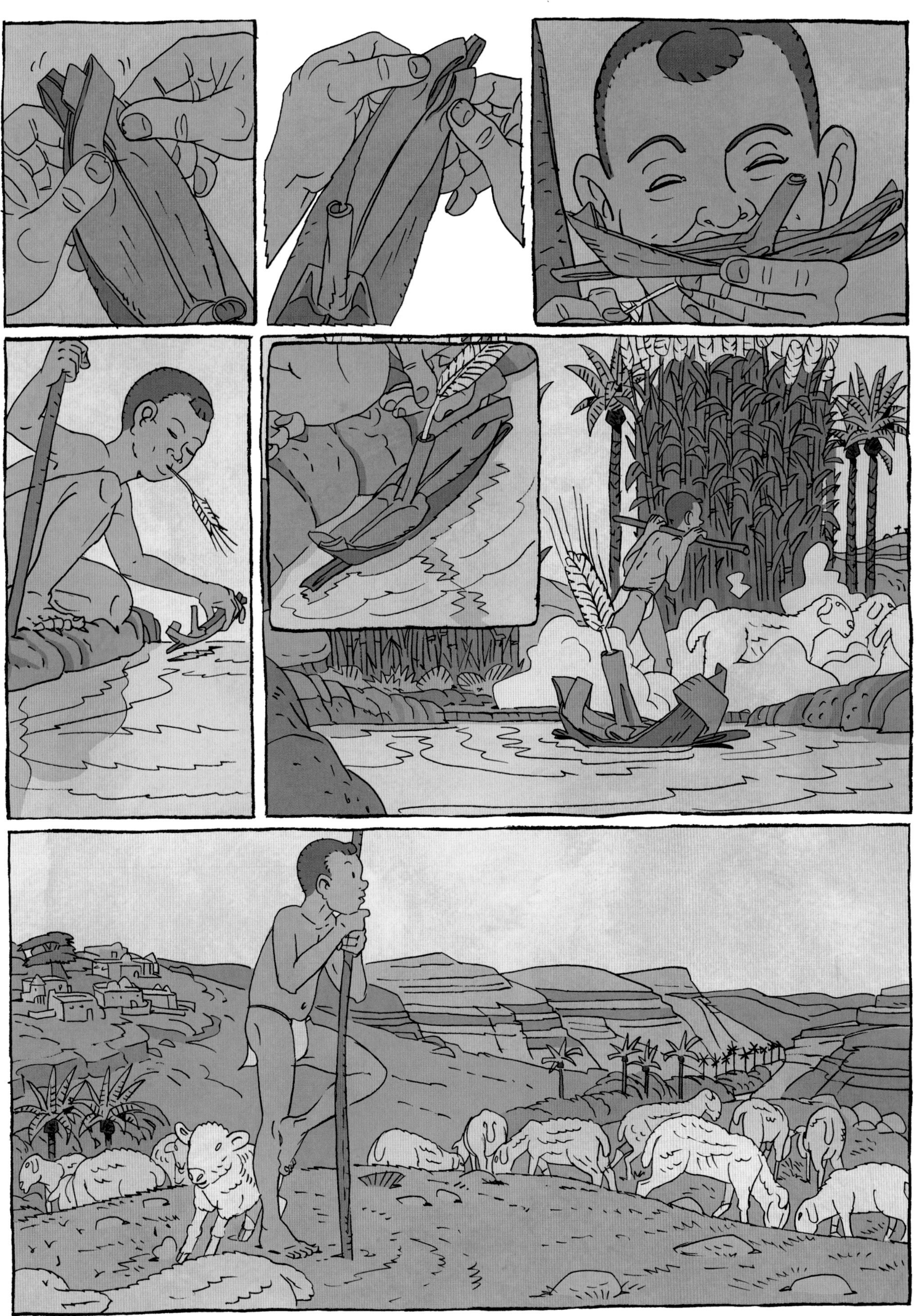

第二章

水上高速之路

海格力斯之柱*

公元前835年

* 指直布罗陀海峡两岸耸立的海岬。

以物易物的文化

这是个无边的世界。一片未知的土地，沐浴在（同样无边和未知的）大海里。在大海的衬托下，这个世界变得小了一点，也就那么一点点。

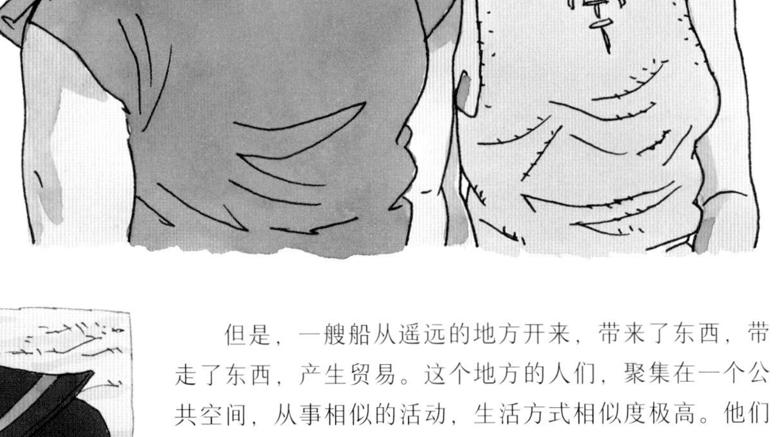

身处21世纪初的我们喜欢说，一个屏幕能装下这个世界。但是，在29个世纪以前，最奇妙、最奇异的想象也装不下这个世界。

矛盾的是，那时人们生活的世界很小，就像前几页看到的那样。一个面积非常有限的茅屋或者草舍，坐落在村庄里。村里几乎没有像样的路，连将这个地方划成一个社区都困难。村庄位于采矿区或者牧羊区附近。再远一些，就什么也没有了。

但是，一艘船从遥远的地方开来，带来了东西，带走了东西，产生贸易。这个地方的人们，聚集在一个公共空间，从事相似的活动，生活方式相似度极高。他们创造了文化。他们的互相接触产生了交流和交换。因此也促进了商贸和文化发展。

那时世界看不到尽头，东西也很少。比如，那时候颜色很少，包裹着人们的颜色大多是褐色。所以，一条来自无边的海的那边的紫红色披风自然受到人们的追捧和保护。一定是神仙将它编织好并染成了这个颜色，海上的怪兽曾经试图抢夺那条想带它过来的船……

为了获得那些宝物——图中展示的金属物品、镜子或者是精细的谷物颗粒——就要用在其他地方非常稀有的物品来交换。比如那件金属摆件，它的原材料极难开采，也很难熔化；还有那面带有波浪花纹的铜镜，它可以照出一个人穿上紫红色披风有多好看。

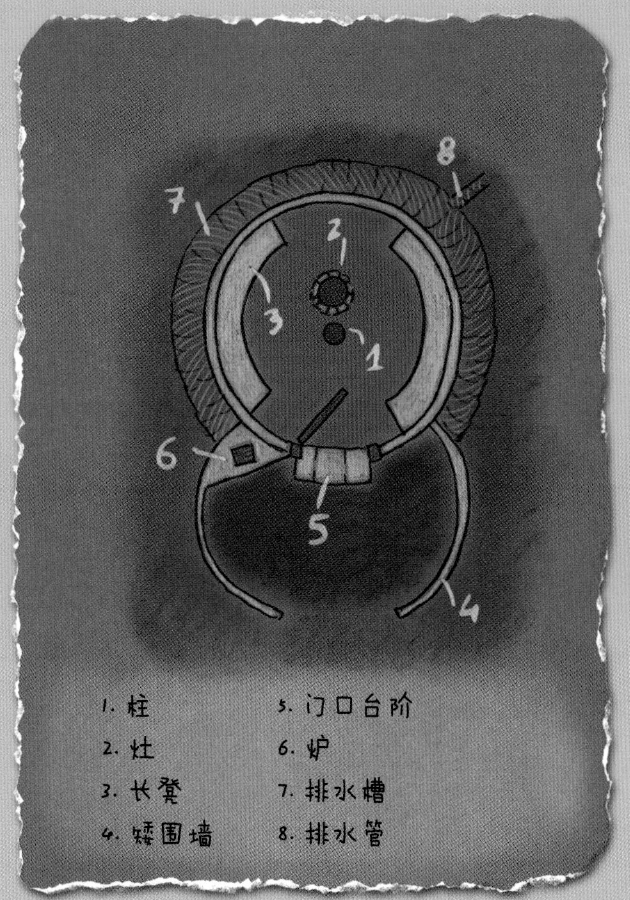

这一地区发现的建筑是一栋独栋房子，地基是圆形的，入口是一扇由木板制成的门，不那么结实，却将外面和里面区分开。但在当地居民的意识里，这个小茅屋只是个庇护所。这里盛产石头，所以墙壁由石头加上一点泥堆砌而成。

可以说建筑史上很长一段时间都是这种状态，因为直到更为近代的时候，人们才开始用更远的地方的材料来建造房子。那时候没有办法，也没有时间去远方寻找不一样的材料。

我们通常认为房子应该有窗户，可是这栋建筑没有。

地面上铺着卵石，并用被火烤过的黏土压实，保持水平。正中间有一个不太深的洞，四周围着一些石块，用来生火暖房子和煮饭。长凳也是石头的，人们可以坐在上面吃饭，还可以放他们仅有的少量器具。屋顶是圆锥形的，没有烟囱；用树枝和稻草搭成，依靠墙壁以及房屋中心唯一一根树干来支撑。

村子里的其他房子都是一样的构造，根据山势适当调整。人们利用地势更好地排水或者建起少量防御型设施。这里的一切都很简单，人们的生活模式并非每天遵循旧俗，而是每天都会有新发现。

为什么在这幅漫画里，
这个市场仓库的内部像是异
教徒的神殿？

商人很清楚通过水上高速路运送的货物和商品的价值。而且，他们也很清楚自己还将东方的技术和思想带到了未开化的西方。越来越频繁的商贸活动，促进了沿海聚居区的建设。在每一个聚居区——就像我们之前见过的村子——附近临近海岸和小港口的地方，将有船只停泊，还会有一个储藏货物的仓库。仓库四周是住宅区，住在那里面的人们负责货物的储存、贸易并保护这块飞地；人们迎来满载而归的船只，卸下货物，又将货物装上，再告别这艘重新装满的船。

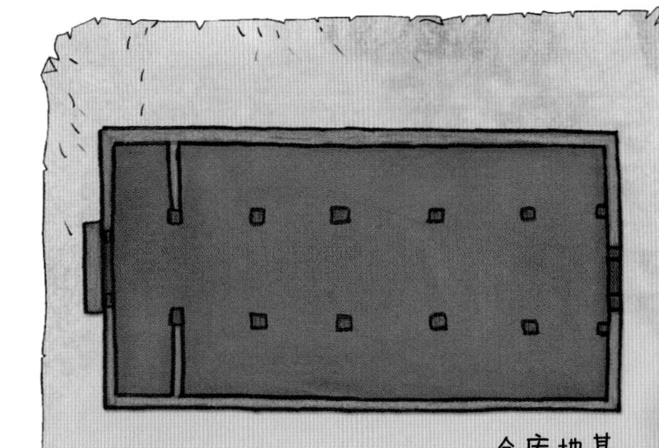

仓库地基

仓库

仓库是这个贸易中心最大的建筑，不仅是为了满足容量需求，也是为了显示它的重要性，让人们从遥远的地方一眼就能看见它。

楼的地基是四边形的，只有中殿。中殿被两列结实的木柱分成三部分，墙壁是厚实的石墙。和棚屋一样，它的屋顶有三个坡面，由结实的框架和用树干、树枝和麦秸制作的编织物构成。

平视图

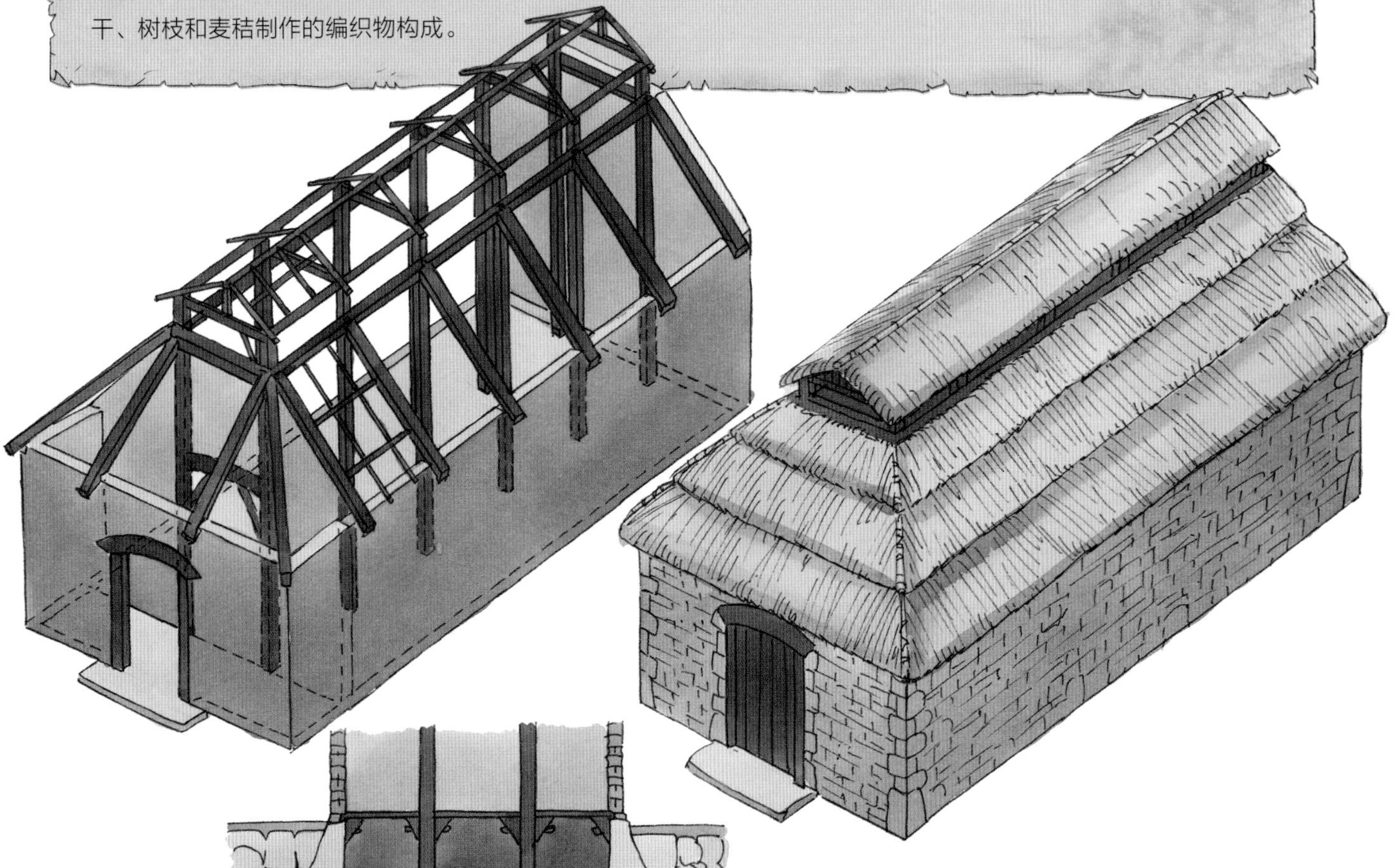

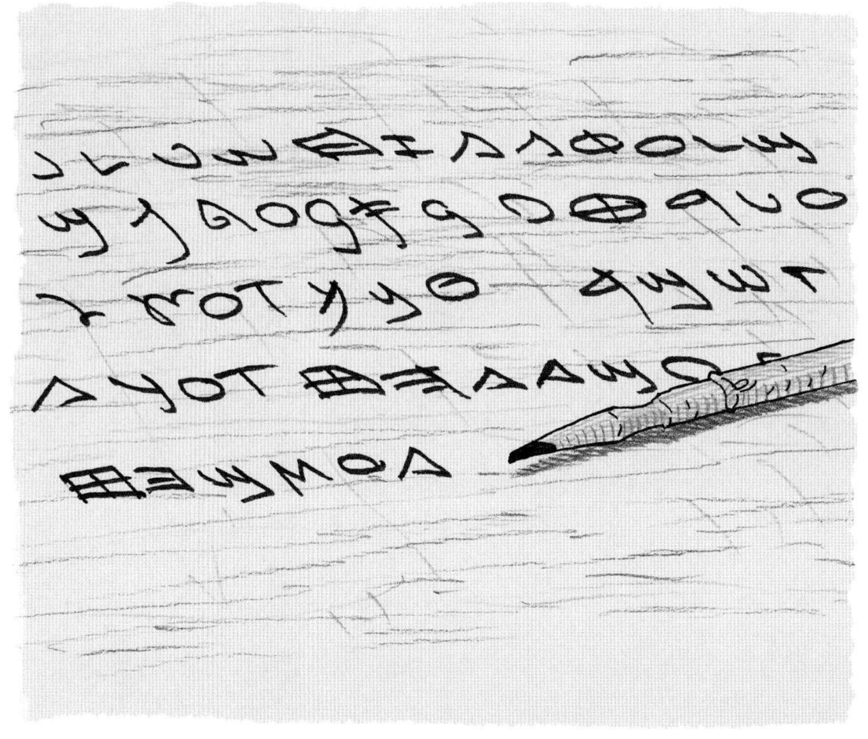

商人们为了记录自己做过的工作，也为了让生意更加繁荣，发明了一些符号。他们把这些符号放在另一些符号旁边，记录下他们的活动和想法（而我们现在正在使用这些符号来讲述它们自身的故事），这就是字母。

一张被风吹动的帆，
一张莎草纸上的字符，
让本不存在的事物浮现。
是的，世界已经开始日益缩小，
尽管它不自知。
这是又一个历史常数。

第三章

铁铸的基础

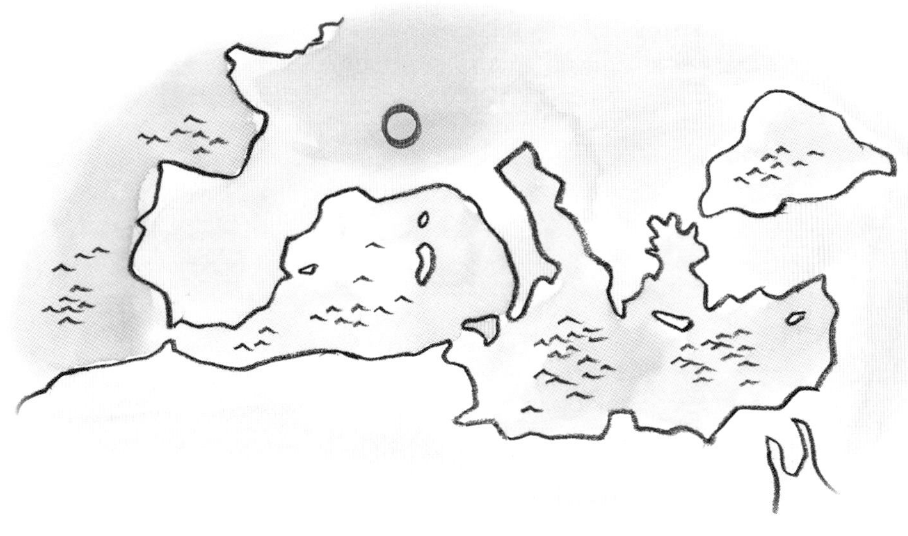

纳沙泰尔湖

公元前650年

如今，我们对人类经过不懈努力创造的地理环境已经习以为常。因此很难想象，在两千六百多年前，整个欧洲都被密密麻麻、没有尽头的丛林覆盖着。

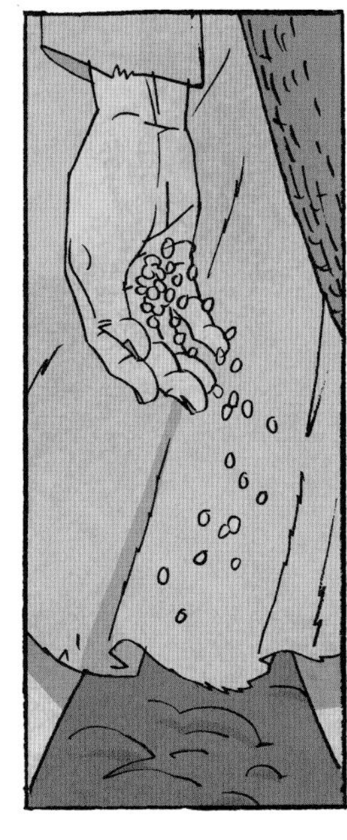

这栋房子快要烧没了。房子倒了，

曾经住在这里的人的痕迹都将随之消失。

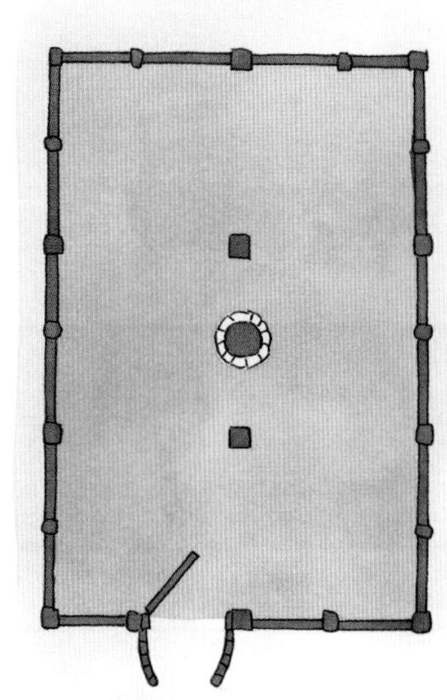

把这栋建筑称为“住宅”也许还不是很合适，但是目前还没有一个可以将它归入其中的类别。

这是一间茅草房，比我们之前看到的要大，不过里面是一整个没有隔间的大房间，所有人都待在里面，所有物品都储存在这里。地基是四边形的，屋顶是两个倾斜的坡面。这里降雨充分，降雪也不少。整栋房子是由木头、枝条和泥土构成的。里面没有窗户，唯一的门又矮又窄，门上面还有一个小型的屋顶，以免雪水和泥土掉进房子里。我们可以想象，房子里一定没有什么光线。

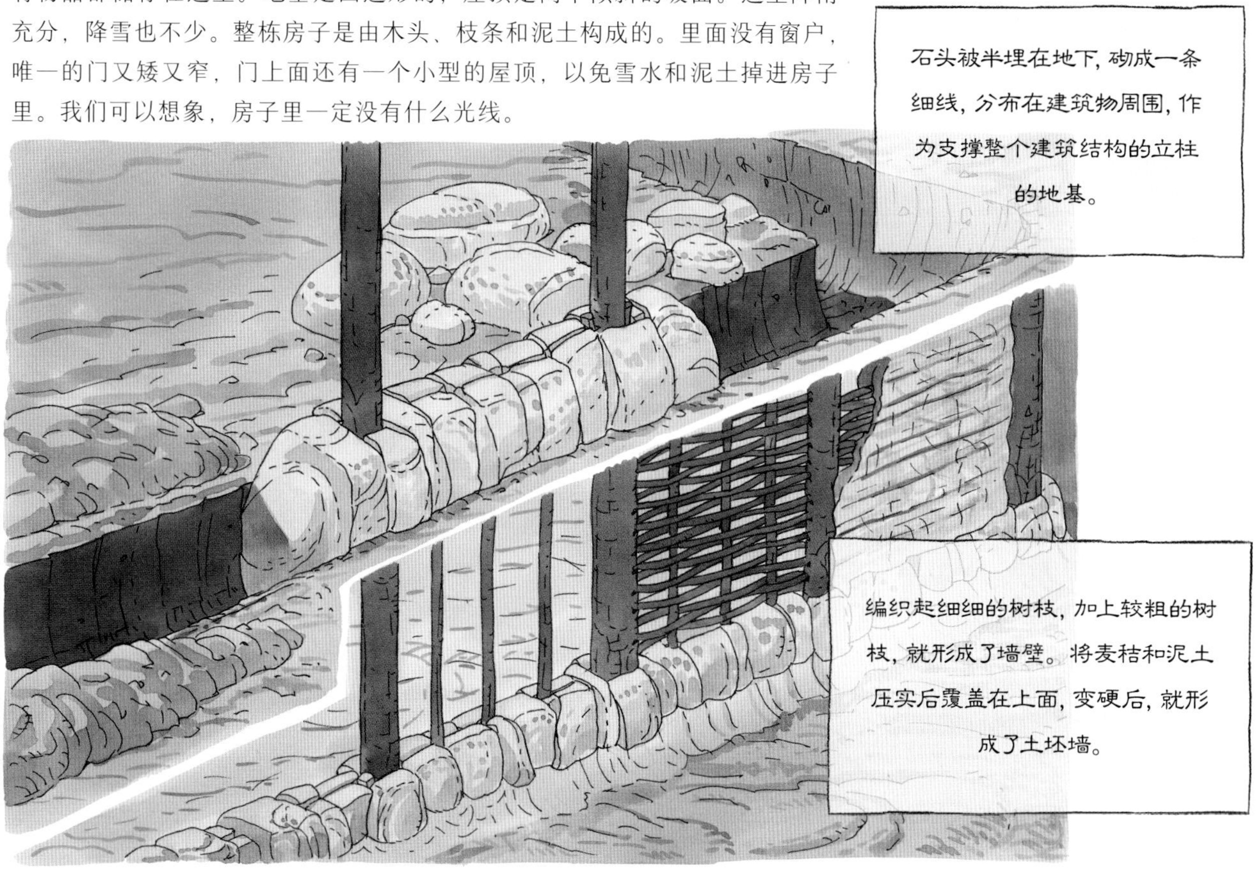

石头被半埋在地下，砌成一条细线，分布在建筑物周围，作为支撑整个建筑结构的立柱的地基。

编织起细细的树枝，加上较粗的树枝，就形成了墙壁。将麦秸和泥土压实后覆盖在上面，变硬后，就形成了土坯墙。

事实是，人们害怕失去已拥有的东西。如果我们仔细观察，就会发现，这栋建筑物只比风雨飘摇的庇护所好那么一点儿，住在里面的人能感受到它的脆弱。因此，当地人建起了栅栏，以提高安全性，顺便把其他建筑物围在一起。这样一组被保护起来的建筑群就是未来的城市核心的雏形。

屋顶由树枝和麦秸编织而成，上面覆盖着苔藓，这样就不容易漏水。炉灶在房间正中，上方没有烟囱。

压紧的石头在地上堆砌成一圈，就成了炉灶。炉灶位于房间正中，导致整个房间，包括里面的人，都黑乎乎的，沾满了油烟。我们可以想象，在漫长的冬日下午，他们挤在火堆旁，吞着热气，听着外面风雪的怒吼。人们直接坐在铺满麦秸的地板上——基本没什么可坐的东西——甚至还在上面睡觉。躺下后用动物的皮做被子，彼此紧挨着（这是对抗寒冷和害怕的方法）。那时候还没有隐私的概念。直到一个人入土为安，他才算真正独自一人了。

但我们饱受苦难的主角们还没有实现定居于此的梦想。他们很早就从东部抵达了这片树林，而他们带的东西只有几头牲畜、一些种子以及一个锻铁器。一代又一代人的尝试、失败、试验，使人们逐渐掌握了锻铁和制造铁器的技术。铁这种金属，延展性强、坚硬，而且还有个优点，就是几乎在这片荒蛮土地上的所有地区都能轻易找到，因此不需要通过贸易获取。铁本身就可以制作成劳动工具和器具。

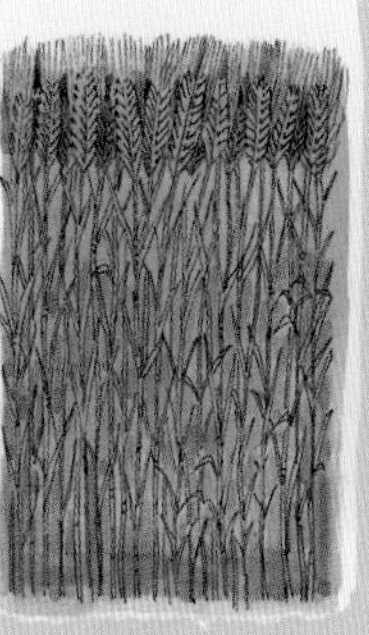

犁

跟带木铧或石铧的犁相比，带铁铧的犁能挖出更深的犁沟。种在这里的种子会更有抵抗力，产出谷物的质量也更高，更有营养，人口也随之增长。于是人们不得不向西部迁移，用斧头征服森林，开垦新的田地。铁，赋予这些人征服新土地的必要力量。

这片森林最早的主人——游牧民族——看不上那些饲养家畜、开垦土地并定居在他们狩猎土地上的农耕文明。他们甚至憎恨那些人，因为农耕文明占据了森林和自然资源，改变了游牧民族的生活方式。这又是另一个历史常态：旧秩序消失时会抵抗。那天，我们看到狩猎者武装自己、杀死敌人、劫夺财物、毁掉敌人的家，让森林重新覆盖这片土地。他们认为，剑比犁更有力量。这是铁与铁的抗争。这一天，剑战胜了犁，是的，但犁留下了更深的痕迹——一个文明的基础。假以时日，它就会成长。旧秩序将会消失。狩猎者将服从新的秩序：变成士兵。不管我们是否愿意，士兵——战争，是影响文明的另一股力量。

第四章

没有门，就没有家

雅典

公元前430年

在距希腊挺远的一座城市的一个小博物馆里，有一个杯子，上面装饰的图画似乎讲述了一段历史。不必深究我们是怎么知道的——那个杯子是一个叫塔莱亚的女人定做的，为了纪念一场胜利。这场胜利对于世界来说很小，但对她来说很大。她战胜了一个叫菲多尼德斯的男人，即她的丈夫。那个女人就曾住在这里，雅典，在公元前430年刚刚开始的那一天。

雅典，雅典文化的领导者，具有统治权力和帝王权力的城邦，此刻正闪烁着它的光辉，而此时，那场会将它变为废墟的战争才刚刚开始。

在这自然形成的高原之巅，是刚刚重建的卫城。帕特农神庙在这里光芒四射，这是雅典娜的神庙，她守护着聚集在脚下的城邦。

不过，让我们把女神先放一边，走到街道上去，那里才有生活。我们会在那里，在他们的家里，找到我们的主人公们。他们的家就在广场后面，左边的小巷里。

吃两颗无花果，然后上街去。

我们走吧。

丈夫，我需要钱
买东西。

菲多尼德斯就在这里

他是个自由人，父母都是雅典人，这让他顺理成章地成为这座城邦的公民，可以在雅典这座民主城邦行使自己的权利。方式很直接，但也有限制，毕竟只有四分之一的人口可以算得上公民：女人、外地人、奴隶均没有公民权（我们可以看到，希腊的古典民主主义与如今是有差别的）。我们的朋友是一个富有的中产阶级男性，四十岁出头，有三个男奴隶，两个女奴隶。他在乡下和城里都有些资产，这些资产能给他带来足够的收入，因而他不用工作。人们认为对一个公民来说，工作是有失尊严的。

所以不要被他那简朴的早餐——两颗无花果和一点掺水的酒给骗了。菲多尼德斯确实不算十分富有，但是他有足够的钱让自己全身心地投入公共生活当中去。事实上，雅典人不但天性简朴，也将简朴视为一种责任：一切排场都会被责骂。归根到底，一切私产都是属于国家的。所以，我们看到，相对于他的身份来说，他的家小而简易。建筑材料便宜且不太坚固，没有过多的设计。对这个雅典男人来说，这个家也就比私人庇护所好那么一点儿。这正好充分说明了，他生活的核心是公共事务而非家庭。

菲多尼德斯的OJKO*的各个部分和房间：

A. 入口
B. 列柱廊（有立柱的长廊）
C. 院子，带有 1. 井，2. 祭坛，3. 炉，4. 阶梯
D. 专用房间（男子专用）
E. 厨房
F. 中央大厅（正厅）
G. 洗手间
H. 前厅
I. 仓库
J. 闺房（妇孺专用）
K. 洞房（夫妻卧室）
L. 入口

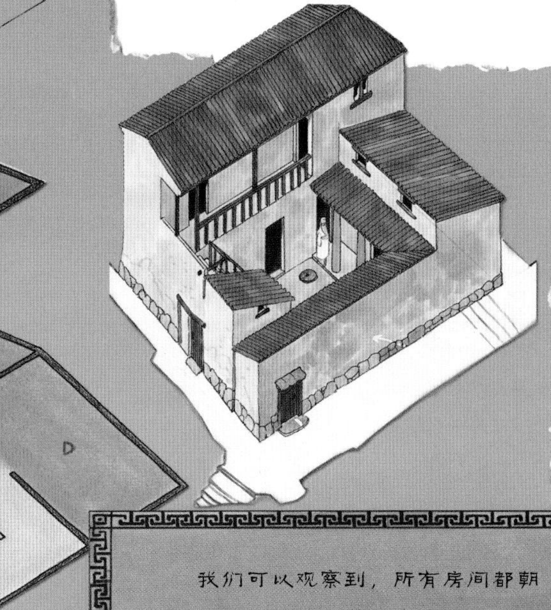

我们可以观察到，所有房间都朝向院子，这让院子成为家庭生活的中心，也是家这个封闭世界的灵魂。

* 希腊语中的“家”。

给你钥匙，将你锁住。

你说钱？
哦，没有。

可是……

我是娶了台破机器吗？
早知你这个样子，我就把资产
收入都拿来买无花果了。

同意把女儿留下的时候
就跟你说过了。

别再任性了。

我来买东西。我把多隆和
奎雷奥诺带上。

你留在这里。你知道的，
我不喜欢你出去。

你说了算，丈夫。

这是塔莱亚，菲多尼德斯的妻子

是的，她比他要年轻很多，这在当时的社会中是很常见的。女人不是独立的人，她一生都被视为未成年人。一开始由父亲监护，然后由丈夫监护，最后由儿子监护。女人没有政治权利，只是负责生育的未成年人。塔莱亚在十五岁的时候就结婚了。她来自一个富裕的家庭，因此嫁妆丰厚（不然菲多尼德斯不会接受她）。她从父母家出来后，被关进了另一个家。当时的习俗是，婚礼之后，丈夫就会把家的钥匙给妻子。这不仅象征着主权，也象征着禁闭，女人单独出门是很不雅的。女人就是带着宝座的奴隶，不应该对外面的世界感兴趣。

塔莱亚的儿子六岁了，上学时会由陪护陪着。这名陪护是一个奴隶，一整天都陪着她儿子，首先带他去私人教室，然后去竞技场（体育馆），接着去公共盥洗室，最后下午一起回家。

不久前，一名女婴降生到这个家庭，菲多尼德斯决定把她抱起来，展示给大家。否则，婴儿会被接生婆弃置在地上，等父亲决定是否接受。如果父亲不接受，这名婴儿——大多数情况下是名女婴——就会被送给路过的人，或者简单来说，被扔到垃圾桶里。

我们主人公的家有很大的附加价值，如图纸和列表所示，院子里有一口井，这在缺水的雅典来说，是真正有价值的宝物。

1. 井口及木制盖子。
2. 内部为赤陶，就像没有底的大瓮。
3. 会在里面储存一些食物，以保持凉爽。
4. 桶。

水池

公共水池很少，而且总是挤满了人。人们从很远的地方提着桶来打水，一天要跑好几趟。那时候，卫生不可强求。由于某种缘故，有种说法是，雅典人更看重灵魂的纯净，而非身体的清洁。幸运的是，城市各地分布着公共澡堂。不过富人喜欢在自己家里洗澡，他们有专用的洗澡间，里面放着赤陶浴缸。

雅典的盐

POM砰
POM砰
POM砰

伊斯科马科！

你欠我钱！

政治动物

随便问一个希腊人，他都会告诉你，不住在希腊城市的人，都是野蛮人。他们把自己的生活方式看得非常高高在上，这也是他们唯一能理解的生活方式。他们有艺术，通过写作传播思想，我们从他们那里继承的遗产留存至今。城市的风景正反映出我们沿袭的希腊的生活方式以及对生活的态度。

我们看到大街上挤满了男人。他们创造了城邦，而城邦不仅仅是一个公共居住空间，还是处理公共问题的公民法庭。他们说，“男人是一种政治动物”，所以他们必须住在城邦。他们还确信，“只有在希腊城市里，法律是由男人制定的”。还有：“在这之前，我从未害怕那些男人，直到他们在城市占据一席之地，并通过誓词联结在一起。”

对于这些男人来说，城市是个公共空间，而且是个神圣的地方。卫城、神庙、城市中心广场、剧场、高等上诉法院、澡堂、竞技场……雅典人只有在这些地方才感觉到自己是雅典人，并且为此骄傲；只有在这里才会推崇美丽、和谐以及思想。而私人空间——住宅——则截然相反，它象征着从公共事务中撤离和休整。在这两个世界——公共和私人——之间，铺展着雅典的街道，连接彼此。街道，正是城市这种调味品中的盐。

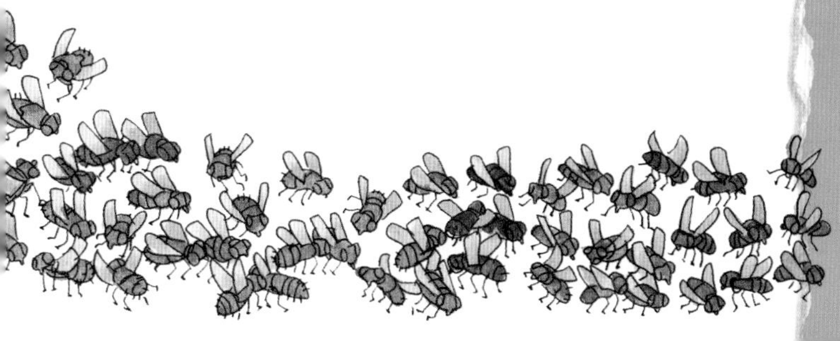

这盐可不一般！对公共空间过分关注反而忽略了街道，这一点并不让人意外。因为他们在建设公共空间的时候连最简单的规划都没有。鸟瞰全城，你会看到缺乏建设规划的原始网格以及随意而建的房子。而这导致全城——也许除了富人区——尽是狭窄的街道，缺乏空气和阳光，永远挤满了人、动物和各种垃圾。街道未经铺砌，没有下水道系统和输水系统，只能靠下雨清洗路面（而这里降雨量很少，尤其是夏天），街上的小房子只有一两层，结构脆弱，由木材、砖坯和碎石建成，仅仅靠着彼此间的支撑保持不倒。据说小偷们发现冲着薄墙踢一脚或者打一拳，比破门而入更容易。

住宅的门都是向外开的。因此出门前要先敲门（用脚，而非用手），以此警示狭窄街道上的路人，以防撞到别人的脸。

房子没有像样的窗，都用东西挡上了，比如一块布或者一块木板。如果你想装一扇临街的窗户，就要交税，因为有了窗，你就有了向窗外扔废弃物和倒脏水的权利。

没有门，就没有家。

我刚交了房租。

我涨租金了。你没看见城里满是避难者吗？我的房子增值了。你欠我钱。

我没有钱了！
多隆，把门拿走。

你在这儿等着，我去城市中心广场找新的房客，然后给你带过来。

我们走，奎雷奥诺。

辞退房客

我们已经见识过了条件优越的菲多尼德斯的住处，现在来看看他的房客伊斯科马科的住处——或者说曾经的住处。伊斯科马科是一名自由的雅典人，但是很穷。他只能依靠工作维持每日生活所需。和这个街区以及雅典的绝大部分房子一样，这栋建筑有两层，每层一户。伊斯科马科和妻儿住在上一层，可以从外面的楼梯上去。二层只有一个不到八平方米的房间，内设一张简单的床和四件破旧家具。

如果房客不付租金，房东就会拆掉门或屋顶，或者把井封死。被辞退的房客会扛着自己仅有的物品，寻找新的庇护所。他可以在城墙边或者澡堂的墙壁附近取暖……伊斯科马科不抱怨，这个民主国家并不富裕，人们只能尽力活下去。于是他和妻子很快就收拾好东西，在街边暂住，直到找到新的庇护所。

尽管对街道习以为常，但居住其间并不令人愉快。那里就是个粪坑，垃圾没人捡，还被当作厕所使用；除了杂乱的人群，苍蝇、跳蚤和老鼠霸占街道，随之而来的是患流行病的持续高风险。

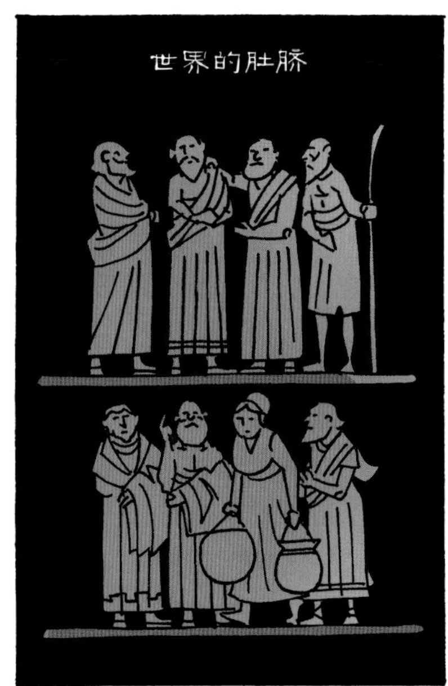
世界的肚脐

把那些蚕豆给我。

这条臭鱼你要价多少，强盗？

你和你的洋葱要把我逼破产了！

把买好的东西带回家。

和菲多尼德斯一起去 Ágora

Ágora 指的是城市广场，但它不仅仅是个广场，这里还会举办每日的大集市。这里是时髦的聚会场所，和任何人聚会都可以来此，也可以商谈生意和做买卖。从早到晚，会面的人络绎不绝。由于一周里并没有休息日，因此，城市广场从不关闭。太阳出来之前，就有乡下农民带着货物、手艺人带着在郊区作坊制作的商品来到这里，在空地上找到自己的位置——尽可能选在香蕉树下，中午就可以在树下乘凉。接着他们在地上或摇摇欲坠的小摊上放上席子，将用柳编篮子或者泥罐装好的商品摆在摊子上。

这里什么都能有：食物、动物、家居用品、奴隶、布料、废铁、武器、花、香水、草药……我们能在这里一边剪头发，一边看杂耍艺人或者舞蛇人的表演；吃香肠的时候，洗衣妇会帮我们洗脏衣服，鞋匠会帮我们量身定做合适的凉鞋。广场门廊的四周是作坊和商店，陶器工人、面包师、皮革工人、铁匠、油贩、酒贩都在那里吆喝着，吸引我们的注意。珠宝商、银行家和货币兑换员，也在各自的角落，毫无顾忌地冲我们喊。

这个城市广场上的面包师的奴隶，工作时要在脖子上戴枷，防止他偷吃面包。

经过一番讨价还价，我们的主人公买好了东西，并找到了新的房客。他将和朋友还有合伙人在城市广场碰头，接下来的时间都将和他们一起。

奴隶是希腊真正的劳动力，而时间将会证明，这个非常保守的经济基础以及人们对创新的普遍抗拒，最终将导致他们引以为豪的城邦衰落。

由于公民依赖奴隶生活，因此雅典禁止虐待奴隶，可是这并不能让奴隶摆脱艰苦的生活。

在这群喧闹的、散发着气味的人群中，阶级、出身和行业的界限并不明显。在这里你会看到，奴隶用车推着一个优雅的男人去找一个更好的位置；一名带武器的士兵在四周闲晃，等着参加骰子游戏；一个有钱的男人正在为了几块炸茄子和一个乡下人吵架；一位哲学家在门廊边授课，旁边是卖小鸡和松鸡的摊位；一位贵族正在买卖土地……在这里，我们看不到的是女性和年轻人。如果他们出现在城市广场，是会被责骂甚至会挨打的，打骂他们的是那些维护市场正常运作的官员。

最重要的是，我们将看到一大群苍蝇。

女人的家

你们看到他买的食物了吗？

每天都一样。
我们要饿死了。

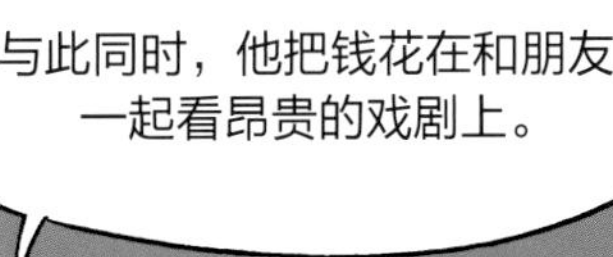
与此同时，他把钱花在和朋友一起看昂贵的戏剧上。

倒不如我给他演一出戏！

第奥逖玛，拜托你的东西带来了吗？
在这里。

哦！

完美！
嘻，嘻，嘻。
你确定要这么做吗，塔莱亚？你不怕如果他发现了要和你离婚吗？

他不敢。如果离婚，他要把嫁妆还给我。这样他得卖掉一半财产。

高级妓女与家庭妇女

我们回到菲多尼德斯的家，上到女人们的房间，即闺房。她们几乎一整天都待在这里，或独自一人，或和奴隶、朋友、孩子一起。

女人负责操持家事，是的，她要保证一切进展顺利，什么都不缺，并监督仆人工作。不过她只是奉丈夫之命负责这些事情，尽管丈夫通常一整天都不在家，因此也没有什么家庭生活。所以我们称这些围墙围起来的空间为“家”并不准确。这个房子只是用来睡觉和扩大家庭规模的，并不能培养家庭感情。

在此时的社会中，一个单身女性，有文化，自己打理自己的财产，是难以想象的。矛盾因此出现，地位低下的女性和高级妓女，迫于生计不得不离开家去工作，跟家庭妇女比，她们反而更加独立，也知道得更多。

有些女性意识到了这一点，似乎不太高兴。塔莱亚和朋友们正在计划什么？我们拭目以待。

男孩六岁起就走出房间，开始接受作为成年人的教育，以后闺房仅作为睡觉的地方。而女孩们直到结婚前都不会离开闺房和厨房，她们唯一的责任就是学习纺织和厨艺，没有其他选择。有教养的女孩们应当尽可能少听少看，最好别问问题。直到有丈夫愿意接纳她们，交换嫁妆，她们便从一间闺房转移到另一间闺房。婚姻，不过是两个家庭之间的一种劳役约定。不给女儿嫁妆，就相当于不承认这桩婚事。出钱嫁女儿，在如今看来是侮辱，却是当时雅典人少有的“武器”之一。如果丈夫结婚后想休妻，那就要退回嫁妆。嫁妆本身不属于丈夫，他只负责管理。

男人的那些事儿

喝起来，
朋友们。
敬菲多尼德斯！

明天，属于你的
夜晚就要到来了，
老朋友。
你们真的
相信吗？

毫无疑问，接下来几天，整个雅典都将会讨论你。
“是哪个伟大的人让我们
在剧院里享受如此的快乐？”
大家都会这么问。

敬菲多尼德斯！

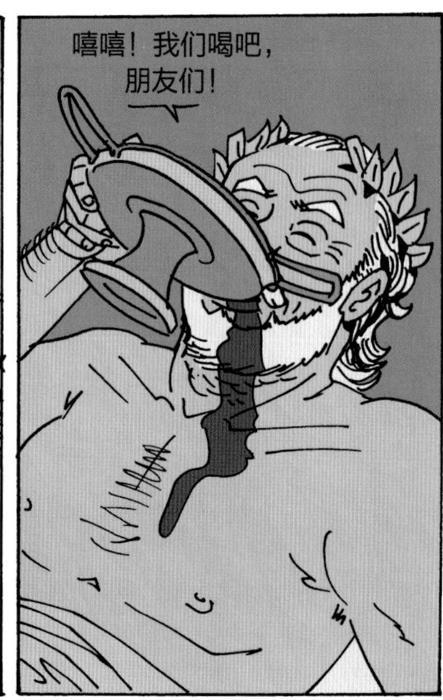
嘻嘻！我们喝吧，
朋友们！

雅典的晚餐

我们再回过头看看那些男人。接近黄昏，菲多尼德斯和朋友们还未离开城市中心广场和街边，还如同白天一样忙碌，谈着生意、政治计谋和闲话。中午，他们在市场里站着吃了一点东西，没停下手头的工作。而现在，光线渐暗，他们来到柱廊，准备开始漫长的晚餐，这是一天当中真正重要的一餐。这一餐，就像是宗教义务，不可或缺；是一项需邀请或被邀请的仪式。

柱廊里有许多宴会厅，男人们聚在这些俱乐部中，继续谈生意、吃晚饭、喝酒、讨论议题，喝酒、玩闹，再喝酒……

当然，女人是不能入内的。除非是交际花。

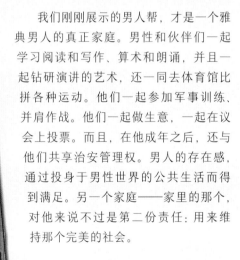

如果菲多尼德斯打算邀请朋友们到家里享用晚餐，他们会到男子专用房间，这里只用于举办男人的聚会和吃晚餐。此时，他的妻子塔莱亚应该会在厨房吃晚餐，同时监督仆人为客人提供良好的服务。就算允许她在男子专用房间吃晚餐，也只能坐着吃，不能像其他男人那样，躺在高高的、带垫子和枕头的长沙发上。只有蛮夷和女人是坐着吃晚餐的。

他们喝着掺水的葡萄酒，用手从数不胜数的小盘子里取食。面包碎抹干净盘底后，就扔给狗吃了。

交际花就是高级妓女，或者说陪酒女。她们不但能唱歌、弹奏乐器、跳舞，还可以讨论甚至思考各种话题。人们雇佣她们半晚，依据工作内容付费。她们受过教育，都是单身的独立女性，不受男人监管，因此她们比已婚妇女多出许多特权。

我们刚刚展示的男人帮，才是一个雅典男人的真正家庭。男性和伙伴们一起学习阅读和写作、算术和朗诵，并且一起钻研演讲的艺术，还一同去体育馆比拼各种运动。他们一起参加军事训练、并肩作战。他们一起做生意，一起在议会上投票。而且，在他成年之后，还与他们共享治安管理权。男人的存在感，通过投身于男性世界的公共生活而得到满足。另一个家庭——家里的那个，对他来说不过是第二份责任：用来维持那个完美的社会。

剧院的民主

一个雅典城市，不能没有神庙、城市中心广场、体育场或者剧院。而剧院和其他几个地方同样神圣。对于希腊人来说，戏剧作品具有宗教性质，是献给神明狄俄尼索斯的。人们看戏时，可以随意哭笑，借此逃离糟糕的日常生活带来的痛苦。戏剧，就是城市的一面镜子，每个居民都能在其中找到自己。从这个层面来说，剧院是城邦里唯一真正民主的地方。不止公民，外地人、穷人和奴隶，所有人都可以坐在阶梯看台上。如遇到节日或是仪式，甚至连女人都可以观看。节庆和仪式可以增加公民意识，促进城邦归属感。因此，悲剧和喜剧应运而生。悲剧依托神话表现深层的矛盾；喜剧通过日常事务，用现在的话来说，就是大量的讽刺和积极的检举，体现社会风貌。一套完整的系统。

让我们来看看这短暂历史的尾声，还有什么地方比剧院更合适呢。

今天是假期——有戏剧上演的日子都算是假期。政府暂停其他事务，欢庆这个提升公民价值观的演出，欢庆这个凝聚众人的集会。所有雅典人一整天都在这里。女人也来了，坐在属于自己的阶梯看台上。她们因可以独自出门并在这个不会被束手束脚的环境中参加集体活动而感到格外兴奋。

悲剧正在上演，入夜后，我们的朋友菲多尼德斯赞助的喜剧将要登场。人们一整天都在阶梯看台上，进场、出场、聊天、呐喊、哭泣、大笑、吃饭、喝酒……因此，此时的气氛已经非常热烈了。

让我们欣赏这部作品的结尾吧。

最后一幕

我们真的受够他们了！
所以，我提议，等男人们从战场上回来之后，不让他们上我们的床。

让他们找羊去吧！

这部作品很大胆，但观众从未如此开怀大笑。这一定会成功的！

是时候了，准备好了吗？
嗯，塔莱亚，听你的号令。

我还有更好的提议！

男人就别从战场上回来了！让他们互相拼杀，把城市的管理权交给我们女人！

安静！亵渎神明的人！
警卫，维持秩序！

不行，我们要说话！
对！
是的！
所有的男人都去死吧！

秩序！
那些愚蠢的女人要毁了这个晚上！

我要过去！哦，雅典娜请赐予我力量！

菲多尼德斯，
你这只老羊！
张开双腿，
男人打仗回来了！

JA 哈 JA 哈 JA 哈 JA 哈 JA 哈 JA

撤退，姑娘们！

JA JA JA JA 哈 JA JA
JA JA JA 哈 JA JA JA 哈
JA

雅典的清晨，

新一天的光芒铺展开来。

终。

第五章

土地真贵啊

罗马

公元35年

* 因苏拉（insula），拉丁语“岛屿”之意，是古罗马时期中下阶层罗马人的住宅，是最早的集合住宅。

** 罗马农业之神萨图尔努斯的神庙，位于古罗马广场的西端，是这一区域现存最古老的建筑，兴建于公元前 501 年至公元前 498 年。

8
7
9
6

凯旋门

罗马人建造了众多凯旋门以纪念战功和军事荣誉。在其中一个凯旋门的拱门之上，有一个圆形花饰，旁边有两个骑马狩猎野猪的人的雕像。这两具雕像淹没在众多人物雕像中，已经很难分辨出他们是谁。这两个人的名字是：肯多·克洛迪乌斯和胡尼奥·穆拉诺。

赞助人和客户

这两者的关系非常具有罗马特色，而且近乎神圣。赞助人是社会地位较高、拥有权力和金钱的人。他编织起一张联结客户的网络。他借钱给客户或者向他们施加影响力，以便这些人在他规定的时间内以他希望的方式回报他。赞助人以此累积他的权力和金钱。违约是不可想象的，是对荣誉的背叛，不论对哪个阶层的罗马公民来说，都是最令人憎恶的行为。所有公共事业和个人抱负很大程度上都依赖这层关系。行政管理，这个罗马人的伟大发明，帮助罗马人建立起了他们的前辈——希腊人——无法想象的帝国。行政管理，正是基于这种“赞助人-客户”关系。

克洛迪乌斯和穆拉诺离开省里，晋升到竞选办公室已许多年了。两人现在都在罗马，在竞选办公室继续提升社会地位。

罗马

如果不在罗马的街道上的话，一个公民很难真正感受到自己是罗马人。所有人都想住在这里。狭窄的街道上布满了大大小小的房子，城市规划已有了雏形。主干道几乎呈网格状，街道两旁规律地分布着各式建筑。这些建筑都不止一层，内部有楼梯和院子、住宅和仓库，朝街的底层是商店和店铺。这就是今日城市结构的雏形。

胡尼奥·穆拉诺曾经是亚该亚（今属希腊）省长护卫队的首席百夫长。这位罗马平民在军队里获得了前途，利用省长的弱点攫取了财富。克洛迪乌斯和穆拉诺才是这个省的真正统治者。他们从事贩卖奴隶和希腊艺术品的生意。克洛迪乌斯的智慧和金钱依赖于穆拉诺的势力，他们就是“赞助人-客户”的关系。

肯多·克洛迪乌斯曾经是亚该亚省的会计官，一个老式的罗马人——一个聪明、狡猾、非常非常有野心的贵族。当他还是执行官的时候，就知道如何让所有人随着他的音乐起舞，所以他当上会计官后，他的直属上司，那位省长，如果听不到他的音乐，根本就动不起来。

胡尼奥·穆拉诺住在这栋房子里

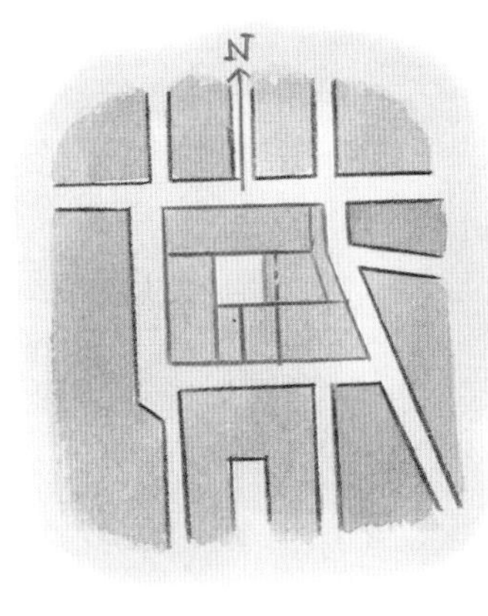

正如我们所见，这栋建筑占据了整个街区。房子四周被大街围了起来，因此被称为因苏拉：不同大小、形式和高度的房子围出一个大院子，形成建筑群。这里有大小公寓楼、商务楼、商店、作坊、仓库……在这层层瓦片底下，不同社会地位的人混居在一起，有无数种谋生和生活的方式，这是个不折不扣的人类蚁巢！这个“岛屿世界”身处罗马街道形成的世界里，而街道世界也隶属于由城墙围起的街区小天地。古罗马高度社会化的生活方式对西方文化有着根本且长久的影响，这种社会化在广场和卡比托利欧山附近的因苏拉已经初见雏形。旁边有大型浴场，不远处有剧院和竞技场。公共空间和私人空间，相聚与隐遁，这些理念矛盾却又互补，诠释了都市人的概念，在两千年前就在这里得到了充分发展。

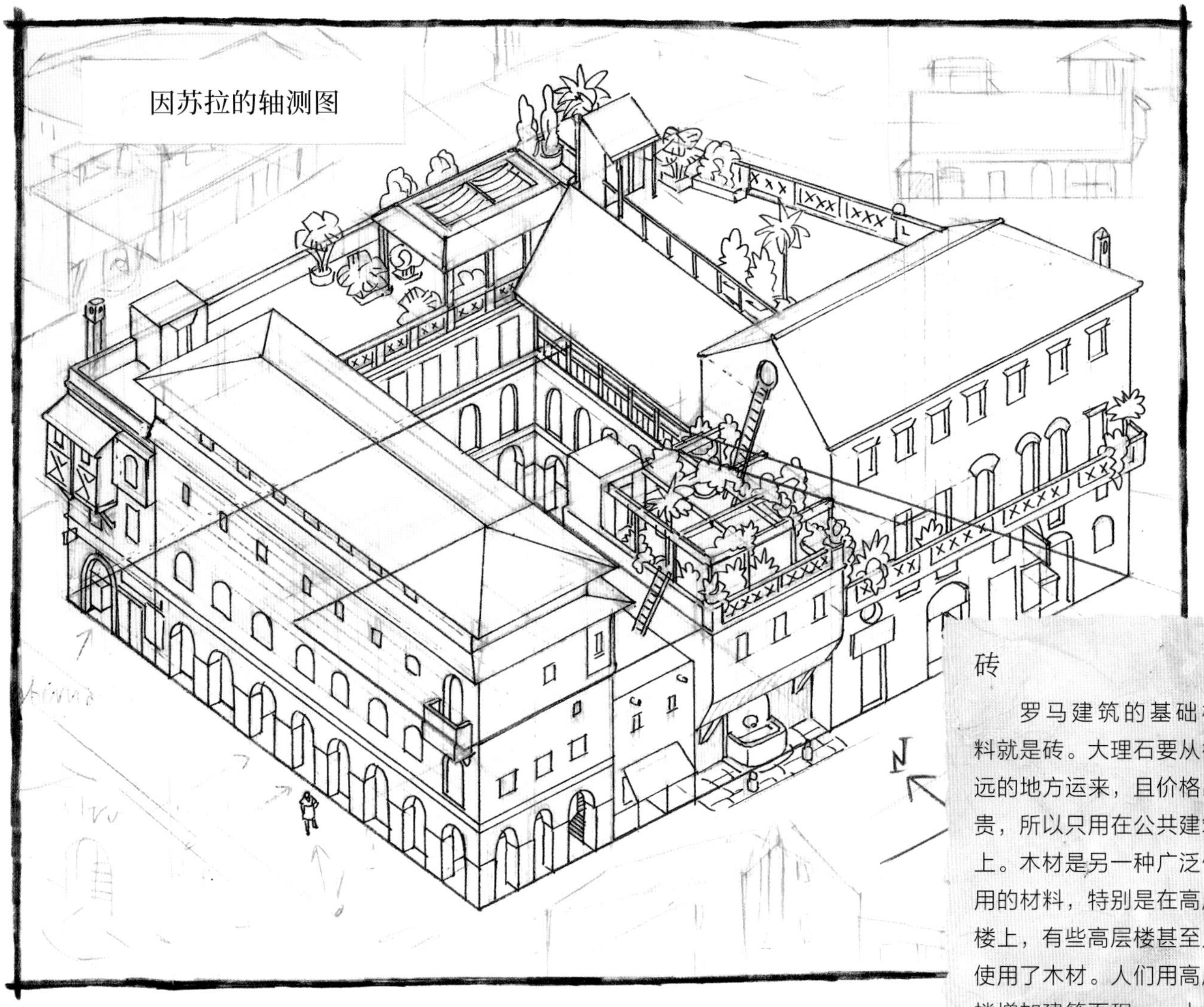

因苏拉的轴测图

砖

罗马建筑的基础材料就是砖。大理石要从很远的地方运来，且价格昂贵，所以只用在公共建筑上。木材是另一种广泛使用的材料，特别是在高层楼上，有些高层楼甚至只使用了木材。人们用高层楼增加建筑面积——土地太贵了！

因苏拉的平视图

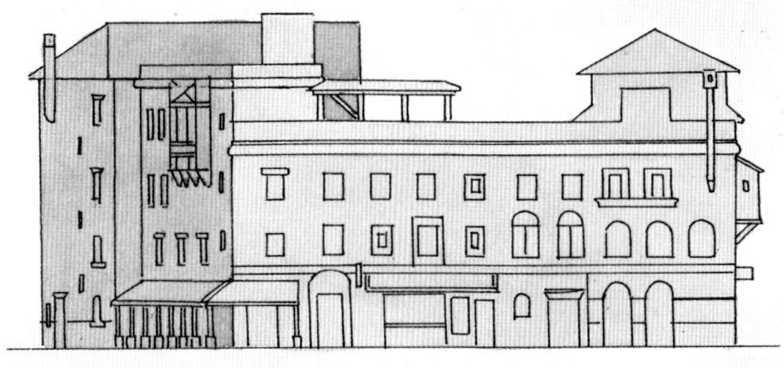

北

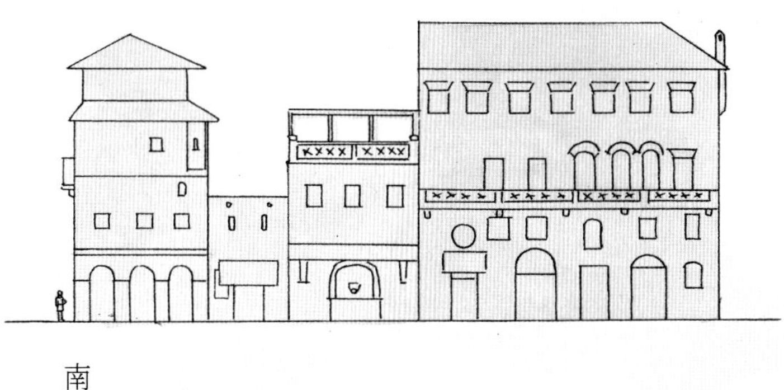

南

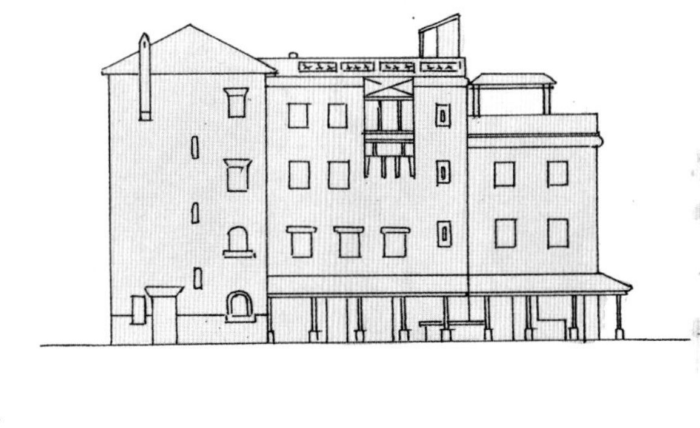

东

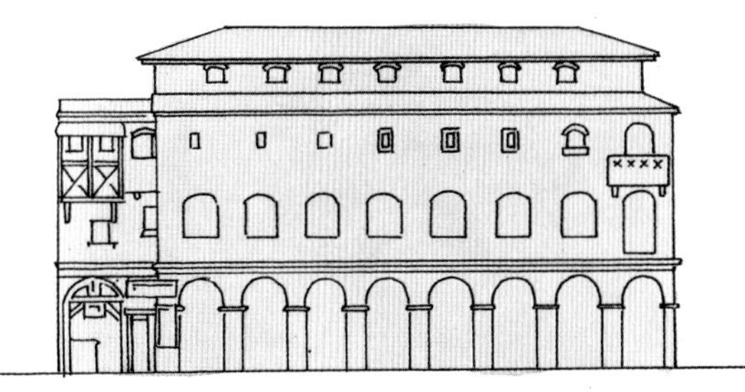

西

建筑中大量使用木材带来了严重的问题。山于街道狭窄，房屋挤挤挨挨，火灾成了常见的隐患。虽然没有炉，但是厨房里的一点火星，或者更常见的，一个火盆就能毁掉大半个城市。这样的事件在历史上发生了不止一次。出于对火灾的巨大恐惧，晚上，有一小组公务员——火警员——随时准备对可疑烟雾的蛛丝马迹发出警告。

贵族的房子（也就是我们的主人公肯多·克洛迪乌斯的房子），被称为多姆斯，房子里有自来水、水池、卫生间、厨房、食品储藏室、酒窖……但在公寓楼里，比如这个因苏拉，尽管面积很大，但里面没有水，也没有厕所或厨房，要到人满为患的院子里的喷水池或者街上取水。街角四周有几个公共厕所——所有人都可以去，附近也挤得水泄不通（我们可以这么说，这是“排泄的民主”）。早期的城市建设中，确实有一套下水道系统，所有废水都流向了台伯河。这条河在穿越城市的同时，带走了废物、垃圾，甚至令人不适的尸体，由此可以想见这条河的清洁程度。而罗马佳肴之中最受欢迎的一道就是台伯河鲈鱼！

我们刚刚提到，公寓里是没有厨房的，所以人们会去大街上的酒馆吃早餐和午饭，最多把晚饭打包回家，用火盆加热。

我们再回到胡尼奥·穆拉诺位于因苏拉二层的住宅。

因苏拉的院子一览(远处可以看见卡比托利欧山)。✘标志是公寓阳台的窗户。

在这二十平方米内，有一个小前厅，一个被用作办公室和卧室的房间，一个木制的狭窄阳台。公寓看起来很小，可是对一个人来说还是很大的。罗马的大多数公寓要比这个小得多，而且只有一个房间。住在里面的人要把布从天花板上悬挂下来，作为隔墙，将房间分割出几个空间，以便一家人都可以住。不过，要那么多空间做什么？罗马人天亮前就起床，出门工作，直到晚上才回来。他的家，不过是一个吃晚饭和睡觉的地方。所以，我们的朋友，穆拉诺自己一个人能拥有那么大的空间，可以算是一种特权了。

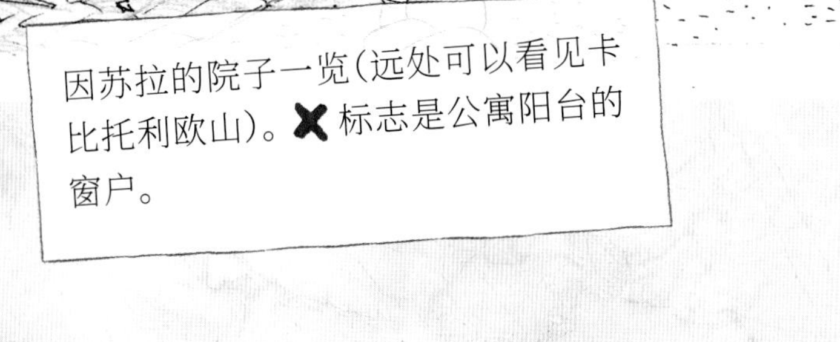

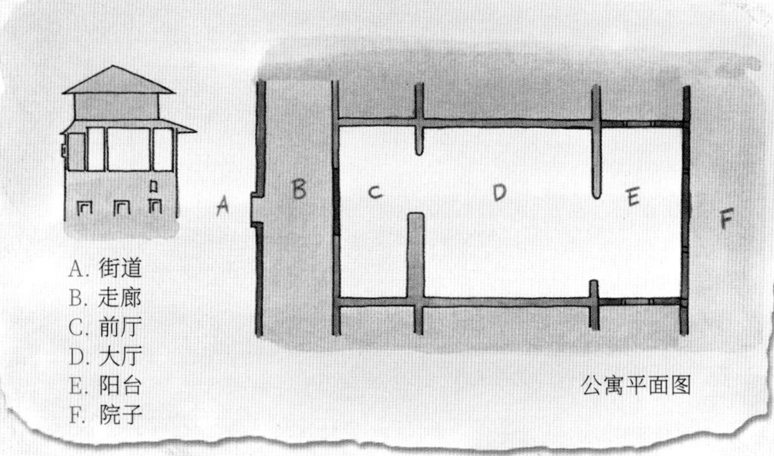

公寓平面图

在接下来的几页，我们可以看到他公寓的内部环境。

呃，不过先别出声，看来我们的
主人公要醒了……
哦……

喝完酒的第二天
真难受！

太多红酒，太多纵欲，你什么时候才能安
分守己，胡尼奥·穆拉诺？

我要去撒尿！

妈的，尿壶居然是满的！

伊克马利奥！
要让这个混蛋
知道。

野猪，
你怎么不尿
你妈身上！

我的老天爷，
都已经是白天了！

醒醒，伊克马利奥，讨厌的希腊人！
你睡着了?!

下次我再看到满的尿壶，
我就让你喝，不然就
把你卖了。

呃！好凉！

水太冷了！

今晚我的火盆要装满，听到没有?

但是巡逻的人禁止在刮风的
夜晚使用火盆。

那你就待在火盆旁边，盯着它，总之我
回来的时候，火盆必须是满的。
不然你就睡
大街。

还要我重复吗?
不用，
主人。

* 雅努斯：Jano，罗马人的门神，他有两副面孔，一副在前，一副在后；一副代表开始，一副代表结束。

既然今天没有一个好的开始，
那就给我一个好的结束吧。
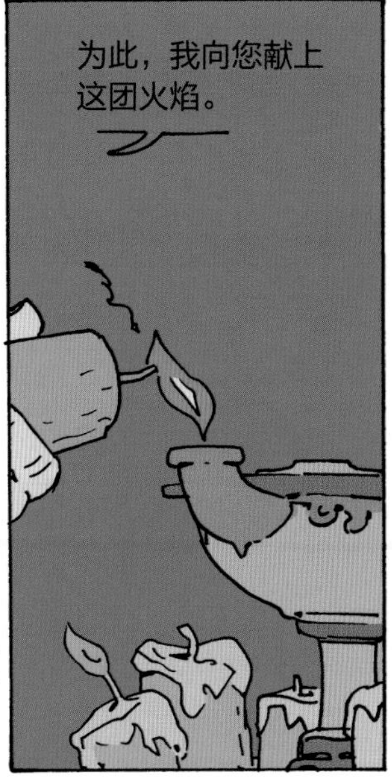
为此，我向您献上
这团火焰。

哎呀，我要让头脑清醒一点，不能这
样出现在肯多·克洛迪乌斯面前。

我的那份，快点！

真烫啊！

没有阳光，
现在几点了?

呃!
肚子!

冷水加上热汤……

还差啥?
我没有时间去厕所!

呃!

让开!!

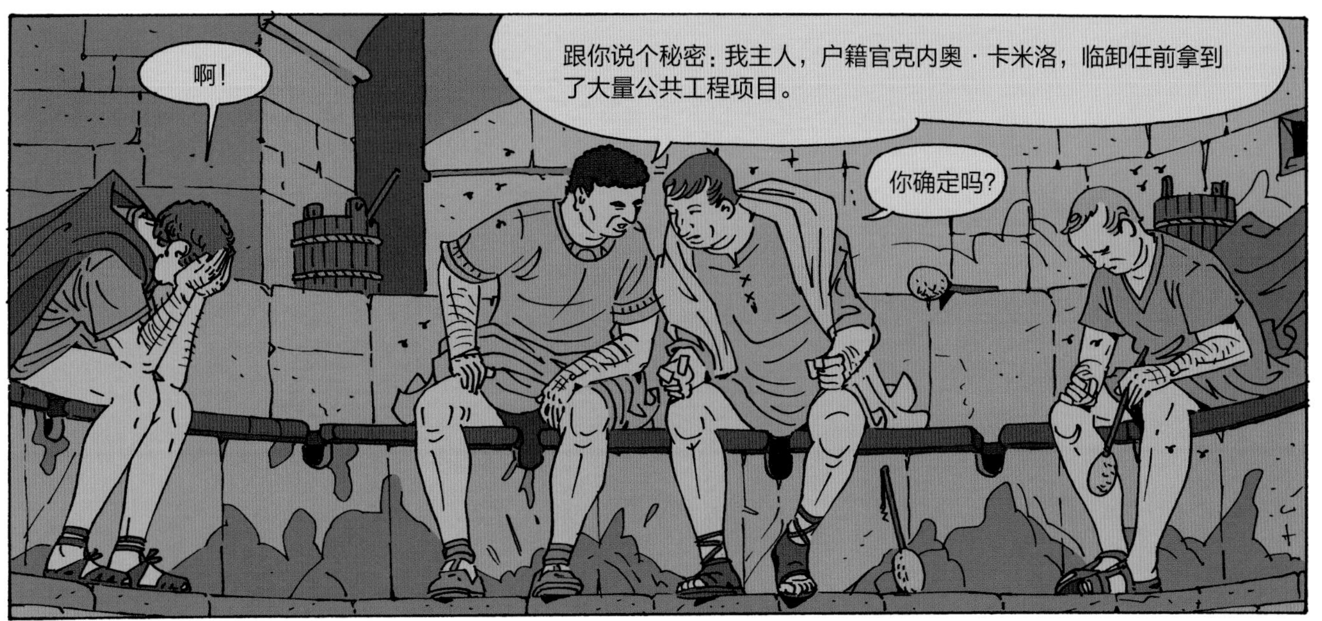

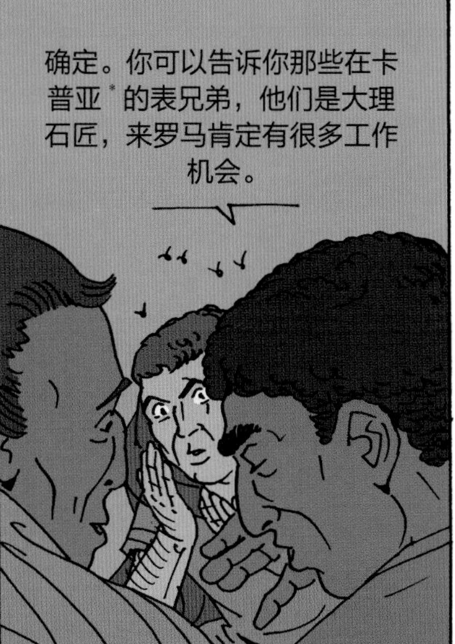

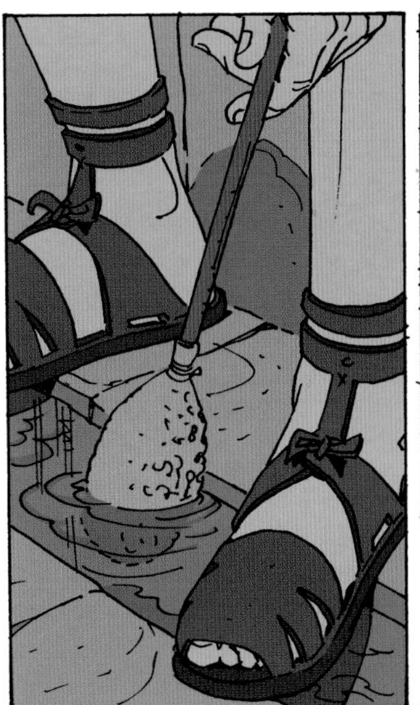

* 卡普亚：Capua，意大利坎帕尼亚卡塞塔省的一个城市。

哦，两副面孔的雅努斯，
终于向我展示你微笑的
一面了。

带着这消息去见肯多·克
洛迪乌斯，他一定会原谅
我迟到。

POM
砰
POM
砰

让开！

你知道现在
几点吗?
我的主人等了你很久,
都超时了。

他和其他客户出发了,有信
誉的罗马人都知道,一大早
就出发了。

闭嘴!! 你是谁,一条希腊狗也
敢这样跟我讲话?

他现在应该在
洗浴场。

不要迷路了,
罗马人。

让开！

该死的，他已经去洗浴场了，
已经下午了！

你们给我
让开！

到了！

冷静下来，
胡尼奥。脚踏实地，
像上战场之前那样。

只在他面前把你的骄傲藏起来，这样没有人会看到你低三下四的样子。

胡尼奥·穆拉诺！
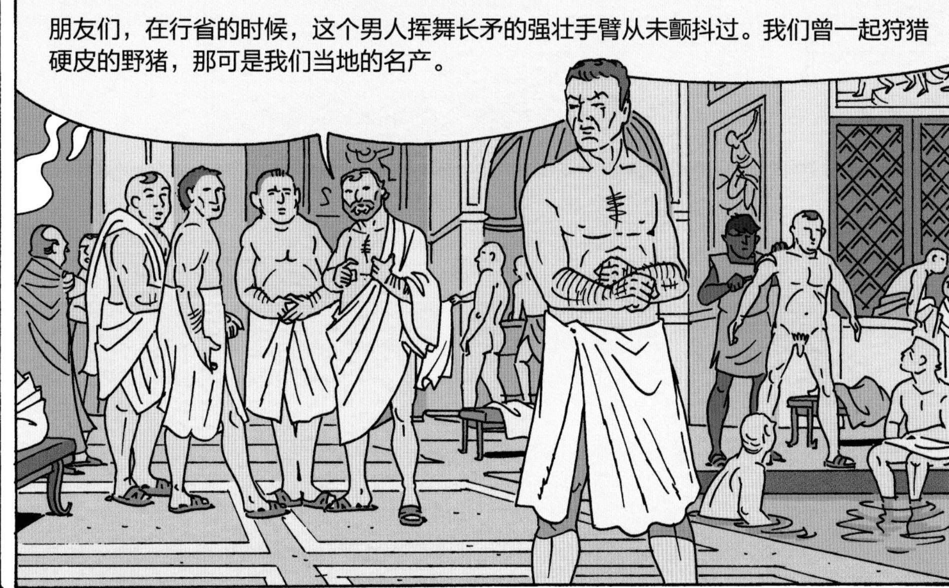
朋友们，在行省的时候，这个男人挥舞长矛的强壮手臂从未颤抖过。我们曾一起狩猎硬皮的野猪，那可是我们当地的名产。

现在，难道我如此微不足道，你拒绝和我握手？
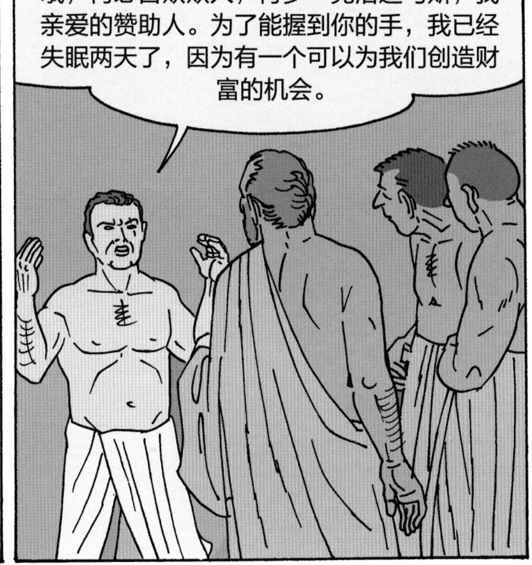
哦，何必自欺欺人，肯多·克洛迪乌斯，我亲爱的赞助人。为了能握到你的手，我已经失眠两天了，因为有一个可以为我们创造财富的机会。

你跟我来，让他们体会一下罗马军团的风度。

解释解释。

你之前准备进口的伊庇鲁斯
的大理石，现在急需！
再多买些！

嗯……你再说说看。

据我所知……

你是在哪儿
听到的？
在一个没人说谎
的地方。

在一座
神殿里？
在一个宝
座上。

嗯。

你有没有意识到，如果把骰子再扔高些，我们就可以坐上黄金宝座了？

当然。那么多公共工程，大理石的价格一定会上升。

嘿，胡尼奥！回罗马时我就跟你说过，我们放弃贩卖奴隶，我助你当选为装饰及绘画学校校长。
别把机会都压在买卖人上。土地，朋友，土地就是未来！

不过要从大处着眼。

我可以让别人任命你为平民市政官。有你的投票，我就能当上执政官。

等我们有了新的职位，公共工程展开，皇帝远在卡普里*，我们就是建筑工程之王。
平民市政官！

帝国在扩张，所有人都想来罗马，他们肯定要有个地方住。是时候买入了！
不要让我失望，胡尼奥，你将是我财产的管理人。

而作为我们新联盟的开端，我将让你拥有你现在住的因苏拉。

* 卡普里：Capri，第勒尼安海中的岛屿，属意大利。

你走吧，我还有一个
重要的晚餐。

我们要踏出坚实的脚步，
胡尼奥。

平民市政官！
管理人！
拥有者！

谢谢，雅努斯。
谢谢，雅努斯。

已经入夜了。

车都离开了。
是时候喝酒庆祝了。

别挡路！你们不知道
我是谁！

怎么了?
一栋因苏拉着火了。
据说是一个奴隶在火盆面前睡着了。
不!

第六章

教士、士兵或奴仆

英国南部

公元843年

爱丽丝住在村里。这个村庄就是一些房子聚集在一座石砖塔和石砖小教堂的周围。我们能看到小块田地、集体田地、未开垦的土地、树林，还有一条小河。进出村庄只有一条狭窄崎岖的小路，消失在地平线尽头。如果爱丽丝可以像这样鸟瞰村庄的话，她一定很吃惊，这里看起来怎么那么小，她原本以为所有东西都很大。当然，爱丽丝只有六岁，所以看东西的位置比较低。她在这个村庄出生、成长，从来没有去过别的地方。这里的人很可能一辈子都没去过别的地方。

罗马帝国的扩张及殖民的胜利，依靠的是军团和法律、高效的管理和完整的道路网络。但如今距他们被蛮族入侵和无法承受的胜利果实摧毁已过了四个世纪。那个帝国的成果，好像消失殆尽，仿佛从未存在过。表面上，它的遗产是一片废墟，但也仅仅是表面上。最先被抹除的是路。所有东西都靠路来往：军队、商业、制度、思想……因此，现在看来，数百年来它一直试图重组，而且前进的步伐很缓慢。也许正是这个原因，在简史里，我们现在正在了解的这段时间被称为黑暗时代。然而，即使是阴影下的一块废墟也可以成为一颗种子，这颗种子可以长成大树。在此时此地——同时也在爱丽丝的这个小村庄里——欧洲的基本特征正在萌芽。

主宰一切看得见的和看不见的事物的，不再是某个人，而是一种思想。上帝说应该怎样生活和死去，活着的时候应该去哪里，死时应该在哪里。有上帝监视一切，宗教思想渗透进生活。社会——当然也是根据神的旨意——应该是金字塔形的，皇帝在最顶端（根据上帝的旨意所选）。他下面，贵族阶层、教士阶层、农民阶层形成了这个社会的三个阶层。很明显的是：一些人祈祷，一些人打仗，剩下的人劳动。教士阶层为平民和贵族的精神世界操心，贵族阶层利用自己的武器保护这些人。那普通人呢？像奴隶一样工作，养活他们。当然，他们是金字塔的基础。奴隶还是比较委婉的说法：农民——因为这个社会以农耕为主——是奴仆体制的组成部分。这么说更好理解，他们的精神世界由教士照顾，但是物质幸福其实是不存在的。

我们可以通过爱丽丝的眼睛看到这些，这个女孩和父母、兄弟姐妹住在图中标记的房子里，我们马上就去里面看看。

白天，门是开着的。我在门边看到一位女士走了过来。“女士来了。”我跟妈妈说。
妈妈吓了一跳，小约翰在哭，我感觉很冷。

妈妈拿起了烟熏羊肉，藏到干草里。

小约翰看到烟熏羊肉就不哭了。
“哈维萨。”门边的女士说。

我从来没见过这么高的女士。我以前看到的她都很小，远远地站在塔上。

“哈维萨。”她说。谁也不会这样称呼妈妈，我叫妈妈“妈妈”，安叫妈妈“妈妈”，爸爸叫妈妈“女人”，小约翰还不会说话。我觉得“哈维萨”很好笑。
“几天之后，我们就要前往南方。”女士说道。有一个词我不懂，“南方”。

爱丽丝和家人住在一起，爸爸爱德华，妈妈哈维萨，姐姐安今年十四岁，弟弟约翰才刚过一岁。长子艾德蒙曾和他们住在一起，十六岁时去伺候一个他们从未听说过的大人物了。爱丽丝还有两个没来得及认识的手足，因为他们在她出生前就去世了（835 年和 836 年的可怕冬天，带走的不仅仅是收成和牲畜）。

爱丽丝六岁了，但就这个年纪来说，她个头太小了。她非常瘦，皮肤和头发已经看不出颜色，浑身只有脏污和虱子跳蚤咬出的红点。两年前的一场流行病袭击了这片区域，爱丽丝差点因此丧命。从那时候起，她就几乎没长过，经常咳嗽，有时晚上还说胡话。当然，当地人不知道什么是流行病，他们只知道，有很多人，不管什么身份，突然都生了病，然后很快就去见上帝了。虱子和跳蚤才是真正“公平”的：从乞丐到皇帝，人人都有。

这片土地的领主，罗伯特勋爵，也有虱子。其实这片土地也不是他的，是他从伊夫舍姆男爵手中租来的。而这些土地是男爵从修道院长沃塞斯特那里租来的土地的一部分。罗伯特勋爵在南边还有其他土地，真正属于他的土地。在那里，他有另一个村庄、另一座塔和另一个小教堂。每隔一段时间，他带着家人、侍从、佣人和神父托马斯从一块土地到另一块。另外，由于他是男爵的下属，要随时为男爵提供武器。同样，由于伊夫舍姆男爵是温彻斯特伯爵的下属，而后者效忠于沃塞斯特修道院长，当修道院长或者国王要求他们参加某个宗教仪式或者去边界对抗丹麦人时，他们全都要前往宫廷。那时，罗伯特勋爵就要重新出发，独自一人或者拖家带口。

这个“赞助人-客户”的关系源于古罗马，被称为臣属关系，从封建社会金字塔底部一直延伸到顶部。

“你还欠着亚麻布和两桶咸猪肉。”
女士对妈妈说。
我发现妈妈
的腿在抖，
她是不是和
我一样脚冷。

女士的脚没有湿，因为她穿着
木鞋。我看着她的木鞋。

“那我的艾德蒙什么时候能回来？”
我妈妈有点着急地说。
女士缓缓打量着妈妈，就像我看着她的鞋。“你儿子
已经成年了，哈维萨，他的事自有领主安排。这方
面我什么也不知道。”她说。
我知道艾德蒙不在，因为没有人跟我玩耍。
安总是打我，而小约翰只会哭。

“但是艾德蒙不在，女儿就得留在这里帮我的
丈夫，我不能……”妈妈小声说道。但是女
士大声打断了妈妈的话：“你自己想办法。我
要拿到我的。我们并不富裕，你知道吧？”

“我还没有开始纺麻布，女士。我们把咸猪
肉给托马斯牧师抵什一税了。”妈妈说。她
看起来更矮小了，好像在对着地板说话。

罗伯特勋爵的属民就住在他的两块领地上。这两片领地里有自由人和奴仆。自由人可以拥有一小块地，但他们把土地交给领主，以换取保护，因此也成了他的属民。这迫使他们不但要上交土地产出的农作物，还要在罗伯特勋爵需要的时候，提供人手或者武器。在一个对双方来说都很严肃的仪式上，自由人向领主宣誓效忠。除此之外，这片土地上奴仆占了人口的绝大部分。他们不是自由人，什么都没有，所有东西都是领主提供的，以供他们存活并为领主劳动。

凭借财产和属民的宣誓效忠，罗伯特勋爵成了一个庞大家族的父亲。他帮助、照顾和保护他的子民，而他们满足他的所有需求。臣民抓住领主的手，领主的手放在臣民的头上。我们可以说，这段时期经济衰退，没有人能摆脱这种互相牵制。这是一个没有前景的封闭世界。

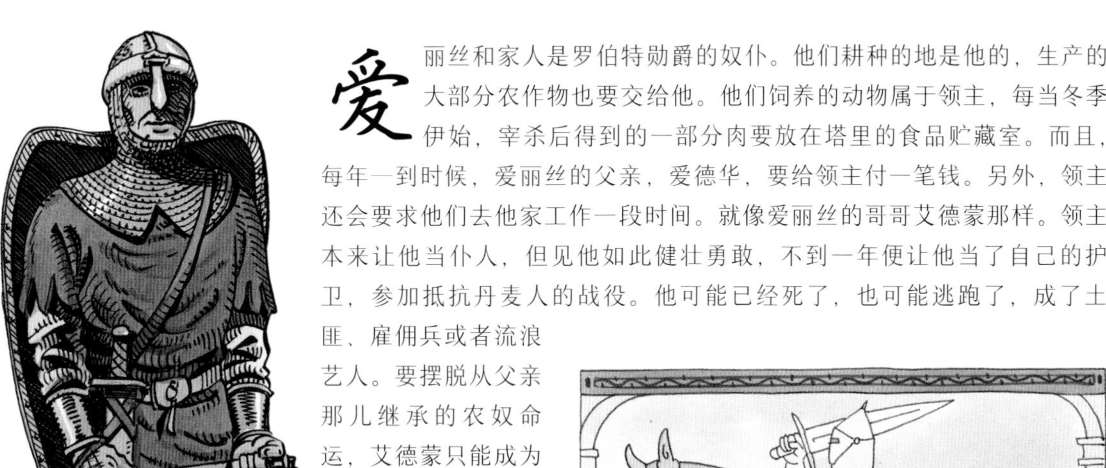

爱丽丝和家人是罗伯特勋爵的奴仆。他们耕种的地是他的，生产的大部分农作物也要交给他。他们饲养的动物属于领主，每当冬季伊始，宰杀后得到的一部分肉要放在塔里的食品贮藏室。而且，每年一到时候，爱丽丝的父亲，爱德华，要给领主付一笔钱。另外，领主还会要求他们去他家工作一段时间。就像爱丽丝的哥哥艾德蒙那样。领主本来让他当仆人，但见他如此健壮勇敢，不到一年便让他当了自己的护卫，参加抵抗丹麦人的战役。他可能已经死了，也可能逃跑了，成了土匪、雇佣兵或者流浪艺人。要摆脱从父亲那儿继承的农奴命运，艾德蒙只能成为那种人。只有罗伯特勋爵才知道他到底怎么样了。

女士派我去教堂找托马斯
牧师，我很开心。

我喜欢教堂。那里面不漏
水。地上的稻草是干的。

但我最喜欢的是一件教堂独有的东西。

艾德蒙以前告
诉过我，这就
是颜色。

托马斯牧师说那是上帝，我们的主
人，但我们的主人是罗伯特勋爵。
他们是一样的吗？我不知道。

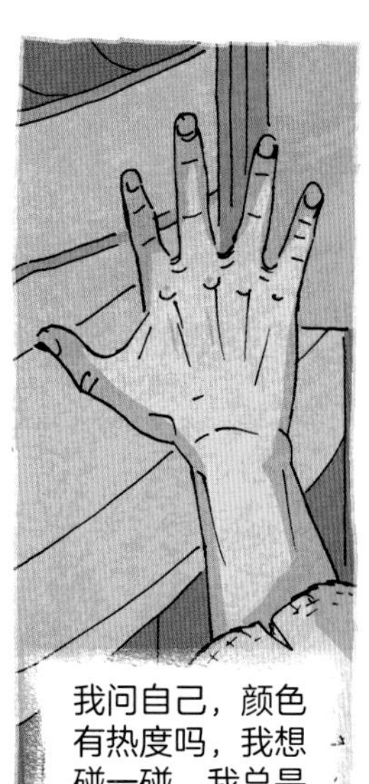
我问自己，颜色
有热度吗，我想
碰一碰。我总是
觉得冷！

托马斯牧师吓了我一跳。“不要碰那个。”
他在我身后说，但没有打我。
要是安的话就会
打我了。

爱丽丝和家人住的房子也属于领主，尽管这房子是爱丽丝的父亲建造的。就像村里的其他房子一样，房子由木材、树枝、稻草和黏土搭建。一个木工和一个苫顶工帮了他（他付了他们一袋粮食、一头猪和两桶苹果）。只有塔和教堂是石头建造的，因为石头要去很远的地方开采并加工，价格十分昂贵。

爱德华只在地基部分用了石头（没加工过的），以支撑两根长栎树干，树干形成了一个三角形——木建筑的基础结构。一系列横向的、纵向的、垂直的梁（也是栎树做的）组成了一个完整的结构，就像一个架子，固定屋顶和墙壁。

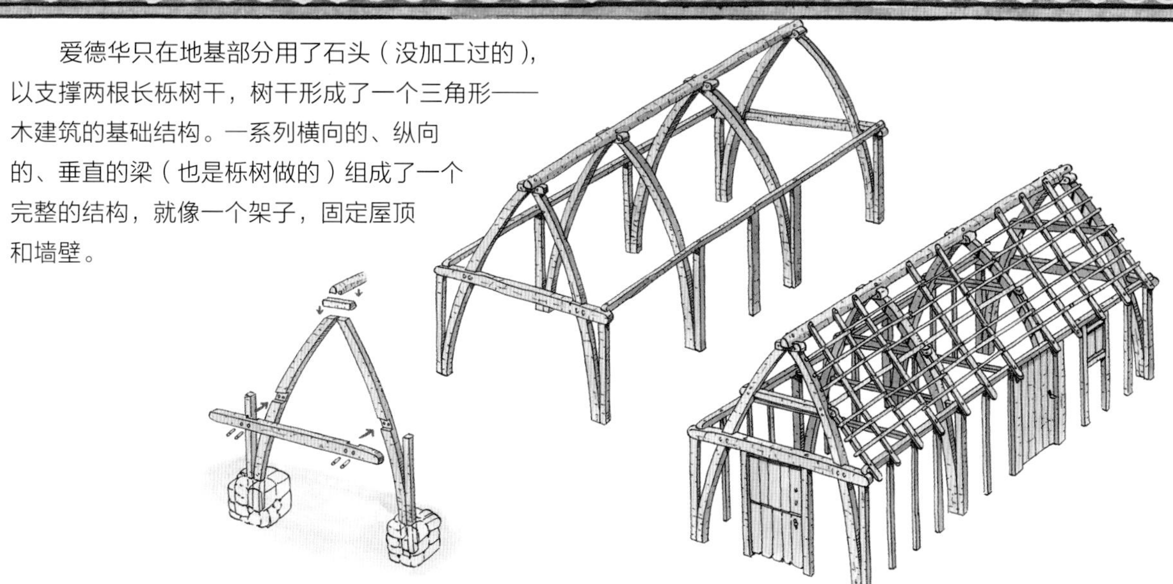

墙壁由有弹性的树枝编织而成，绑在垂直的柱子上。又细又短的稻草混合湿黏土，干了之后会形成坚硬的灰泥，用来填充墙洞。

屋顶有两层，细树枝上铺着紧密捆绑在一起的稻草，以挡住雪雨风霜。尽管如此，连续几天降雨后，水还是会穿过屋顶，室内会变得又湿又冷，屋顶终会腐烂，不得不换掉。尽管整个工程花了很大力气，而且很显然得到了精心呵护，但这样的建筑并不牢固，也不能抵御又冷又湿的气候。在我们看来，这样建房子不是长久之计，但此时此地，人们都这样建。他们知道某一天房子会着火，或者被风暴吹倒，或者他们会奉领主的命令离开这座房子，去另一个地方。家并不能住一辈子（人生也不是一辈子：这里的人们认为只有天堂才有幸福，而人间生活不过是通往天堂的道路）。

托马斯牧师牵着我的手走过村庄的时候，我感觉自己长大了。
“我们去家里吧，女士在等你，牧师。”我已经跟他说了。

女士已经进屋了。
看起来，她还没发现烟熏羊肉。

“是的，安松莱娜女士，哈维萨给了我两桶猪肉。一桶给教堂，另一桶我交给了神父。”

女士皱起鼻子。“这里很臭，我们出去吧。”她说。我什么都没闻到。好吧，我闻起来就跟家里一样。

“我们总得解决这个问题。”女士说。“我有个主意。”托马斯牧师说。我不知道他们在说什么，不过妈妈的腿在发抖。

爱丽丝家的内部十分独特，被分成了两部分，而且实话实说，家的内部和外部一样岌岌可危。一边是晚上用来给牲畜遮风挡雨的牲口棚，另一边住人。两部分只用一小段梯阶和一排用树枝编织的栅栏分开。在牲口棚里，有厚木板搭起的置物架，上面储存着谷物、干草、腌肉、几筐苹果、几罐蜂蜜和啤酒，还有田里用的绳子和农具以及一些杂物。这个空间很小，通过一个简易梯子就可以爬上去。墙壁的内侧也是黏土，还不足以盖住全部的木制框架。有一扇门供牲畜去牲畜圈，另一扇门是给人上街的，只有晚上才会关上。门上没有锁——屋里的东西太少，没什么可偷的。每一面长墙上都有一扇小窗，不够采光，但很通风，因为没有玻璃。地板是压实的泥土，上面铺着稻草。房间正中有小圆石堆，里面生着火，上面放着一个终日煮菜的锅。火上面的一条梁上，挂着要烟熏的肉和一点肉肠。没有烟囱。烟要么从屋顶的某个洞飘走，要么留在屋里，熏得满屋都是黑色，屋里的空气让人无法呼吸。显而易见，这个房子里时刻充斥着臭味和肮脏。

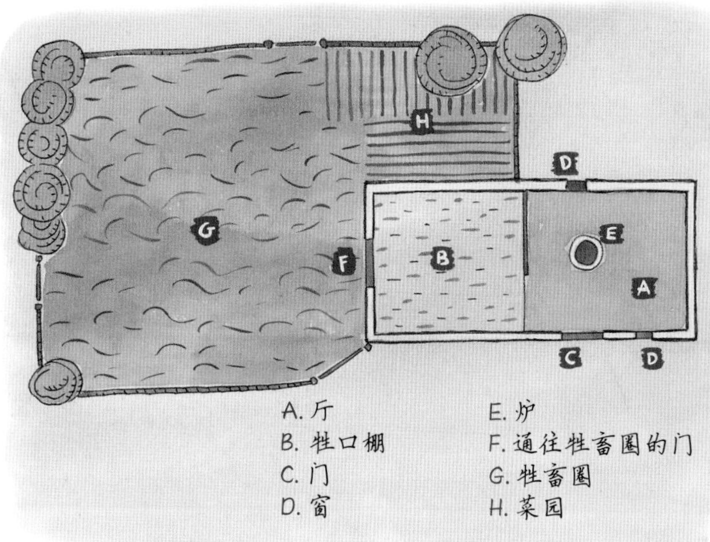

太阳下山，外面已无法劳作，所有人都回了家。照明的是家中的炉火，也许还有用动物油脂点亮的灯，这灯光线微弱，而且难闻（蜡烛更亮气味也更好，但很昂贵）。睡觉的时候要把火灭掉，因为一点火星点燃稻草最终烧毁整个房子的事情不少见，通常人还在里面，醒来之前就被烟熏得窒息了。

“你的大女儿多大了？”托马斯牧师问。他指的是安，她正和爸爸在田里。“满十四岁了。”妈妈说这话时一脸惊吓。
“年龄够了，不是吗，安松莱娜女士？她可以去塔里面工作，还他们家的欠债。”托马斯牧师说。

“但是没了大儿子和大女儿，谁来干家里和田里的活啊？我们没法……”妈妈的眼睛就像发现盆里没食物的小约翰的眼睛。

但是女士看都不看她。“我觉得可以，托马斯牧师。让女孩明天来吧。”她说。然后他们就走了。妈妈哭了起来，小约翰也哭了起来，我不知道发生了什么，但最后也哭了起来。

当爸爸和安牵着牛回来的时候，我们已经哭了很久。我的脚很冷。

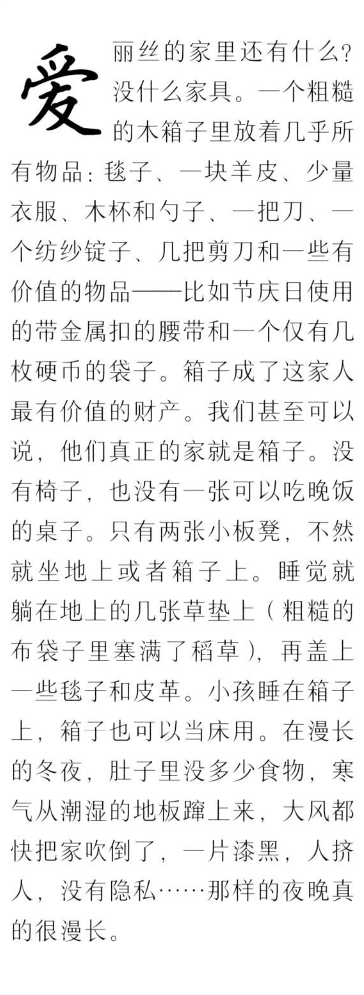

爱丽丝的家里还有什么？没什么家具。一个粗糙的木箱子里放着几乎所有物品：毯子、一块羊皮、少量衣服、木杯和勺子、一把刀、一个纺纱锭子、几把剪刀和一些有价值的物品——比如节庆日使用的带金属扣的腰带和一个仅有几枚硬币的袋子。箱子成了这家人最有价值的财产。我们甚至可以说，他们真正的家就是箱子。没有椅子，也没有一张可以吃晚饭的桌子。只有两张小板凳，不然就坐地上或者箱子上。睡觉就躺在地上的几张草垫上（粗糙的布袋子里塞满了稻草），再盖上一些毯子和皮革。小孩睡在箱子上，箱子也可以当床用。在漫长的冬夜，肚子里没多少食物，寒气从潮湿的地板蹿上来，大风都快把家吹倒了，一片漆黑，人挤人，没有隐私……那样的夜晚真的很漫长。

眼下，以及其他很多时候，铺床就是早上把草垫里面的稻草全部倒出来，拿去通风和晒晒太阳，下午把稻草重新塞进去，以及在折叠毯子之前大力地拍打，让大部分虱子和跳蚤都掉到地上。

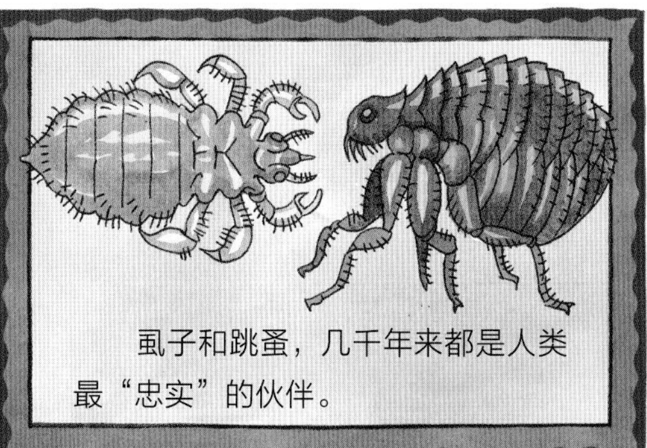

虱子和跳蚤，几千年来都是人类最“忠实”的伙伴。

我睡着了，不知道安为什么笑，因为她明天要走了吗？

爱丽丝不知道而安知道的是，和那些大人物在一起，她会住得好一点。当然，她的吃穿和现在差不多，还会做很多工作，但她可以和大人们去其他地方，如果运气好的话，她还能跟着他们去伯爵的宫廷，甚至可以去看看国王！这段时间，作为先生们的女佣，安可以去看看世界，认识新的人，有机会离开自己的村庄。并不是每个人都有这样的机会，当时的人几乎一辈子都没见过除了生活和工作场所之外的地方。旅行是不存在的，人们不知道世界是什么样的，仅有的几本相关的书都在修道院里。

早上，去塔里之前，安会吃黑麦面包喝啤酒当早餐，就像所有人平时吃的那样。爱丽丝和家人吃的东西都是地里种的。他们没什么钱，进口的东西——鱼、糖、酒或胡椒——只能买一点。这家人吃的蔬菜是小菜园里种的，肉是宰杀后拿去烟熏或者腌渍的，这样保存的时间更长。哈维萨和面做面包，由于没有烤箱，她需要支付几条面包，以获得塔里的烤箱的使用权。她的啤酒也是拿着大麦去领主的蒸馏室做的，同样也要支付部分啤酒给罗伯特勋爵。谷物也一样，她要拿到村里的磨坊磨。

煮饭、喝水、洗澡（很少）、洗衣服（也很少）的用水都是取自穿过村庄的那条河，河里有垃圾、脏水、残渣……很显然，他们没有从罗马帝国继承讲卫生的习惯。这些人就是没把卫生和健康联系起来。甚至他们当中很多人认为，身上的厚油污可以抵御随空气传播的有毒体液和瘴气。肥皂又是一个爱丽丝不懂的单词。

每年，冬天伊始，爱德华和其他村民就会开始计算他们保存的草料能在漫长的冬季养活多少动物。剩下的牲口会在所谓的宰杀日杀掉。那天晚上，全村人会聚在一起举办一次宴会，做一顿他们可以尽情吃肉的晚餐，这也许是他们一年当中的唯一一顿（而且，顺便提一句，这好像就是平安夜晚餐的起源）。

早上，安会带上她的所有衣服：

两件亚麻衬衫裙、一条厚羊毛裙、两双长袜、皮鞋、一顶亚麻帽子和一件羊毛斗篷。东西全都肮脏、粗糙，呈现棕色（蓝色、红色和紫色的染料很昂贵），上面有如房客一般长住的虫子（温水无法杀死虱子和跳蚤，除非用开水煮衣服，但如果用热水清洗，纺织品很快就四分五裂，这些衣服可是要穿很多年的）。

爱丽丝只有一条羊毛裙。仅此而已。

早上，妈妈和安去塔里。我偷跑出来跟着她们。为了让小约翰不哭，我给了他一个偷来的苹果。

“哈维萨，告诉你丈夫，他在米格尔日给领主的马刺还没给我钱。”铁匠休说道。

妈妈的嘴角抽搐，安傻傻地笑个不停。“六分钱或六只母鸡。”休说。

妈妈和安走进塔里。由于我很小，没有人注意，就溜了进去。

我从没进过塔。在外面，它是世界上最大的东西，进到里面，东西多得让我目不暇接。

休是一名铁匠，是一个自由人。铁匠铺也属于罗伯特勋爵，但休可以凭借自己的手艺挣钱，支付铁匠铺的租金。从事铁匠这一行需要一定的天赋，毕竟专职铁匠已经消失几百年了。过去，罗马人和希腊人会专精于某项职业，这种职业代代传承，技艺愈发精湛。这种专精，曾经在人类发展中起到相当重要的作用，却在欧洲的黑暗时代陷入沉睡。如今，所有人都得什么都会一点儿才能生存。

罗伯特勋爵在河上游有一个磨坊，所有人都去那里磨谷物。

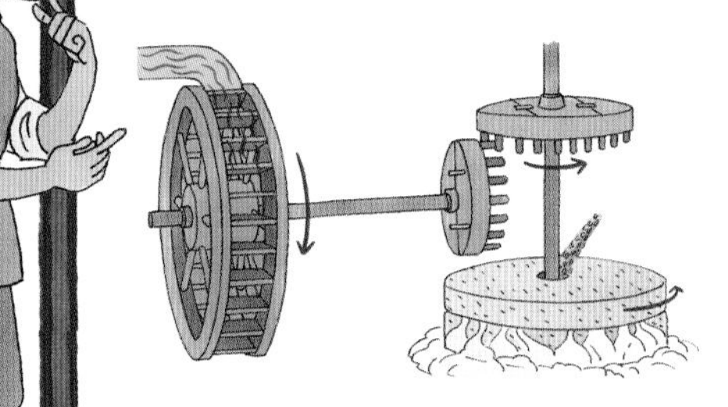

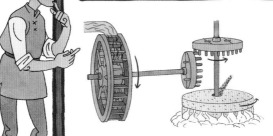

罗马人已经开始用水力推动水车了。水车利用水力推动磨坊的转轮，带动研磨的石头，磨碎谷物，做成面粉。

有一天，铁匠聪明的儿子朗伯，不想再用自己的胳膊操纵锻炉的巨大风箱，他仔细观察磨坊轮子的运转，开始思考，并尝试把环形摆动转变为上下摆动。于是，他发明了凸轮。

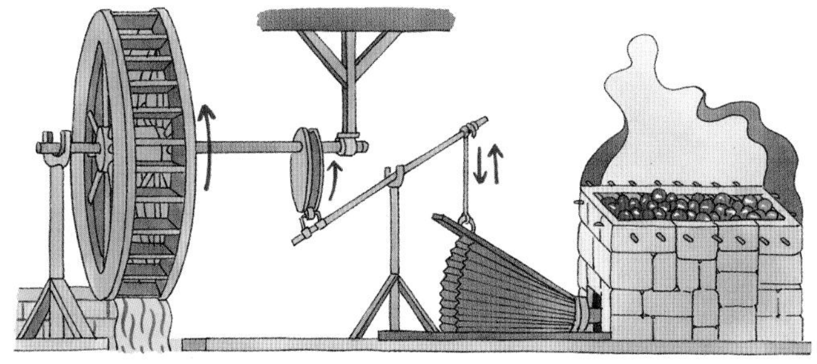

用水力鼓动风箱，男孩就可以更好地帮助父亲，并更快地学会这门手艺。

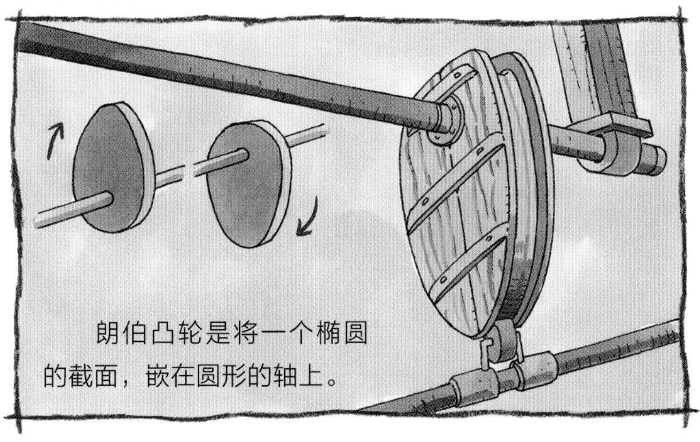

朗伯凸轮是将一个椭圆的截面，嵌在圆形的轴上。

铁匠休代表的这类人，他们最大的价值就是手艺，在不那么黑暗的这些年，他们正缓慢恢复活力。现在，他们只是手艺人，大部分工作还与田里的劳动息息相关，但属于他们的时代即将到来。休的儿子或者孙子将会在城市里有自己的铁匠铺，成为真正的工匠。他们借助技术生产出的新物品，要么质量更好，要么生产速度更高，也因此产生了自给自足的动力。技术促进新创造，新的发明又需要更新的技术来解决应用中产生的问题。为了新的创造而创造。而这一切就发生在此时此地，在这个英国南部偏远村庄里的水车推动的铁匠风箱之中。机械将重塑基础材料以及西方文明的形式。真正的工业革命开始于9世纪：在这个不起眼的村庄的小锻炉里，工匠正在“锻造欧洲”。

塔里人满为患，大人和女士，妈妈和安，都在那里，安像个傻瓜，在东张西望。

“你早上去厨房，午饭之后给先生灭虱子，下午去织布厂。”女士说完把安带走了。

妈妈和大人互相
看着对方。

“你能告诉我艾德蒙怎么了吗？”妈妈说。

“我已经把他给男爵了。我会把他训练成一个士兵。告诉你丈夫，作为补偿，我会给他一块在克雷波茨的可耕种土地，种出的东西都归他自己。”大人大声说道。
“走吧。别忘了今年轮到你们种干涸的溪谷。”他说。

妈妈发现了我，把我从塔里拎了出来。
她打我的时候，我就不冷了。

在伊夫舍姆男爵的先辈的时期，村里的塔楼刚建成，只是一个简单的两层长方形府邸。随着时间的推移，墙壁被土坡盖住了一部分，使原来的一层变成了酒窖、仓库和地牢。在此基础上，人们建起了一座墙壁厚实的塔楼。塔楼分两层，下面是大厅，上面是房间。之后几年，新添的阁楼和突出的屋顶为它增加了高度，不久后又添加了一个带有壁炉和厨房的大房间，成了我们现在看到的样子。大厅白天供人们进行日常活动，晚上供仆人睡觉。领主们则在塔楼高层自己的房间里睡觉。当罗伯特勋爵从父亲那里继承了村子的出租权之后，加建了教堂、牛羊马圈、仓库、面包房和一圈围栏。

艾登的罗伯特勋爵并不是一个拥有大量产业的大领主。他不过是一个小贵族，拥有少量财产，即几个村庄，每个村庄里都有个小教堂。这些塔楼虽然不起眼，但在人们面前代表了封建领主的威严，对所有奴仆来说是父亲的象征，他的权力永远竖立在地平线之上，是代表他家族和地位的真正旗帜。因此，小塔变成了一个权力的伟大象征。

对于爱丽丝来说，塔楼里的东西太多了，因为她家里的东西很少，但事实上，即使是大贵族，当他们从一个府邸搬到另一个府邸时，那些马车和马具拉不走的财产也并不属于他们。由于封建领主一年都在领地内四处奔走，到各处收取租金（大部分以香料的形式缴纳），并在当地消费。他的全部东西——床、大箱子、桌子和椅子、挂毯、盆盆罐罐和用具——都跟着他到处走（这也是家具*这个词的来源，意味着可以从一个地方搬到另一个地方的家中用具）。

* “家具”的西班牙语为 mueble，“搬”的西班牙语为 mover，两者词源相同。

有一天，所有人都在四处奔波，不停地把东西从塔楼里搬出来。

他们还牵出了马和马车，装上所有东西。

第二天，他们又吵吵嚷嚷地走上了通往世界尽头的路，安也一起。

然后他们越来越小，直到消失不见。

现在，爸爸、妈妈、小约翰和我一起去田里，爸爸把冰冷的土翻开，我把谷粒放进去，妈妈再把它盖上。

大人们已经离开很久了。由于托马斯牧师和
他们一起离开了，他关闭了教堂。
但是，当某个早上我看到阳光从云层中逃出来，
我也逃跑了，去教堂，看看我能不能感受到
颜色的温度。

爱丽丝会怎么样？是否有个神明正看着她，就像她看着那些颜色？我们无从得知。但有一点是确凿无疑的——奇迹一定存在，因为没有别的解释，尽管小女孩过着这种生活，但她仍然是个快乐的小孩儿。

第七章

公 民

法国中部

公元1289年

在路上旅行了数天后，远处城里的高塔依稀可见。通往城里的公路维护得很好，这意味着被遗忘许久的交通路线又在西欧重现了。我们看到商品和旅人在公路上来来往往。城市吸引着所有人。终于，城墙离我们只有一步之遥。再拐过几道弯，就已经人满为患、吵吵嚷嚷了。黎明时刻，大门刚刚打开，我们将穿过其中一扇进入城中。我们会在里面逛一天，选中众多房子中标有红色箭头的那栋，看看这里的人们是怎么生活的。

为了抵达目的地，我们要穿过迷宫般的狭窄小巷，里面满是形状各异的房子。因此，在找到目标之前，很容易迷路。如果以我们站的位置为参照点向上看，我们会发现高度越高，楼层的面积越大，到最高点时几乎都要碰到一起，把下面的小巷变成了阴暗的隧道。由于城墙的限制，城市只能向内发展，公共空间非常有限，但是很有活力。我们感觉好像进入了一个器官的内部，街道——血管——负责将生命从一个地方传到另一个地方。而且那里这么早就已经挤满了人。这么多人啊！他们是从哪儿来的？

前几个世纪对农业的成功开发，使农民生产的东西超出了自己及周围环境的消费能力。他们拿剩余的东西去买卖，然后用这些钱和原来的主人交易，买下人身自由和定居城市的权利。交易的是管辖权，是新的公民社会的基础，而这将取代旧封建社会。

于是，农民住进了城市，并巩固了它。这种巩固不仅依靠又厚又高的城墙保护，还依靠一个更强壮的东西：经济。农民转入有产阶级（当时人们称城市为“资产”），人们不仅将钱用作以物易物的媒介，也视作一般意义上的财富。财富创造工作，工作吸引了更多声称自己在某个行业有特长的人，而正是这些行业支撑起“城市”这个复杂的机制。资产阶级由此产生，一个专业人士靠工作维持生活，在工作中获得成功，甚至梦想着成为一名贵族。

加入行会是体现阶级骄傲以及用财富换取令人渴望的特权的方式之一。同一行业的中产阶级的互助联系——不管是手艺人、商人还是专业人士——由一个机构和用来保护他们和客户的法律管理。这些机构（资产阶级的另一个家）拥有强大的经济力量，并将部分力量回馈给那些欢迎他们的城市，帮助这些城市发展，以此来展现他们的强大。城市创造了公民，公民维持着城市。旧日的封建领土现在变成了城市。让我们睁开眼睛，看看新气象，走进城市，把所见的一切都记在笔记本里。

一进城，我们就发现，问题的数量可以衡量这个地方的体量。我们的身边是混乱的城市规划，建筑相互支撑，沿着设计奇特的街道而建。各种建筑占据了每个空隙和角落，房子用砖和木材越加越高……所有这一切都告诉我们，这座城市的软弱政府一定被混乱的行会、高傲的贵族以及专横的神权压得喘不过气。就好像政府分外嫉妒公民刚刚争取到的私人空间权，以至于忘记关心和发展公共空间，也没有意识到公共空间才能避免大城市的自我吞噬。

我们穿过其中一条街道。

市场广场上有市议会大楼、一座豪宅，远处是正在建设的大教堂。

和其他活生生的有机体一样，这座城市也包含了一个深刻的矛盾：城墙。这个本应是成就的标志，却没能充分展示它的野心。水管就不必找了，因为没有。而在东边不远处，我们可以找到罗马时期的水渠遗迹（建设水渠所用的石头已经被用来建城墙和教堂，而水渠的用途也在所谓的野蛮时代被遗忘了）。人们或是从街上或是从房间里的井中取水，或是从蜿蜒在城墙脚下的河中取水。当然，水是不干净的：屠夫往里面扔下水，鞣皮工往里面倒酸，洗染工往河里倒木桶里的残渣……就连医生，这个新兴的职业，也会用那些水来清洗器械（如果要用的话）——他从没想过，用脏水和时常导致人口大量死亡的流感之间有什么关系。

一些要点
街上能看得到的厕所。

这就是我们鸟瞰时选中的房子。

没有下水道。脏水排向大街。当然，几乎每家每户都有厕所（他们称之为放松身体的座位），排泄物通往河边或者污水坑。晚上，公务员会拖着粪车经过，挨个清空污水坑。车装满后，就卸到城市周围的田地里，当作肥料。

现在，街上的景象是多么壮观啊！

我们已抵达选中的房子。第一眼，我们发现它的位置很不错。由于它位于十字路口，大门和两侧都能晒到很多太阳。一层为方形，有足够的高度，有石头砌成的厚墙，有大窗户、一扇结实的大门和一张大石凳。二层由石头和原木建成。三面均有结实的托座，因此比一层多出了许多面积。墙上还装有许多不规则的窗户。坡面屋顶为顶楼提供了带有窗户和天窗的阁楼。屋顶由稻草束搭成，看起来维护得很好。

虽然火灾发生和蔓延的风险很高，但这个建筑给我们的整体感觉是可以使用很长时间的。是的，从这个房子我们可以看出来，人们想要安定下来了。

让我们走进它，停下来，细察它的内部。

大厅占据了一楼的大部分，因为这里就是生活的地方：烹调、洗澡、工作、睡觉……

首先吸引我们注意力的是大房间里的火炉，火炉已经不在正中间了。我们发现它被嵌在一面墙里，带有可以排烟的烟囱，虽然不是很有效。每栋房子都有一个带烟囱的火炉，实际上，这些中产阶级用“有火”和“有地方”来表达他们有房子。因此城郊村镇人口普查靠的就是清点火炉的数量。我们看到，脚下的地面铺的是彩色瓷砖。

整个一楼基本上是建在带有拱顶的旧大厅上，大厅曾是旧建筑的主要房间。由于街道建设护坡变成了地下室，里面是食品贮藏室和酒窖，通往这里的石阶藏在地板的木制机关下。

窗户上没有玻璃，只有各种式样的百叶帘，一节一节通过铰链连在一起，或多或少透进些空气和阳光。只有在上面的部分，特别使用了四段厚的铅色玻璃。

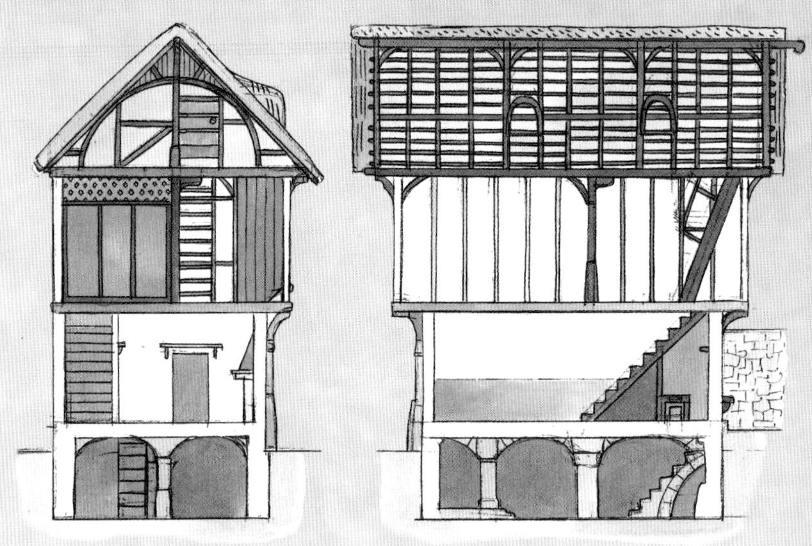

正面及右侧的剖面图。

需要指出的是，住宅建筑历史中，让人等待最久的成就之一就是：建造一个好用的烟囱。一直到 18 世纪，人们才发现这个奥秘。而我们现在还在 13 世纪！所以，这里的人们虽然已经可以建造出像交叉拱顶这样复杂的东西，但仍被火炉的烟熏得不可开交。此外，火炉的加热效率也不高。

房屋的后面有院子，我们可以看到厕所的门被打开了。

（我们跟画家商量好，不要画树，这样就能更好地观察这栋建筑的细节。）

房子里的家具依旧很少。家具是多功能的，而且可以根据功能的变化，从一处挪到另一处。有一张大桌子，搭在架子之上——在这张桌子上做什么都可以——被当作长凳、脚凳、椅子乃至浴缸。但有一件家具的出现，最能说明这是一个长期居住的地方：在厅里和大房间里，我们找到两个大柜子。

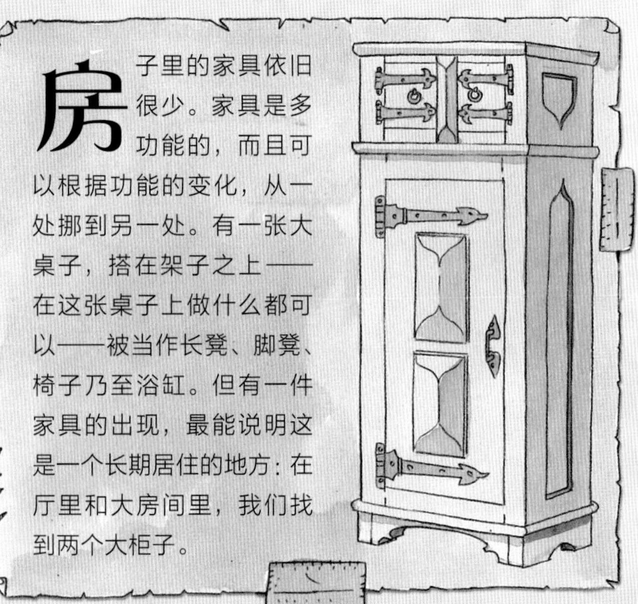

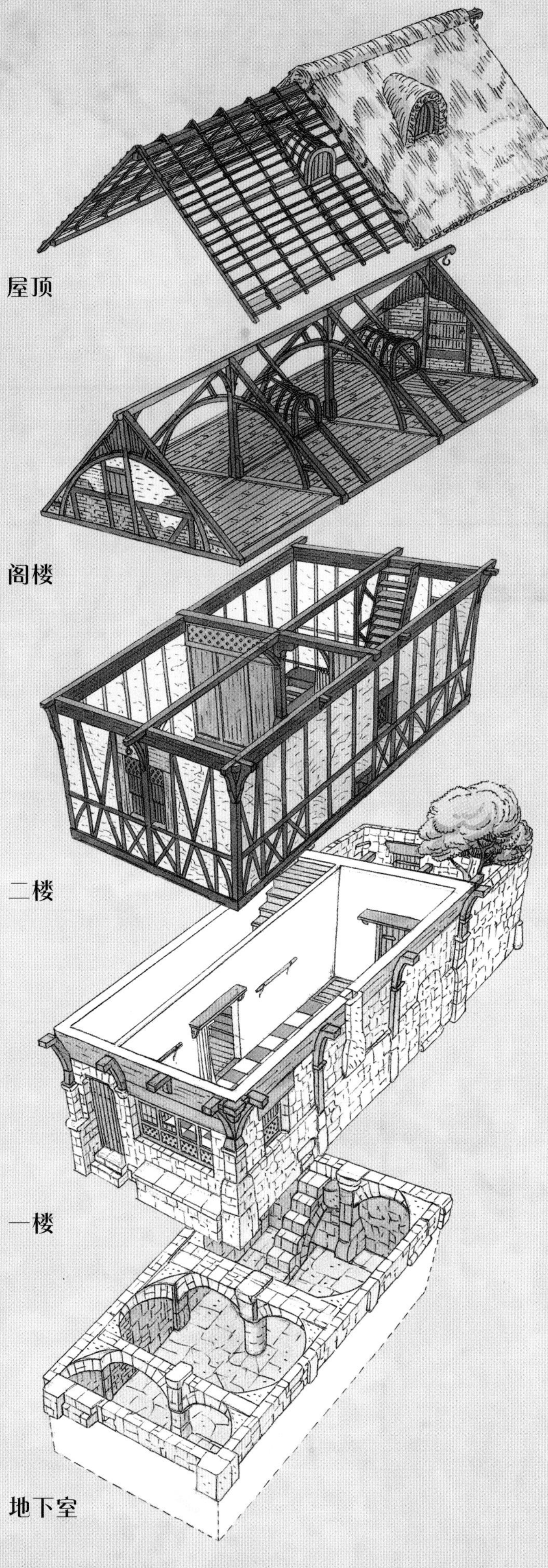

屋顶

阁楼

二楼

一楼

地下室

一楼平面图

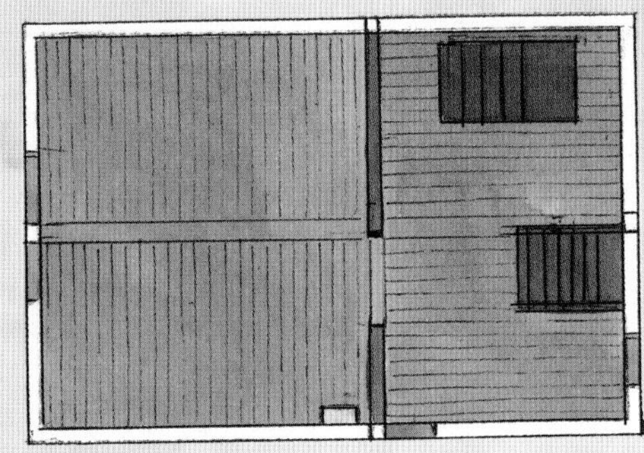

二楼平面图

通过过道中间的木梯子，我们可以上到二楼。二楼是木地板，中间用木板作为隔断，分成两个房间。每个房间都有床和少量家具。大房间有两张大床，其中一张床带有华盖和床帘。

床垫是塞满毛料的草垫，铺在木箱或者木板子上，就成了床。

这层楼的第一个房间里有一架梯子，可以上到阁楼。阁楼作为仓库和谷仓，木地板上也铺着草垫，可以在这里睡觉。

这栋住宅还幸运地拥有一个小后院，后院围墙上有一扇门可以通往厕所和一个带果树的菜园。

这栋住宅，就是一个世界，许多日常活动都在此进行。它属于一位自由人，他骄傲地展示并维护着它。但是，我们还不能完全将它视为一个家，从社会层面来说，它不够私人也不够私密。我们不要忘了13世纪末的欧洲经历了一次人口爆炸，人们前往城郊村镇寻找工作、财富和更好的生活。所以，在后面几页我们会看到，依照现在的观念，这栋住宅人满为患，但当时对这样大小的住房来说，人数也算正常。有多少人住在这里？画家给我们画了一幅这个家族的全家福，这样我们就可以更好地数一数住在这里的人，并讨论他们各自的情况。

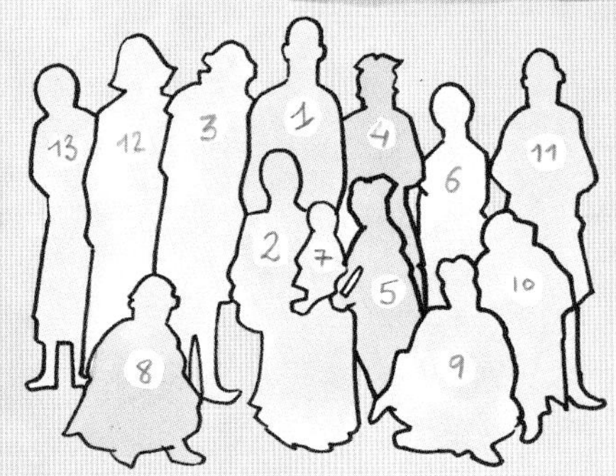

1. 兰伯特·埃诺，房主，建大教堂的建筑大师。**2. 希尔迪亚达**，他的妻子，房子的女主人。**3. 高塞尔姆·诺让**，希尔迪亚达的父亲，老石匠。**4. 奥贝里**，长子，跟着父亲当学徒。**5. 蒂埃里**，次子，在上学。**6. 赫尔维斯**，长女，在家里帮忙。**7.** 婴儿**哈德利则**，次女。**8. 里凯**。**9. 勒诺**。**10. 约夫罗伊**。三人皆为工程学徒，和大师住在一起。**11. 翁夫罗伊**，女主人的侄子，在城里的眼镜店当学徒，和舅舅、表兄弟住在这房子里。**12. 杰瓦**，侍女。**13. 埃格兰蒂纳**，侍女。

那现在，我们准备和他们一起度过一天，这样能更好地认识他们的住宅。在黎明之前……

起来吧，埃格兰
蒂纳，醒醒。

你在干什么，高塞尔姆师傅？
你需要一台起重机！

姥爷一大早就想挑起战争！
呵，呵！

看起来，你父亲被人嘲弄，
还得我们承担，妻子。

你想把行会的懦弱怪罪
到他身上吗？

如果他假装什么都不知
道的话，那就不会。

我已经到了现在这个位置，肩上背
负着主教的命令和行会的压力。

我呢？

如果你接受了那个伦巴第人，
他肯定要住在这里。

不行？

我得找床单，重新整理房间，
看管食品贮藏室……
我们才有了属于
自己的床。

他肯定要住在这里。

他是主教聘请的建筑师。

我要亲自安排他的住宿，
此外我还要去应付行会，
就因为没拒绝他。

可是你作为建筑业行会的头儿，
就不能……
不能！

显而易见，行会建造了大教堂，没错，但大教堂属于主教！他给了我们工作，他可以决定一切应该怎么安排。

不用再多说了。

行会会驱逐你的。

就差你这句话了！
爸爸！

奥贝里，里凯，勒诺，约夫罗伊！我们走！

爸爸？

姑娘们，我们有一大堆
工作要做。
你去上学。

杰瓦、赫尔维斯，你们去表姐
那里看看能给我们多少睡衣。

埃格兰蒂纳，你把所有草垫都抖一
抖，然后打扫干净房间，在地板上
撒一些苦艾种子。我下去看看食品
贮藏室的情况。

苦艾？
可以驱赶跳蚤；
你在阁楼里就能找到。
我们走吧，
杰瓦。

就这样，简短的话语，繁重的工作，一天的时间就这样流逝。

已经下午了，所有人都
回到了家……
您是建筑大师兰伯特·
埃诺吗?

我是建筑师古列尔莫·马克。

那个伦巴第人
带了多少人来?
他，还有四个人。

真希望魔鬼把主教带
走！我们这么多人哪
里够吃?
建筑师!
夫人!
进来吧！晚餐前，
我给你们展示一下
你们的房间。
我可以先冒昧地向您
的夫人请安吗?

我的夫人……
嗯。

真是不可思议。这么多年
我四处游走，寄居陌生家庭，
但每次人们因我的到来而不满
还是会让我感到意外。

我希望您可以接受这个小袋子，
感谢您的热情招待，这段时间
我和我的弟兄们将住在这里。

我们在这里待不长，因为我给您
带来了这个，兰伯特大师。

这是什么？
平面设计图。

在纸上画的，您看！

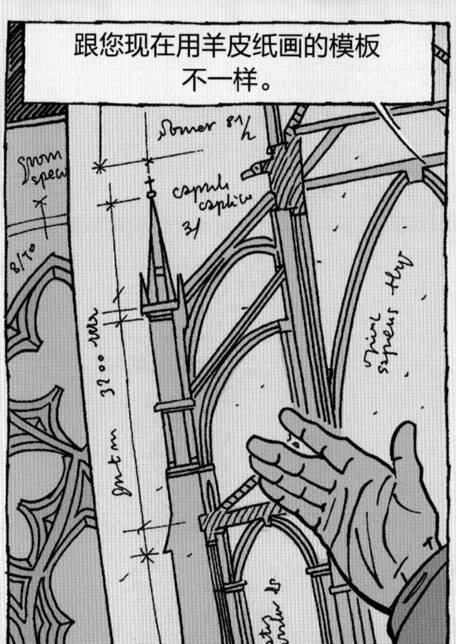
跟您现在用羊皮纸画的模板
不一样。

在这上面，可以先设计好图样和尺寸，
然后在工地上建造。

您发现了没有？

这个，亲爱的同事，
是可携带的“建筑”。

这样的话，您就可以在工作室设计模型和结
构，其他人就在广场那里或者几千里之外的
地方建造您的作品。

这样既能节省时间，
又能保证精准。
您要是愿意的话，我可以
给您展示怎么画图以及怎
样设计。

还有，您别忘了一件事，兰伯特大师：
主教建了教堂，但我们以及我们的知识，
才能确保教堂屹立不倒。

今晚的晚餐看起来像是庆祝晚宴，
这并不令人惊讶。

半夜，房子里的人都睡了。
我们在这里的一天
就这样结束了。
伴随着新的想法，
新的一天开始了。

古列尔莫先生发现你能迅速看懂
他的图。
他跟我说过：很快你就可以
自己画了。

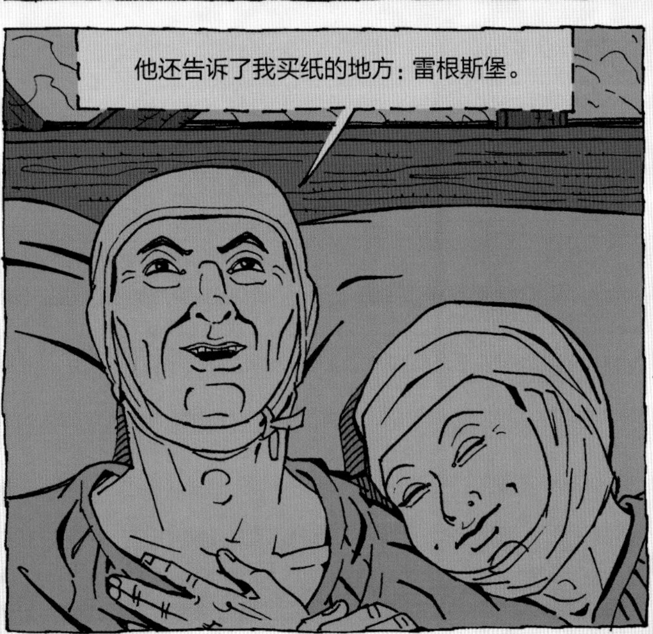
他还告诉了我买纸的地方：雷根斯堡。

你意识到了吗？
你，就是建筑师。

我们可以再买
几张床了。
还有地毯。
赫尔维斯也可以有嫁妆，
谈个不错的婚事了。

我们可以再加建
一层……
然后加上瓦顶
……

这将成为我们的
财产。

第八章

这就是我

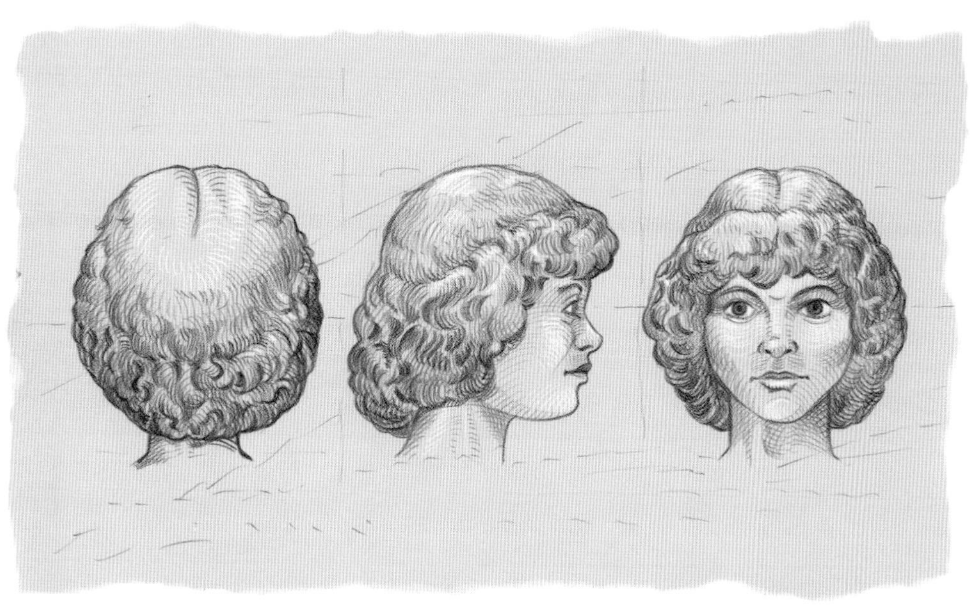

佛罗伦萨

公元1456年

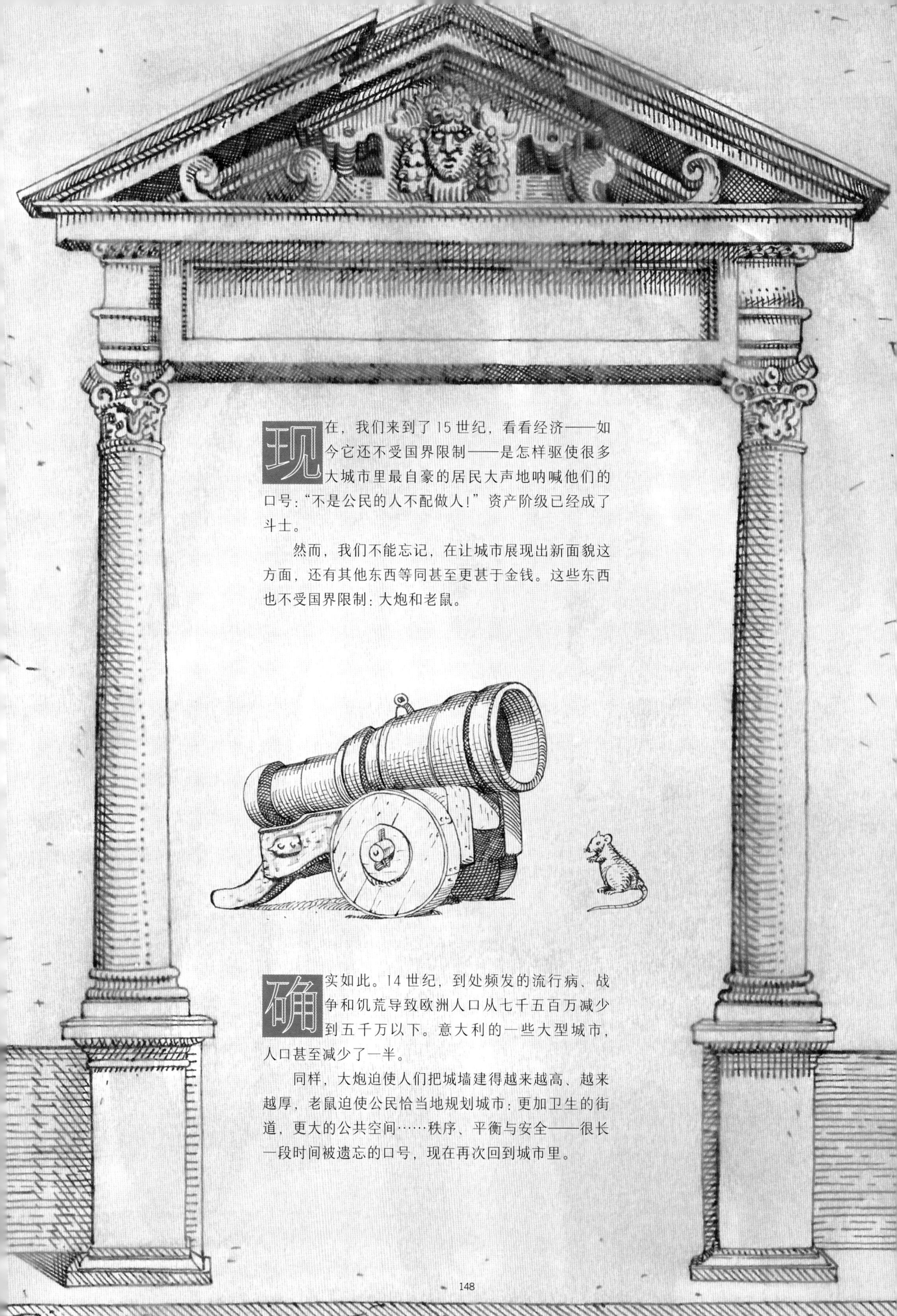

现在，我们来到了15世纪，看看经济——如今它还不受国界限制——是怎样驱使很多大城市里最自豪的居民大声地呐喊他们的口号："不是公民的人不配做人！"资产阶级已经成了斗士。

然而，我们不能忘记，在让城市展现出新面貌这方面，还有其他东西等同甚至更甚于金钱。这些东西也不受国界限制：大炮和老鼠。

确实如此。14世纪，到处频发的流行病、战争和饥荒导致欧洲人口从七千五百万减少到五千万以下。意大利的一些大型城市，人口甚至减少了一半。

同样，大炮迫使人们把城墙建得越来越高、越来越厚，老鼠迫使公民恰当地规划城市：更加卫生的街道，更大的公共空间……秩序、平衡与安全——很长一段时间被遗忘的口号，现在再次回到城市里。

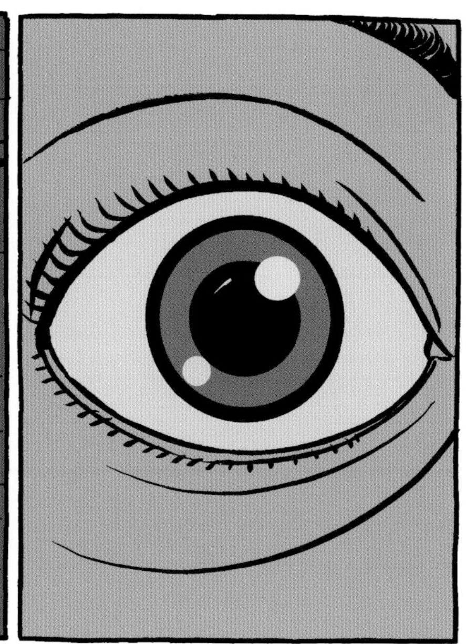

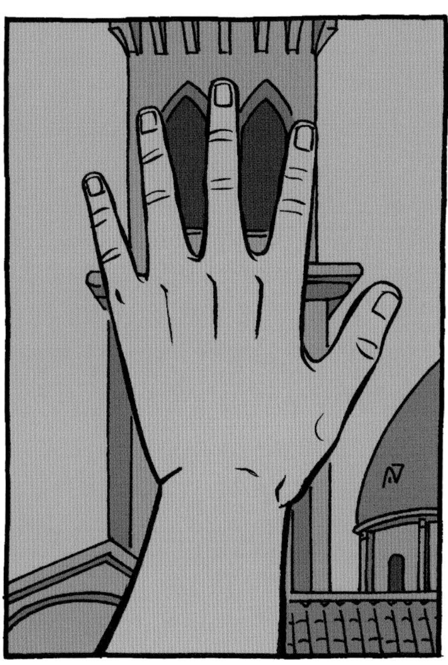

是的，乌格里诺，就是这样，
自然教给我们世界的样貌。

看到了吗，孩子们？我们看，我们观察，我们注意到事物的表现方式。然后我们可以通过同样的方式将它们重新创造出来。

鲁杰罗·德·菲索尔，我的老师。我爱他就像爱我的父亲一样，但是我也想像忘掉父亲那样忘记他。我不知道自己为什么会想这些。其他男孩子干活和学习，但也大笑、叫喊，成群结队地找乐子：掀女人的裙子或者去墙边做见不得人的事情，去和别家的学徒打架……我总是思考和寻找，寻找和思考，不论白天和夜晚；我不知道自己在思考和寻找什么。

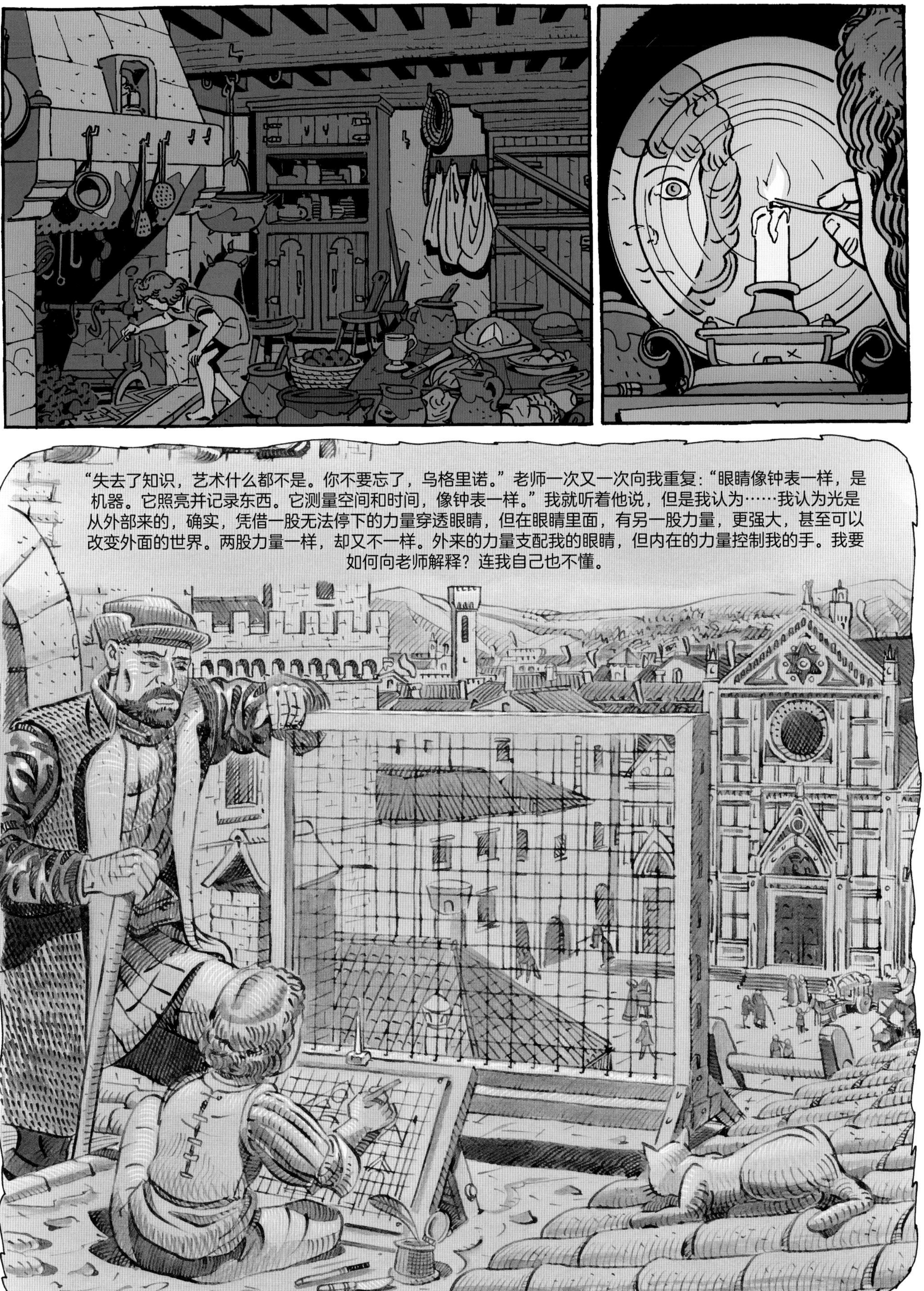

“失去了知识，艺术什么都不是。你不要忘了，乌格里诺。”老师一次又一次向我重复：“眼睛像钟表一样，是机器。它照亮并记录东西。它测量空间和时间，像钟表一样。”我就听着他说，但是我认为……我认为光是从外部来的，确实，凭借一股无法停下的力量穿透眼睛，但在眼睛里面，有另一股力量，更强大，甚至可以改变外面的世界。两股力量一样，却又不一样。外来的力量支配我的眼睛，但内在的力量控制我的手。我要如何向老师解释？连我自己也不懂。

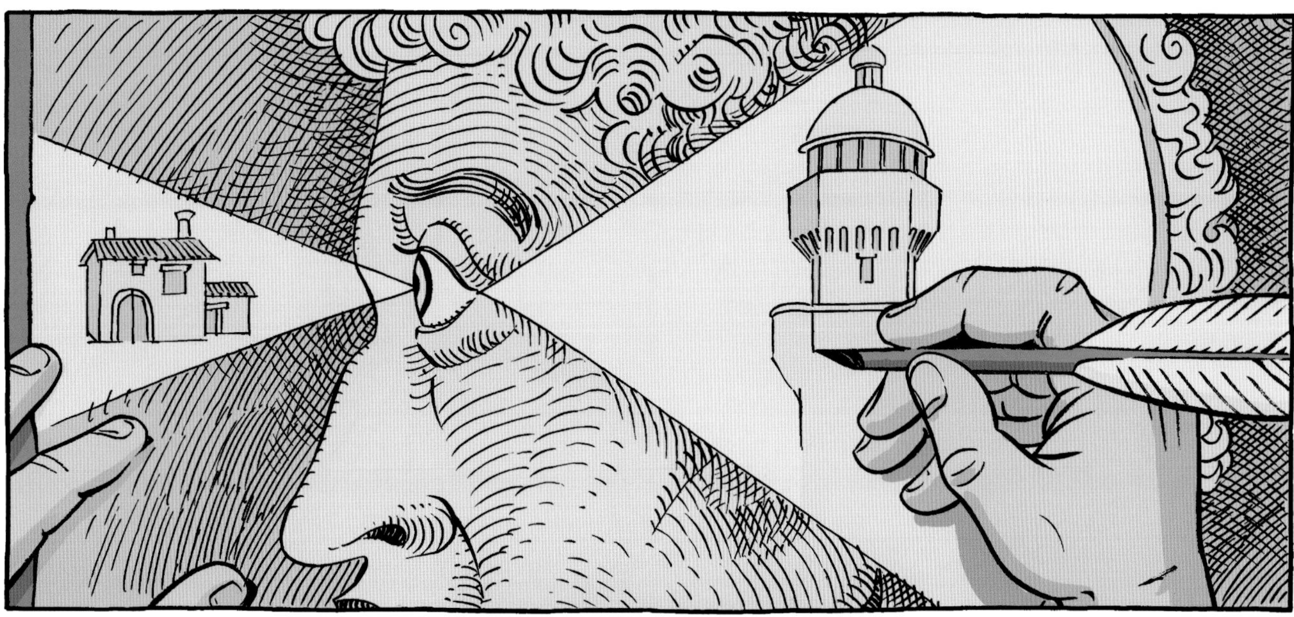

这是什么？
要我说，所有的钟表走得都一样，
可是每双眼睛看到的东西都不一样。
那要我说，你就得听话，最近几
天我都觉得你像个圆白菜似的。
嘻嘻！
哈哈！
你的工作就是把模型放大，转换成场景设计。
就像这个一样。你有什么不明白的？
我在寻找……
你，你，你！你以为自己是谁？
一名学徒！你以为自己很特别吗？
这里每个人都有
自己的位置。
你不要忘了，
乌格里诺！
临摹图画！
嘻嘻！
哈哈！

"一个作坊就像一棵树。"老师总是这么跟我说。行会是强壮的根，老师是粗大的树干，那些工匠、门徒和学徒是枝叶。"但是光靠空气，树是活不了的！"他大声说，"王子、银行家或者修士的钱袋才能给我们饭吃。我们这个家就是这样运作的。"
就算是街角的鞋匠加莱亚佐，他付钱让我们给他画肖像，我们就要给他画一幅肖像，听明白没有？不然你想给他画什么？带羽毛的龙吗？
和其他男孩子一起出去吧，去释放自己。你总是一个人，在田里、街上或者闷在这里，总是独自一人。
那些独来独往的人看起来都疯了。
我是疯子？

鲁杰罗·德·菲索尔老师的作坊在城市的这一边——奥特拉诺区。我们在这里画油画；在户外画宫殿、小屋或者教堂的围墙；给戏剧表演准备舞台布景；为节日和游行设计面具和花车；制作泥塑，雕刻大理石和石膏。院子里有一个小型铸铜车间。对了，佛罗伦萨最早的版画作坊，其中一家也在我们这里。
“鸽房”
作坊
马厩和仓库
院子
锻造车间
“塔楼”，老师和工匠们的房间
住宅入口
大作坊和厨房
菜园和牲口圈
我们在这里工作和生活。每个人样样都要干。除了老师，我们这些住在作坊里的人还有：两个工匠，三个门徒，六个学徒，一个女厨师兼管家，两个侍女和一个马倌。另外，这里总有某个访客入住——老师的同事、朋友或亲戚。有时候，这栋住宅就像城中的另一座城，有诸多活动、喧嚣和声音。那些年纪略长的人说，在城市里，生活一直如此。我不知这是否是真的，也不知是否会一直如此。我听说作坊很繁荣，老师有很多手段赚钱，他知道怎样找到活儿干。
朋友们，我一直都很清楚自己是谁。不管他们叫我们艺术家、手艺人还是车夫，我觉得都一样。
可是鲁杰罗，我受够了从属于医药行会！我们应该建立一个自己的行会。
艺术是一个更大的行业！
我们要维护自己的工作，这工作既不是放血也不是做软膏。
我的工作是喂饱一大堆人。
那我呢？我清楚自己是谁吗？我在这里做什么？我在寻找什么？

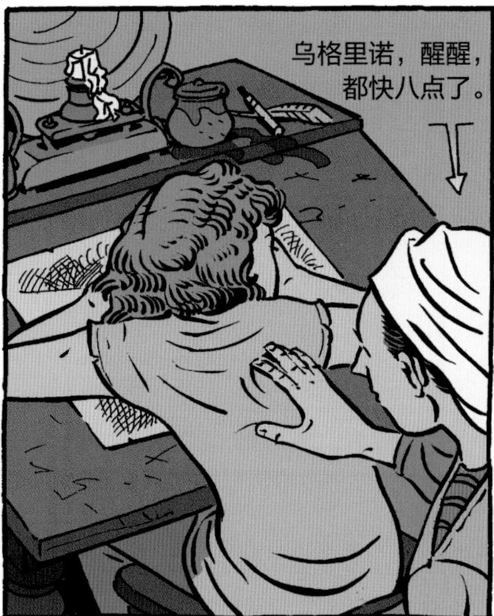
乌格里诺，醒醒，
都快八点了。

你要没早餐
吃了。

公主的房间你做得怎么样了？你做完画的
模印品没有？我们什么时候开始上色？

喂，你去哪里？你什么都不吃？

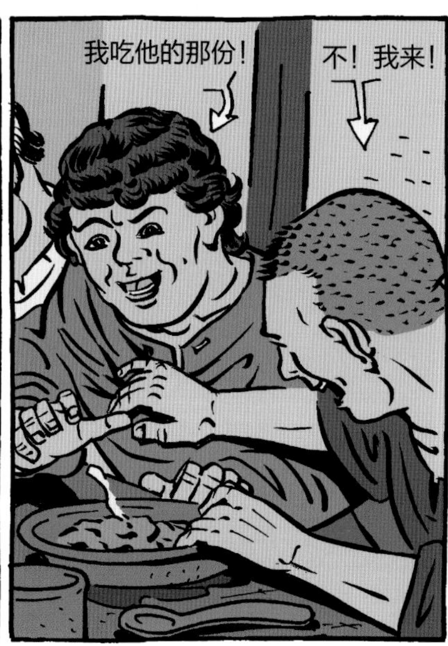
我吃他的那份！
不！我来！

乌格里诺今天早上为什么匆忙
出去了？他甚至没有过来吃东西。
那个男孩怎么了？

我最好去鲁切拉宫
看看。

他们跟我说蒙特卡雷利*村住着一个小男孩，
他画的画不可思议。

我去了那里，对他的才华印象深刻，
决定把他带回佛罗伦萨做学徒。我花的钱比平常少了很多，
连公证员拟定合同的时候都感到吃惊。

他父亲是农场主，所以给小孩提供了稍微好一点的生活和教育，但是没有给他姓氏。他的母亲还是个女孩，对儿子的离开很开心——这样，她就可以结婚了。

换作是谁都会认为，五彩斑斓的城市一定会让这个村里的小男孩目瞪口呆。但并非如此。他确实话不多，但是什么也不能让他目不转睛地盯着，他安静、乖巧，只有开始画画的时候，才带着一股超自然的力量。

他三年内学会了一切。圣伯纳迪诺啊，在某些方面他比我还要厉害！他已经可以成为我的首要门徒了，但其他人会欺负他的。

而且，他年纪这么小就已经有这样的想法，还以为我没有发现。他们跟我说他是个天才，但我不知道什么是天才。一个疯子？疯子都是不幸的。或者也可能是幸福的？

* 蒙特卡雷利：Montecarelli，位于意大利佛罗伦萨。

?

玛丽埃塔，
深呼吸，姑娘。

公主？
先生，您最好看看您的男孩儿
在做什么。

乌格里诺?

喂……

喂……
这是什么?

你都干了什么，
混账？

我难道没跟你说过，公主喜欢这个设计，
你要一丝不差地按照这个画到墙上？

是谁让你做出这样的东西的？
我！

那你是谁？

这就是我！

我就住在这里！

公主，夫人，对不起。
那个男孩搞错了。

我没有搞错！

那个就是我！

我就是这样，因为
是我塑造的自己！

我们想了解乌格里诺后来怎么样了，是被老师放弃了，回母亲身边；还是说他被卖给了另一个艺术家，换了作坊；又或者他从佛罗伦萨逃了出来，去米兰、威尼斯或罗马寻找财富。在佛罗伦萨的老楞佐图书馆*里面，保存了大量那个时期的文件，其中有城市里大大小小的行会的宪章。我们找不到任何跟乌格里诺·德·蒙特卡雷利有关的记录，但是确实能找到鲁杰罗·德·菲索尔，他生前一直在阿诺当画家，于1491年去世。

在接下来的两页中，我们重现了鲁杰罗老师是如何装饰玛丽埃塔·鲁切拉公主的房间的（从上面这幅图，我们可以看到两个空荡荡、没有任何装饰的房间）。

在最后两页，为了向不羁的天性致敬，让我们想象并描绘出，如果我们的乌格里诺可以完成他的作品，同样的房间会变成什么样。

* 老楞佐图书馆：Biblioteca Medicea-Laurenciana，意大利佛罗伦萨一家历史悠久的图书馆。

第九章

这是我的房子

阿姆斯特丹

公元1611年

这幅油画的标题是《埃尔·莫耶特的肖像》，绘制于1609年左右，是一位佛兰芒画家的作品，画家的名字只有首字母J.M.。这幅画属于个人收藏品，我们在17世纪的荷兰画作展览会发现了这幅精美作品。但是，让我们感兴趣的并不是它的绘画价值，而是这位有着严肃而生动的面庞的年轻女性旁边的一个物品。在这幅画的右边，深处，少量的光从打开的窗户照进来，照亮了底座上放的盒子，它的侧面画了一栋房子的

正面。而且奇妙的是，屋顶是山墙屋顶。这盒子是什么呢？一个简单的模型？针线篮？娃娃屋？这个女人在一张椅子上休息，前臂交叉放在大腿上，右手还拿着一串钥匙。毫无疑问，这是她房子的钥匙，在我们面前的，是这栋房子的女主人。她应该知道背后这个神秘物品是什么。于是，我们在出版社自言自语，为什么不穿越时空，来到这位夫人的身边，就想知道的东西问她本人呢？

－ 不好意思，您是埃尔·莫耶特吗？

－ 不是她还能是谁？埃尔·莫耶特，来自阿姆斯特丹。

－ 您住在阿姆斯特丹吗？

－ 当然了，不然住哪里？您问了几个很奇怪的问题啊，不是吗？

－ 是这样的，夫人，我们在编一本跟房子有关的书，然后……

－ 啊，什么房子？

－ 就是住人的房子，几个世纪以来人们居住的地方。我怎么跟您说呢？是这样的：我们很想通过人们日复一日待着的地方来了解他们。

－ 啊，多美好的目标！

－ 为了达到目标，我们查阅了很多文件和材料，其中，我们就找到了您的油画肖像。

－ 啊，是的，在我们的女儿格里耶出生的时候，我的丈夫雅各布斯·冯·霍尔奇尼斯委托人画的，已经是好多年前了。

－ 在这幅画里面，您的后面，衣柜上面，有一个物品看起来像是一个房子的模型。

－ 是啊，我跟画家冯·米耶维尔德说，让他把这个画进画里。这是我的房子，所以当然啦。

– 您的房子？（我没完全明白，于是问夫人。）

– 是啊，您想看看吗？看，就在这儿。我把这几扇门打开，现在得小心地把屋顶抬起来，就能看得更清楚，您看。您觉得怎么样？

我真的很吃惊。本来我的直觉已经告诉我，那个若隐若现的物品藏着惊喜，但我没想到，它里面是一个制作得如此精致的娃娃屋。

在接下来的两页，我们来到它的正前方，好好观察这个制作精良的作品的所有细节。

过了好长一段时间，当我把目光从这些精美的物品和细节上移开之后，我感觉被带到了这个小房子代表的地点和时代，它唤起了我内心的联想。我为眼前所见震撼，不禁高呼钦佩，莫耶特对此有点惊讶。

– 这个娃娃屋真漂亮啊！（我带着敬意说道。）

– 娃娃屋？不，这可不是什么娃娃屋（夫人反对道）。这是我的房子，就是我刚刚跟您说的，这可不是什么玩具，我不允许小孩拿去玩。大厅里的壁炉上有一个船模型，是孩子父亲的，我也不让他们玩。

– 您是想说您给我们展示的模型是您现在住的房子内部的结构？

– 当然，您自己住的房子没有模型吗？

– 在阿姆斯特丹，人们都拥有这样的模型吗？（我问夫人，感觉有一个重要发现。）

– 我的一些朋友也委托别人做了模型，和我这个类似。不过您瞧，我只能说说自己的情况。我爱我的家人、我的房子和我的花园。既然我有家人的肖像画，既然我在花园里种花以愉悦心情，为什么不能做个什么来展现我们对这个地方，对这个只有我们居住的地方的骄傲之情呢？

我不必过于强硬。很显然，这位年轻开朗的女士对能够打开家门向我们展示感到很开心。我们应该为自己的好运而庆幸：我们将看到荷兰黄金时代一栋位于阿姆斯特丹的房子的内部。这个新兴的共和国成为欧洲第一个中产阶级国家，并利用商业舰队和军队统治世界贸易。同时，在 1609 年，阿姆斯特丹证券交易所成立，使得它成为世界上最重要的城市。

– 抱歉等一下，夫人，我们工作的方法是先了解一下我们要介绍的房子周围的环境。所以，在进门之前……

– 啊，很好啊，您愿意的话，我就可以告诉您。

我们的女主人公找到张阿姆斯特丹城市地图，展示给我们，以便我们能跟上她的讲解。

– 您应该已经看过城市的围墙了吧？我们在这个位置，可以遥望到港口……而且我们也听得到、闻得到，哈哈！您大概已经留意到这些水渠是怎么把海——我们的生存资源——带到家门口的。您也注意到了，阿姆斯特丹非常整齐：水渠、街道、成片的房子，水渠、街道……这种重复让它看起来非常有秩序。他们说，我们荷兰人就跟我们的景色一样平静。而我想问他们：把大海变成土地的人会平静吗？事实上，这些房子的外观非常相似，大小一致，城市规划法以前就是这么规定的……以上这些因素，塑造了城市的这番景象。

他是从那里，就在新城区约旦，开始拓宽城墙，如今那里正在全面施工。阿姆斯特丹不断壮大，吸引了来自各个国家、不同宗教信仰和不同阶级的人，那时候，您也知道，其他国家的宽容度不高。来这里的人就是阿姆斯特丹的财富。

在思考了一会儿之后，她接着说。

– 我们在这座城市的东北部，皇帝运河的东边，王子街旁。您看到我之前跟您说的了吗？几乎所有建筑物都是由砖头、木材和砂岩建成的。我们很少使用石头，因为它太重了，而整个城市的地基都建在水里的木桩上面。出于同样的原因，您可以看到，这些房子都有大窗户：这样就可以减少墙面的重量。而由于市政税是根据市区地产正面的大小收取的，因此所有房子都又窄又长。就像我的房子一样，我们现在就站在它前面。您想进去吗？

– 我非常乐意。（我充满期待地对她说。）

– 不过，在这之前，请您帮个忙（她指着我的脚说）。把脚上的湿鞋放在门口，然后穿上这双便鞋，再进家里逛逛。我们刚清扫了地板，您可以理解吧？

我们已经进来了。入口的门在身后关上。我们进入一条走廊，这里有两扇门。墙壁上挂了几幅画。地板无疑是反光的。

我们在参观房子的时候，会展示不同的地方。我们建议读者，根据第 174 页至第 175 页提到的模型，对应到整栋房子里的各个部分，以便更好地理解我们所在的空间。

– 这栋房子不大（夫人告诉我）。我丈夫说巴黎的房子是这栋房子的三倍，但是那些房子里住了不下三十个人。这里，就住着我们七个人，所以我们不需要更多的空间。另外，我们拥有这栋房子，房间不外租。房子完全属于我们自己。

她一边给我开第一扇门，一边说：

– 我们去厅里吧。那是待客室。

充足的阳光从嵌着铅玻璃的大窗户照进来，给这个不太宽敞的空间洒上一层金色，格外温馨。一块华丽的毯子铺在宽大的桌子上面。地毯和挂毯，属于奢华的装饰，通常放在墙壁上、门上或桌上，从来不铺在地板上。

一个结实的柜子里储存着陶瓷餐具、银餐具和高级玻璃餐具，每一件都十分干净，反着光，闪闪发亮。它旁边只有门框没有门扇，从这里可以通往厨房。还有两段楼梯，可以上楼。利用楼梯结构，在墙壁内嵌入一张很高的床，只能从一边上床，床旁有厚厚的床帘遮盖。“我的母亲睡这里。”莫耶特夫人告诉我。在床和窗户之间，有一个大火炉，里面烧的是泥炭。“木柴的加热效果更好，不过您知道吗？荷兰没有森林。”她说。

用这些糟糕的烟管把屋子暖起来是不太可能的。因此，这儿的人都穿着层层叠叠的衣服，像个洋葱。我偷偷地观察这位年轻的女主人，我猜她的身材是苗条的，但由于不得不穿上保暖装备，她看起来和发福的大妈一样。天花板吊着一盏油灯。墙壁上有风景画和肖像画，还有一幅巨大的七省地图。这里的人们测量着世界，乐此不疲。

最后引起我注意的是装点在桌子中间的一个大陶瓷盘，里面放有杏子和玫瑰花瓣。“一种除湿的办法。”夫人告诉我，脸上的表情仿佛在说：这些建在运河旁边的房子的最大问题是潮湿，她知道对抗这个问题的所有诀窍。

我们走到了厨房。这个房间的大小、家具及整洁的布局，让人感到这才是房子真正的中心。

- 我丈夫说（这位妻子肯定地对我说），在他去过的所有国家里，几乎所有房子的厨房都在地下室或者院子里。这真是太可怕了！难道那些地方的女人对自己大部分时间待着的地方感到害羞吗？您看，女人在厨房里面要干很多活儿，所以这儿应该是个舒服、整洁和干净的空间。我为我的厨房自豪。

我认为她并未夸大其词。这个地方散发着生命与热量（还有香气）。窗户朝向花园般的院子，让这个地方变得敞亮。有很多闪亮的盆盆罐罐和餐具。它们从架子上或者柜子里，从房梁上或拥挤的工作台上反射出些许光亮。眼前这个场景，我可以肯定，这里什么也不缺，什么也不多。

炉灶有两个烤箱和灶台，占据了这个房间，让人觉得这个炉灶一整天都在运作。

- 这位是阿内奇，和我的女儿布里尔。我只有一个女仆。我不需要更多。您知道吗？家政服务要交一笔特殊的税。所以，如果我需要再请一个女仆，一个奶妈或者保姆，我会找钟点工，她们早上从自己家里过来，晚上再回去。我丈夫的助理和学徒也需要自己找地方住。

我在厨房转了一圈，欣赏它的每一个细节。“阿内奇在这里睡。”莫耶特夫人指着嵌在房子里另一张楼梯下的床说道。

沿着这个楼梯，可以走到楼上（模型能更清楚地展示楼梯的形状和位置）。它的旁边是两扇高高的暗门，可以通往一个矮小的地下室——用作酒窖和食品储藏室。在楼梯口，有一个上下两道门扇的门，可以通向院子。

我们走了出去。

在外面，我们体会到了家庭生活的另一个美妙的时刻。女主人对此情景为观众带来的愉悦很是得意，骄傲地对我说："这是我的母亲，霍赫斯特拉滕夫人，她和我的大女儿莉兹白正在折亚麻布。和这位先生打招呼，莉莉。"

院子的三面都有矮墙，而且和房子一样也很窄。但是这里也不缺什么。我们看到一棵能结果遮阴的树，在暮春之时窸窸窣窣地抖动着叶子。这里有豆子和蔬菜。我们还看到了鲜花，很多看起来受到精心照料的鲜花。一个家能在花园里种花，就说明这家不缺食物。这些生活方式的细节，比起豪华的房产，更能体现这家人的财富。

在院子的两侧，靠着房子的位置，有一个喷水池和一间小厕所。一楼没有卫生间（我们待会儿上去的时候，会发现二楼也没有）。松软多孔的土壤以及众多水渠不允许人们使用粪坑，只能用便盆。便盆可以排在花园里，或者晚上会有相关的驳船从水渠开过来收集废物，并运到墙外的田地里。其他的生活垃圾和废物，就被扔到最近的水渠里。人们在屋子里的日常用水也来自同一条水渠。因此，我们的朋友很幸运能有一个喷水池。这样他们就能拥有相对干净的饮用水和洗澡水，他们一个星期洗一次澡，一个接一个，在我们看到的厨房的澡盆里。

历史总是惊人的相似，在私人生活方面，最后总有个矛盾毁了看似美好的画面。事实就是，这些荷兰人，处于 17 世纪之初，在这个地方、这个时代，人们对现代医学的认知仍处于中世纪，没有给予个人清洁和公共卫生足够的重视。证据就是，最近的流行病，在 17 世纪 20 年代几乎毁掉了整个城市。是的，潮湿、寒冷，还有身上穿着那么多衣服导致洗澡不便，我们已经可以想象到。不过，他们把房子收拾得比自己身体还干净，对于他们这样的人，我们应该怎么看呢？难道他们已经感觉到，我们住的地方，比我们自己，更能说明我们是谁？

我们回到里面。从厨房的楼梯上到上面一层，这一层被分成两个大房间。

- 我们现在所在的房间，是三个小孩睡觉的房间。当然了，每个小孩都有自己的床。从这个楼梯，可以上到阁楼（埃尔·莫耶特指给我看）。

有两张嵌入式的床，四面中只有一面朝外，形成了一条通向另一个房间的过道。第三张床，毫无疑问，是给小女儿的，从天花板吊下来的厚重帘布把床严严实实地围了起来。每张床都很高，爬上床钻进去需要用到脚凳，然后掉进几层床单、毯子、床罩和枕头里。而这一切，同样是为了防御湿冷的寒夜。

我们已经在家里看到，地板——确实打扫和洗刷得闪闪发光——铺着不同大小、不同颜色组合的陶瓷砖。在一些房间里，我们可以注意到，人们如何用来自代夫特*的美丽简约的瓷砖铺成地脚线。

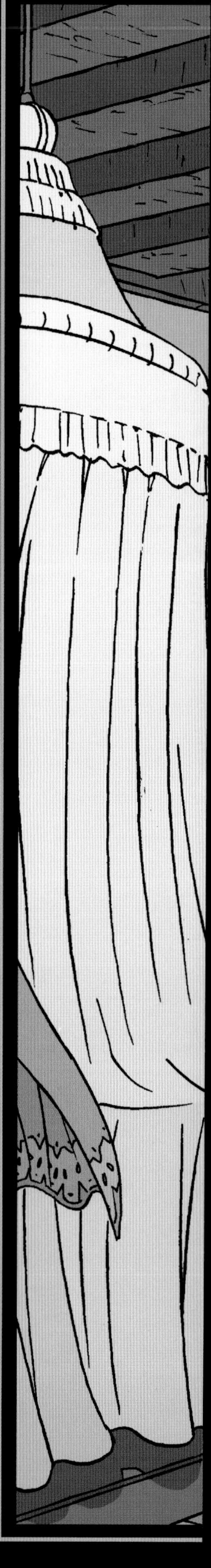

在楼上这两间房里，我看到两个对抗寒冷的工具。一个是黄铜制成的热床工具。它有一个长长的把手，可以把工具送进两层冰冷的床单之间，并把热量传递到床的各个角落。另一个是一个低矮的木箱，里面有个砂锅，同样塞满了火炭，把脚放到上面就会暖和起来。

* 代夫特：Delft，荷兰城市。

我们去夫妻的卧房，它朝着建筑物的正面。同样，两扇大窗户照亮了整个房间。她看到我被彩色玻璃折射的光所吸引，便说道：“阿姆斯特丹早就开始自己生产玻璃了，现在我们已经不需要从威尼斯或者纽伦堡购买。我们把威尼斯和德国的玻璃工匠带到了这里，这才是更好的办法。”

- 他们会对您说（夫人继续说道），我们荷兰人拥有的更多是常识而非智慧。那是因为我们利用了其他人的智慧来充实我们的常识。哈哈！

夫人因为这幽默开心地笑了起来，她斜着眼睛补充道：“他们还说我们的性格好，但幽默感一般，不过您的微笑足以打破这个说法，不是吗？先生。”

- 光线非常重要（她继续严肃地说），能打开眼睛和头脑。它必须能到达家里的每个角落。因此，不论是藏在何处的缝隙，都要保持干净，对吧？另外，因为玻璃窗户很大，外面能看到里面，里面也能看到外面。我们喜欢保持家庭的私密性，于是发明了这种轻薄的窗帘，既可以透光，又可以挡住那些偷窥的目光。（她一边对我说，一边指着窗户上的薄窗帘。）

房间的其中一面墙壁是木板。墙边放着一张很高的带床帘的双人床，旁边还有一张密实的皮毛、一个大衣柜、两个柜子、一张桌子、几张椅子，还有一面镜子。我想这一切都表示，这里只放实用的家具，这不得不让人钦佩。在这里，财富和朴素并不是对立的。夫人好像猜到了我在想什么，对我说：“我丈夫告诉我，在法国，人们喜欢放上一堆用不上的家具；而西班牙人，他们家里连把椅子都没有。难道您不认为炫耀和卑微同样危险吗？作为荷兰人，我们认为你就是你所拥有的东西，展示出来，但要简约。”

从房间出来的时候，我看了一眼房子的模型，它像是一个微小的精神世界，静静地放在柜子的桌面上。现在，我明白了，夫人的肖像画挂在模型上方并非偶然。

为了结束这次参观，我们再次经过儿童房，爬上阁楼。屋顶为山墙屋顶，木梁支撑起框架，红瓦映入眼帘。这一层是阁楼。还需要说吗？这里也很干净整洁。

我们在这里储存粮食、杂物，还有我丈夫不愿意放在港口仓库的一些贵重货物（夫人向我展示着，同时打开前面和后面的小窗，手里拿着一支蜡烛照明）。

男人们已经不在家里干活了。每天早上，他们会去自己的作坊、仓库或者办公室。如今，住宅成了女人的专属领地。我看了一眼阁楼桌子上的地球仪，还有旁边的会计书、地图，不禁再一次想起住宅模型。于是我有了这样的想法：人们对世界的认知和征服，也包括他们对私生活、家庭隐私的探索和征服。而这就是 17 世纪荷兰女人的伟大杰作：女性化的住宅。

－ 爸爸回来了！爸爸回来了！他们和我说了！（一个瘦高的男孩激动地大喊，没有注意到我。他拿起了桌子上的望远镜，跑到前面的窗户，伸开望远镜，透过镜片望向港口。）

－ 爸爸！是的，那是他的船！（他兴高采烈地补充道。）

直到这一历史性的时刻，我们的脑海才出现了新的概念，可以定义这个新的充满爱的物理空间：家。

只有那一会儿，并且是在他母亲的要求下，男孩让我也看了一眼。

－ 那一艘！就是那一艘！（他指着一片船桅对我说。）

楼梯上响起紧促的脚步声。一个男孩跑了上来。

－ 是迪尔克，我的儿子，他放学了。（这位母亲说道。）

－ 我丈夫旅行回来了。当然啦，您要留下来吃晚餐。（埃尔 · 莫耶特对我说，语气里含着不可拒绝的威严和肯定，那我自然不能反对。）

晚餐时，冯 · 霍尔奇尼斯先生会告诉我，他在环游世界的旅途中参观过的各种各样的住宅以及和它们有关的趣事，还有住在里面的人们是怎样生活的。不过，我们会在另一个时间和地点告诉各位。

第十章

都在一起

皇家广场

巴黎，公元1625年

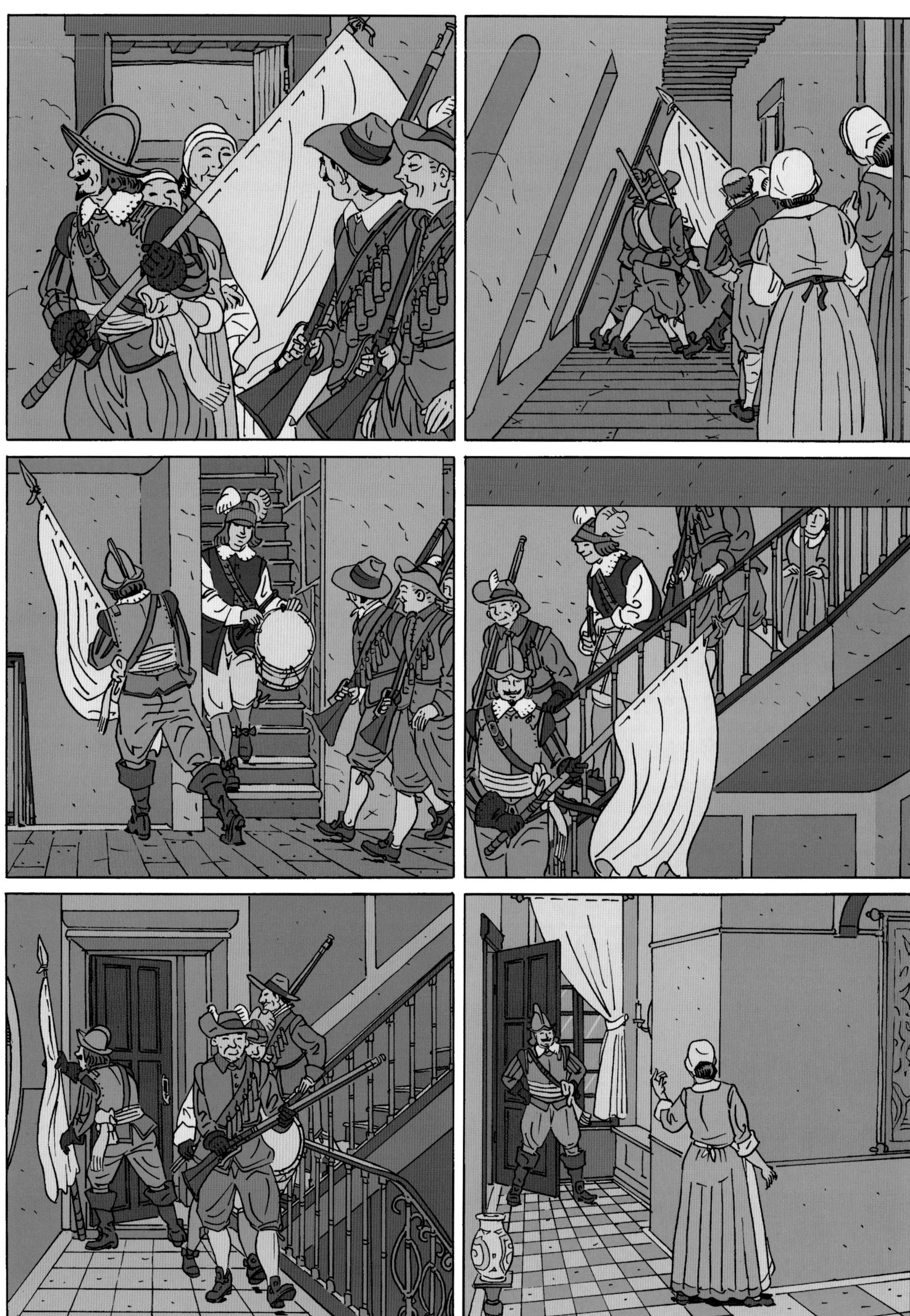

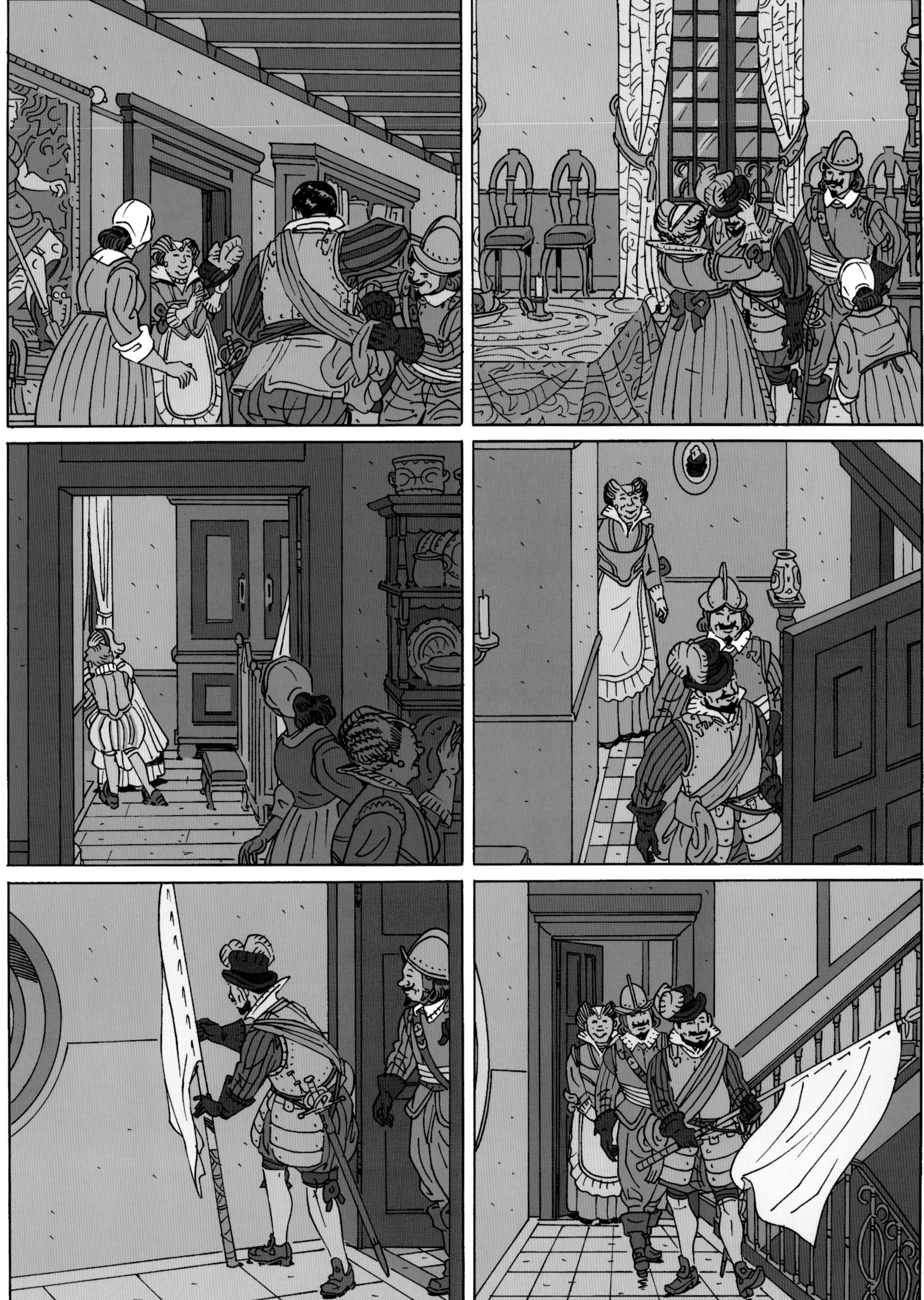

德
洛尔莫

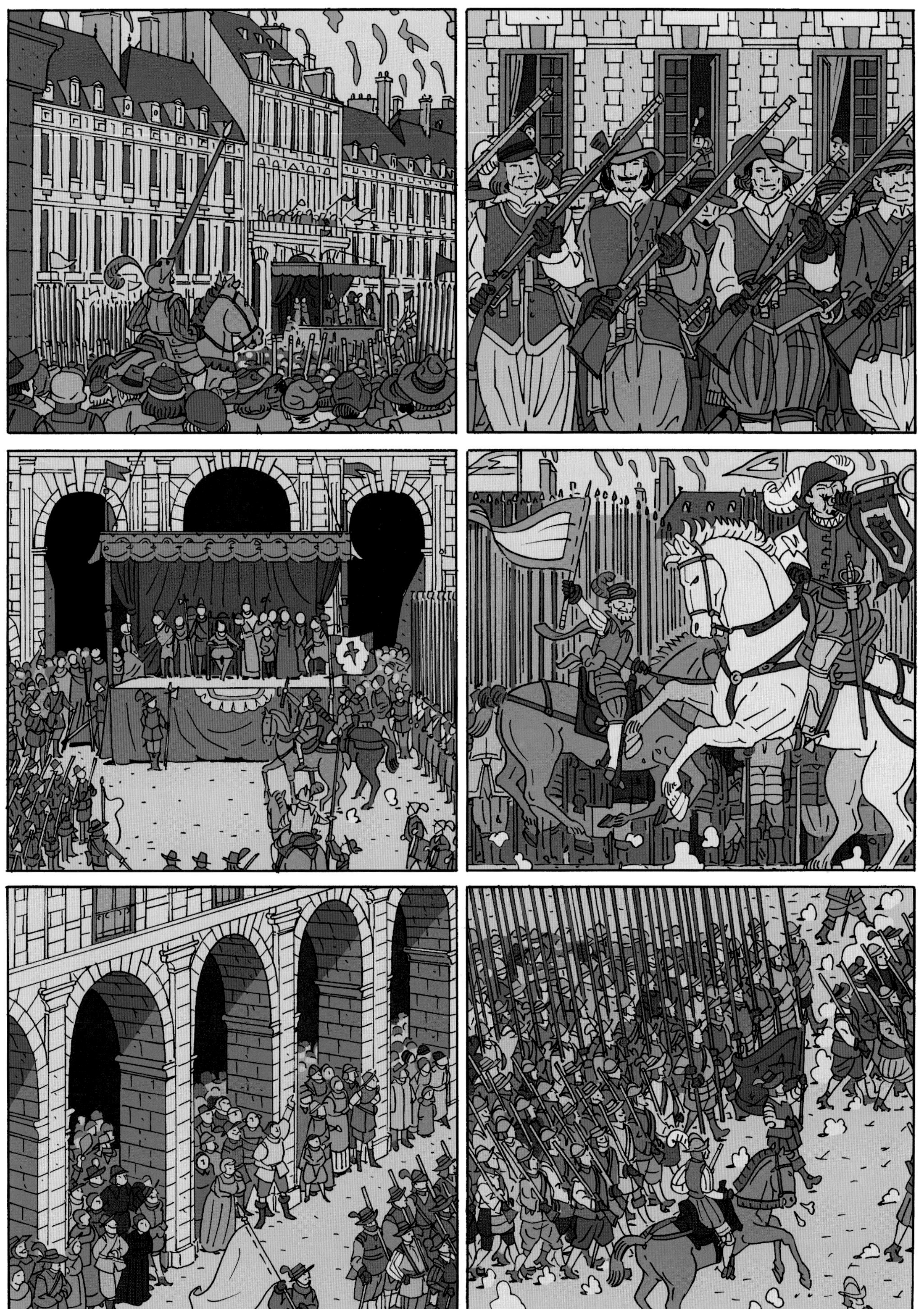

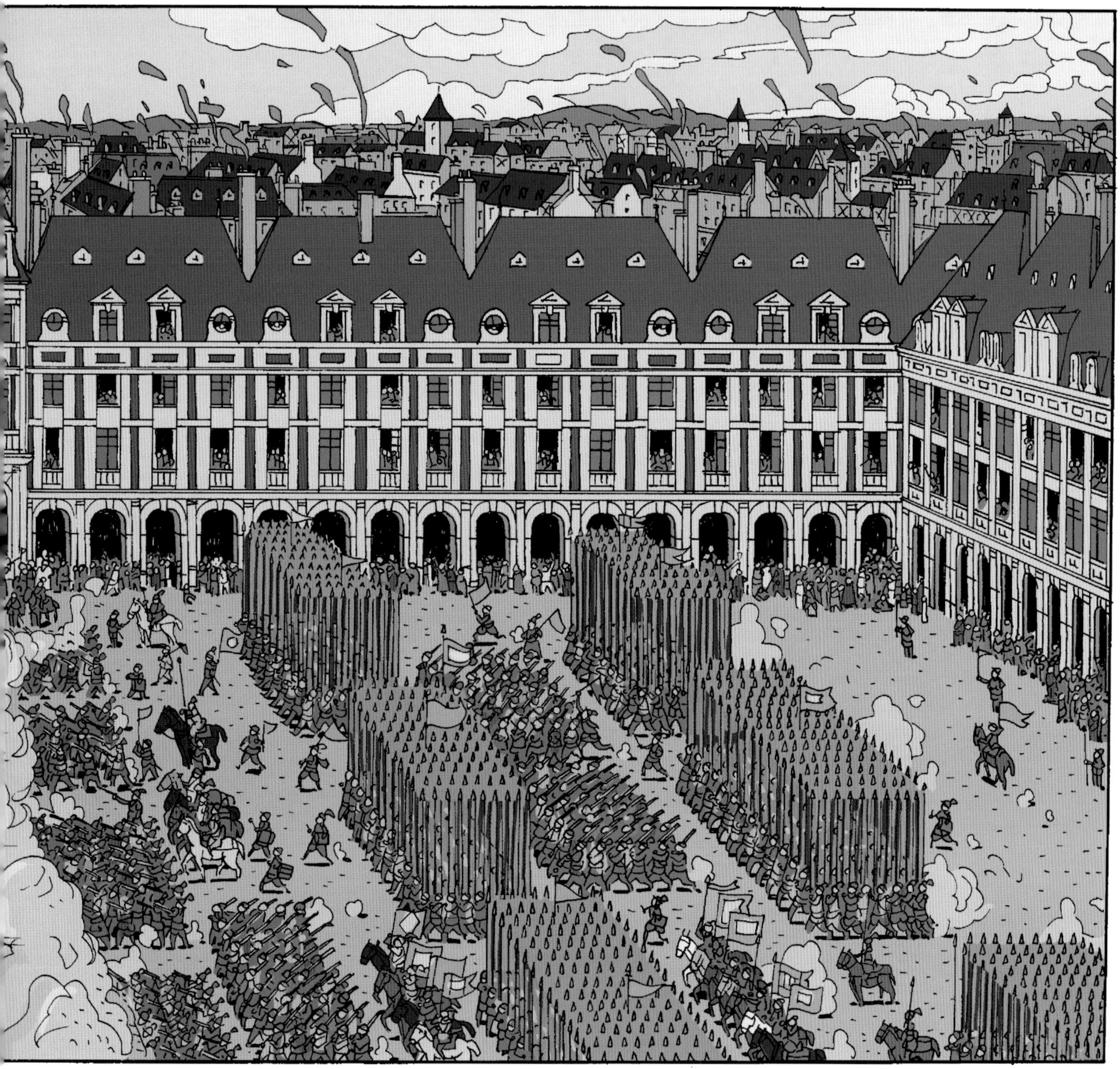

啊，欣赏阅兵仪式，上帝展示给我们的这一天是多么壮观！

人们对我们士兵的欢呼声盖过了火药制的礼炮声。来自城市各个角落的人和住在这个广场的人聚集在一起，不想错过在这宏大场地上进行的表演。这个地方真是太棒了！

意大利文艺复兴使前任君王受到启发，对统治与平衡有了新的理念。君主制度，就像被风吹动的成熟谷物，适应了新的方向，维护着它的起源以及君权神授。

如今，我们将这种制度称为君主专制，从那时起，它将持续千年，以避免我们像野兽一样互相攻击。我们把权利让渡给国家，国家对其臣民的主权是专制的。而国家以一种最完美的方式被一个人代表：国王。

这种新的统治意志必须体现在方方面面。过去，人类在城市实现他们的理想；现在，城市是人类的理想空间，城市的形象和功能，必须是国家统治的一种反映。巴黎是第一个大都市。混乱、肮脏、堕落的中世纪之城将成为历史，接下来，它将成为理想之城。

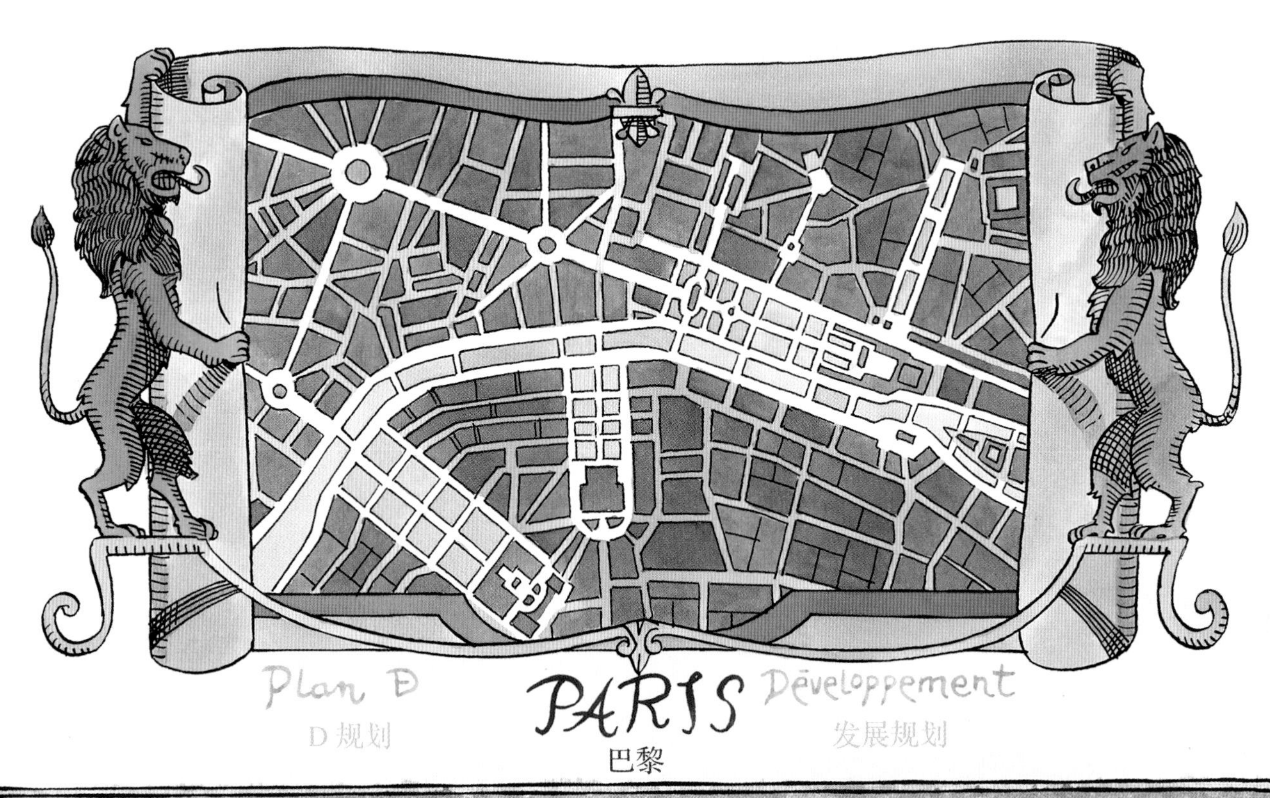

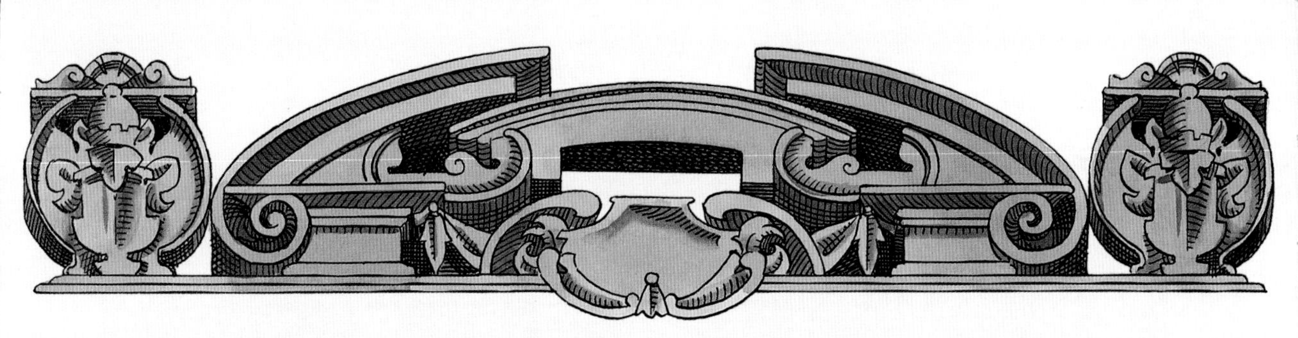

城市的中心——宫殿，这个国王的居住地和政府所在地，将如同初升太阳般向四周辐射，大道里包含了整齐划一的宽大街道，它们互相连通，形成了巨大的广场。这门新的科学被称为城市规划——对即将居住的空间提前进行规划。巨大的建筑、气势宏伟的楼房、创新有度的住宅、几何学、笔直的线条、对称性，在一个延续的空间内，让人体会伟大的视觉效应。建筑的秩序使我们获得生活的秩序。城市将成为体现人类伟大的全景图。

新的理念开始付诸实践，例如，位于城岛*的多菲尔广场，即根据上一任国王的意志而建，正在建设中。几乎同一时期，这位国王设计了皇家广场。我们刚刚就在那里。广场呈正方形，每一边有九栋对称的房子，房子连成一排，形成一面连续的墙，也就是说广场四周共有三十六栋房子。所有房子的高度和外形都一样，下面由柱廊支撑。

当时的国王希望这是一个封闭的空间，宽阔且没有街道从中穿过，专门用于散步、会面。周围围绕着外观一致的房子，三十六栋房子中只有两栋有更高的阁楼，一栋是王后的，另一栋在对面，是国王自己的，以供他们在某些场合登上高处。他希望这种类型的住房及城区的建筑可以扩张到整个大城市，而且建筑外观的平等能反映出一个开放的、没有明显阶级斗争的社会。

Place Roiale

皇家广场

* 城岛：Île de la Cité，是位于法国巴黎市中心塞纳河中的两座岛屿之一（另一座为圣路易岛），也是巴黎城区的发源地，著名的巴黎圣母院和圣礼拜堂都位于该岛。

是的，宽宏大量的前任君主想以这栋建筑作为一定程度的社会融合的标志。他当时希望皇家锦缎工厂的工人可以住在广场里，旁边住着某些贵族成员、新兴的资产阶级和国王夫妇。

在他不幸去世后，他的儿子，当今的君主，在首相的指导下（我们可以在皇宫里同时看到他俩），将城市建设的计划扩张到整个巴黎。大的工程项目正在建设，比如皇宫；旁边是已经完工的项目，比如杜乐丽宫。

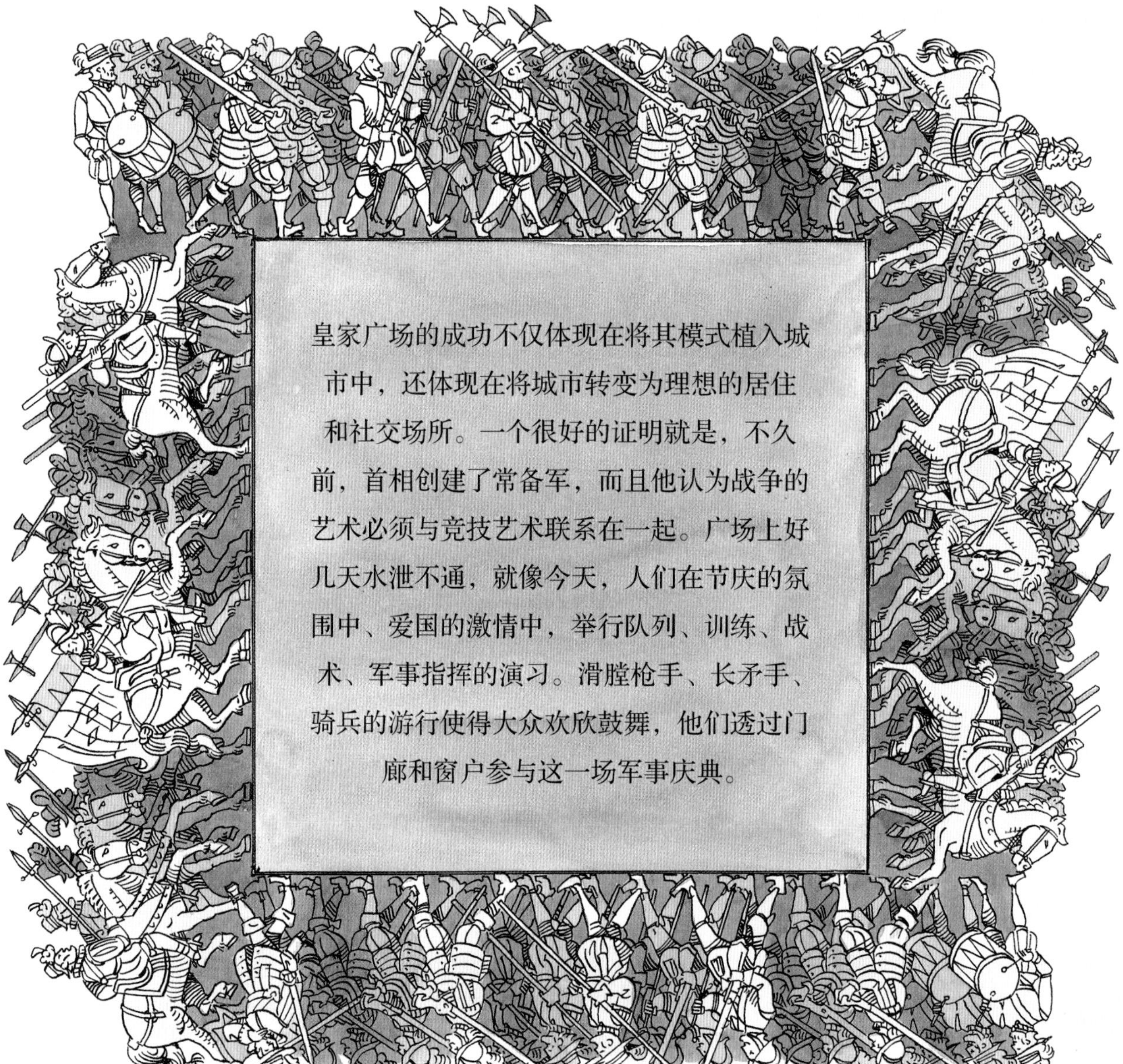

皇家广场的成功不仅体现在将其模式植入城市中，还体现在将城市转变为理想的居住和社交场所。一个很好的证明就是，不久前，首相创建了常备军，而且他认为战争的艺术必须与竞技艺术联系在一起。广场上好几天水泄不通，就像今天，人们在节庆的氛围中、爱国的激情中，举行队列、训练、战术、军事指挥的演习。滑膛枪手、长矛手、骑兵的游行使得大众欢欣鼓舞，他们透过门廊和窗户参与这一场军事庆典。

皇家广场的其中一栋建筑

接下来两页，我们掀开正面的墙，
展示建筑的内部。

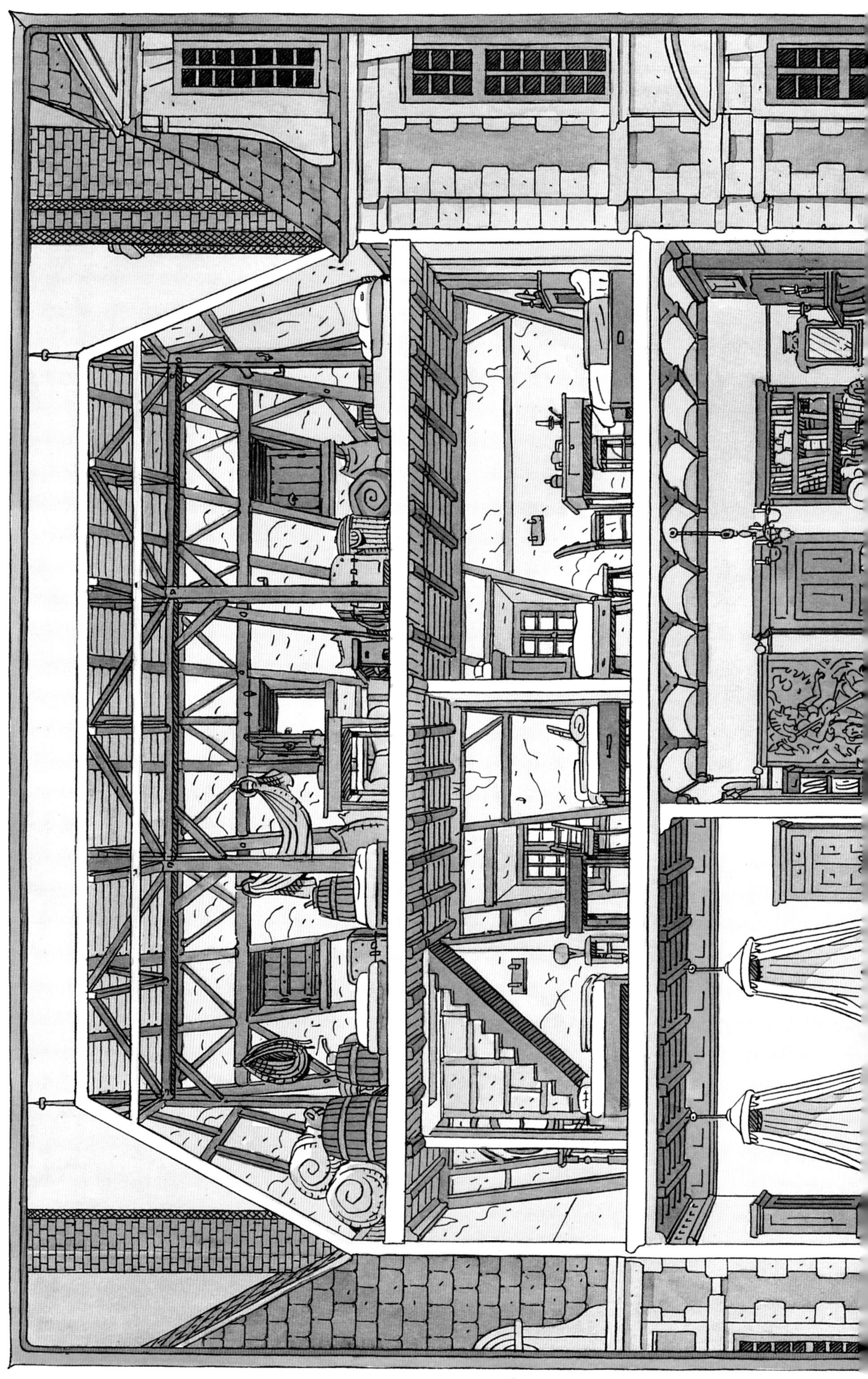

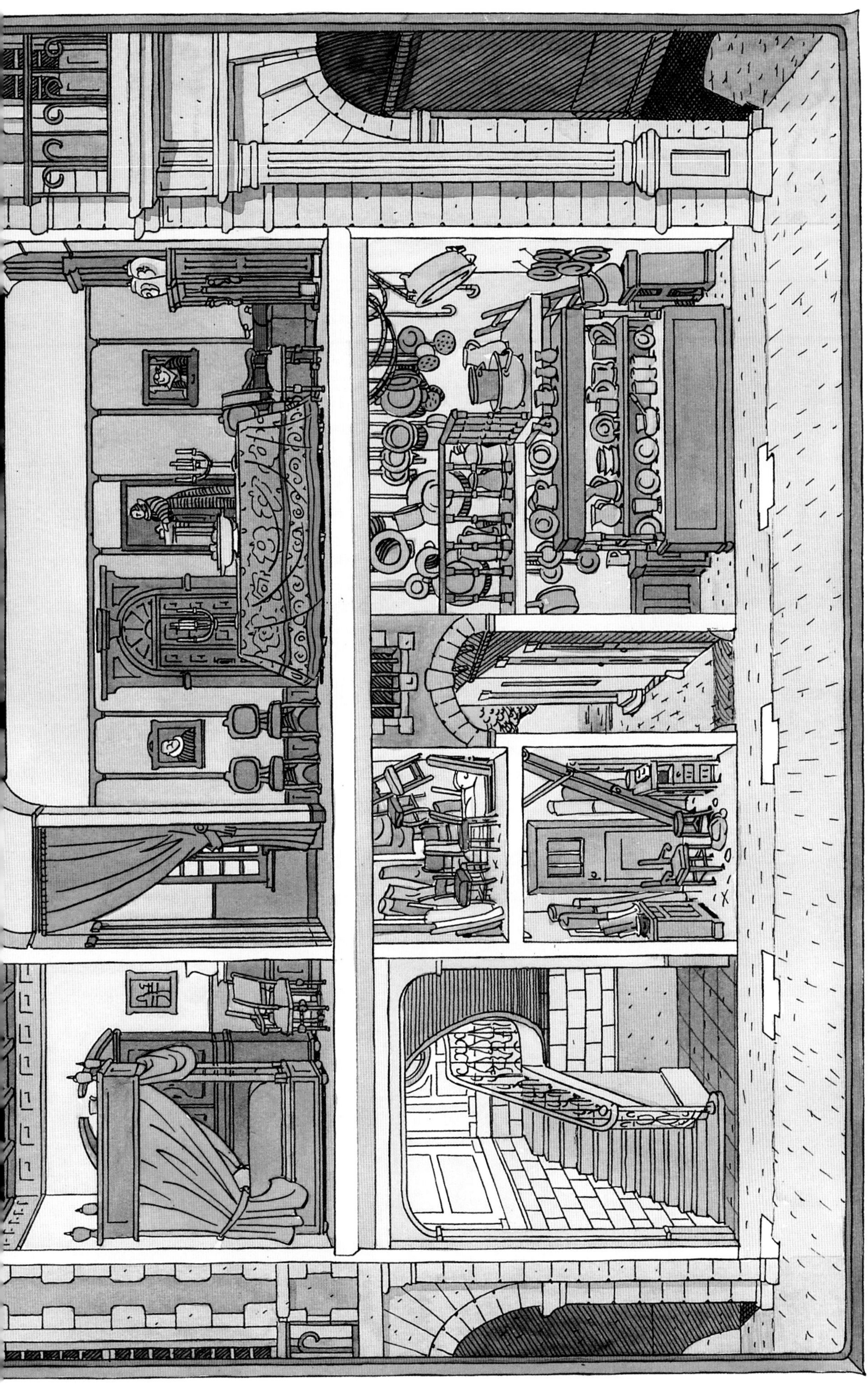

第一层的拱廊后面被分成了几个公共空间和几个手艺人（杂货店店主、女裁缝、织毯工人和印刷工）的专用空间。有些人就住在作坊里，或者住在这栋楼的阁楼或顶层。

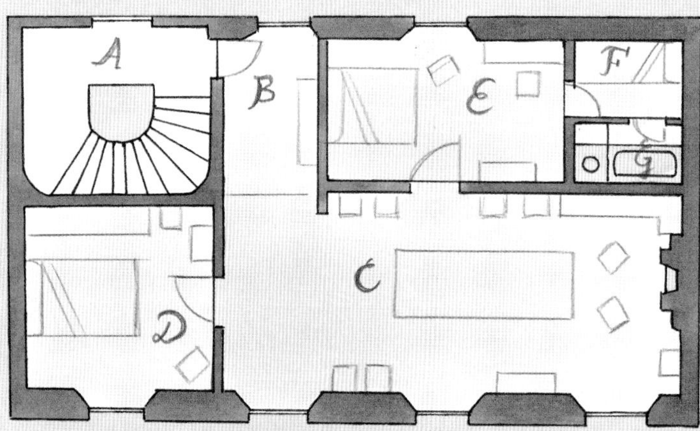

A. 楼梯
B. 门厅
C. 客厅
D. 男爵的房间
E. 子爵夫人的房间
F. 女仆的房间
G. 浴室和厕所

第二层，或者说“贵族楼层”，住着拉法洛伊塞男爵、他姑姑范德维尔子爵夫人和一个女仆。

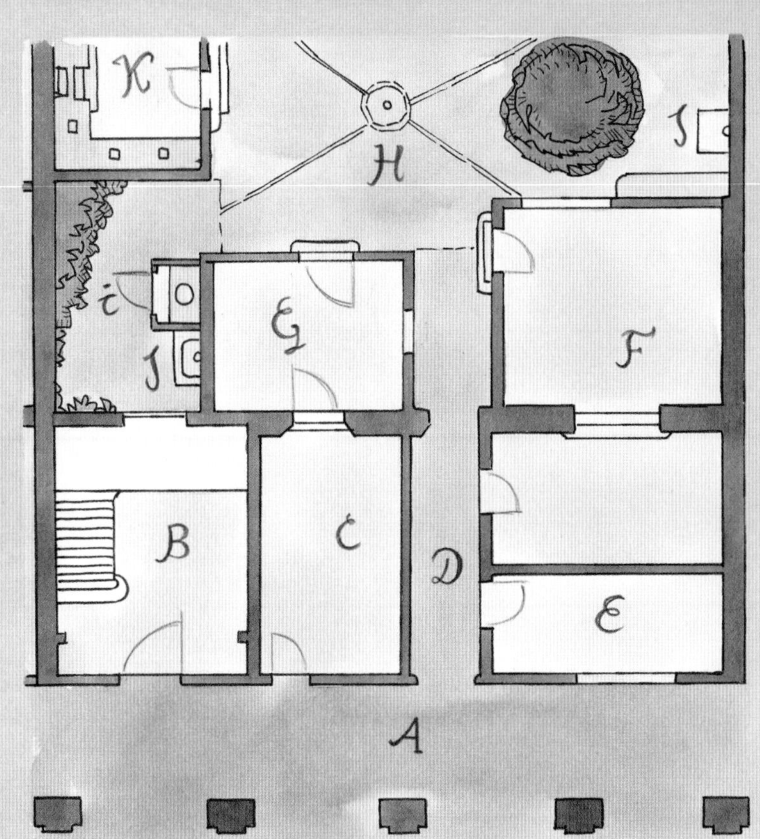

A. 拱廊
B. 门厅和楼梯
C. 织毯工人的作坊
D. 通往院子的过道
E. 杂货店
F. 印刷店
G. 女裁缝的作坊
H. 院子
i. 厕所
J. 喷水池
K. 厨房

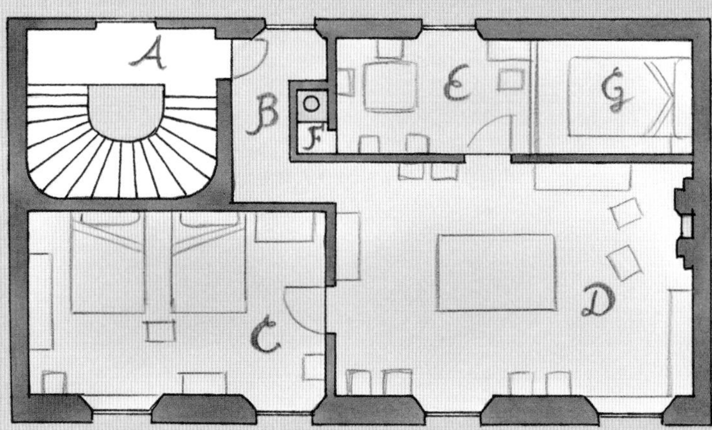

A. 楼梯
B. 门厅和过道
C. 儿童房
D. 客厅
E. 接待室
F. 厕所
G. 主人房

三楼住着富卡蒙夫妇和他们的两个小孩。富卡蒙先生是一名土地管理员，渴望尽快买下一个公职。

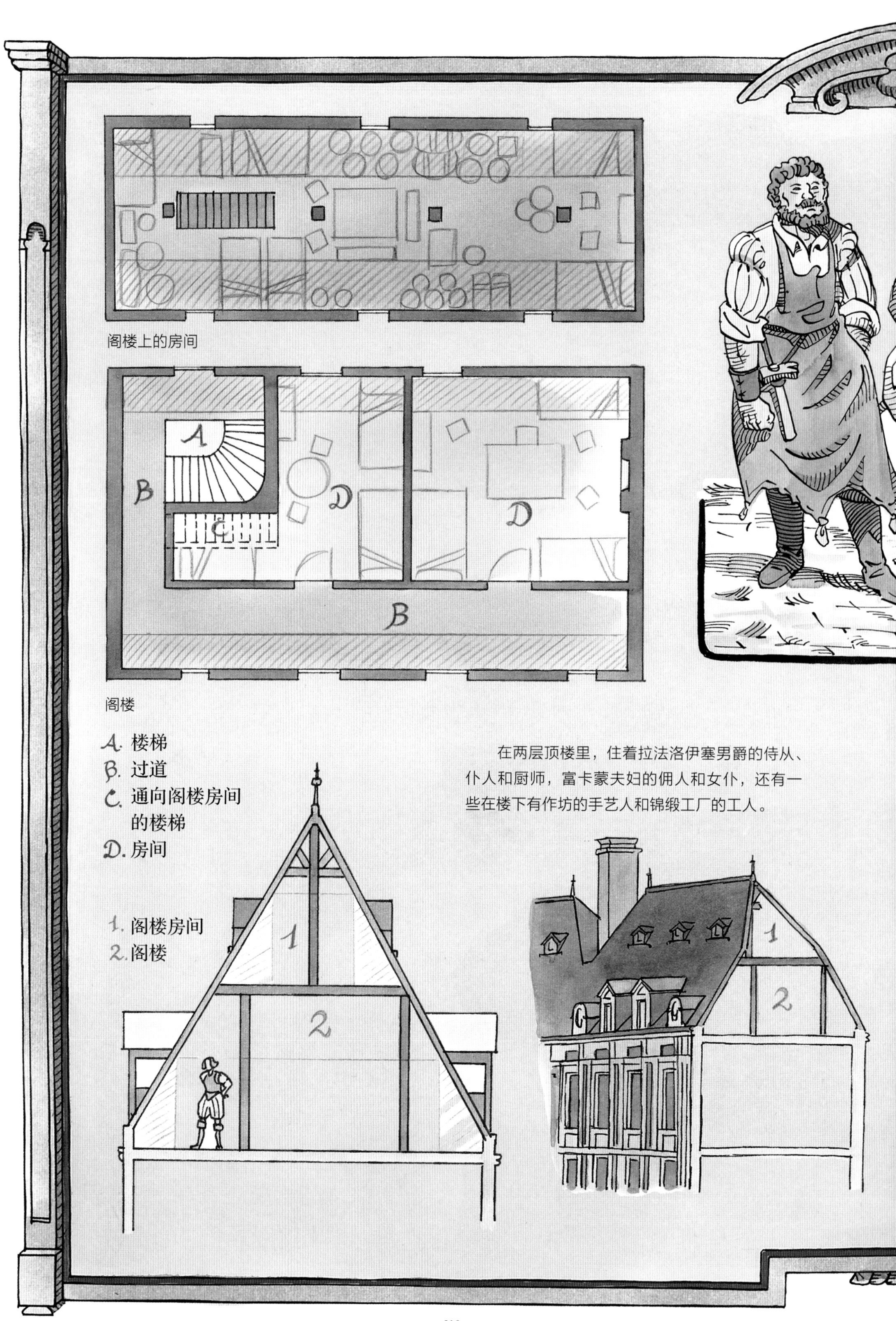

在两层顶楼里，住着拉法洛伊塞男爵的侍从、仆人和厨师，富卡蒙夫妇的佣人和女仆，还有一些在楼下有作坊的手艺人和锦缎工厂的工人。

所有人都住在这栋楼里，和谐相处，
凭借上帝与国王的恩典。
希望这样的日子长长久久。
记于巴黎，1625 年 5 月 16 日。

第十一章

一切皆戏剧

皇家广场

巴黎，公元1753年

“手掌要像柱子一样支撑起来。不要忘了这点，我的儿子。”当父亲想炫耀自己的手艺时，总是这么对我说。那时我还不理解他。当时的我一门心思想建大纪念碑，他的愚蠢让我无地自容。
现在，我成了这么说的人：“隐形的门楣如同大教堂的咆哮，都能揭示事实。”确实，父亲，你看，一个人通过装饰墙壁也能诠释其存在。
我的父亲制作椅子，就像他的父亲、他父亲的父亲和他父亲的父亲的父亲那样。一个世纪以前，高祖父德洛尔莫是这里的织毯工人，他在这个狭小的作坊里工作和生活。他在皇家广场的同一个门牌号下度过了一生。
现如今的我，加斯帕德·德洛尔莫，他的玄孙，装饰师——建筑师，在同一栋建筑里拥有几个地盘。我做的不仅仅是椅子。

我就像个将军，带领着我的军队，其中有泥瓦工、木工、雕刻工、泥水匠、家具安装工、玻璃装镶工、织毯工、油漆匠、裁缝、商人……以坚实的执行力和清晰的头脑征服时尚。

当我的工人队伍完成工作并获得我的认可后，之前什么也不是的空白空间也变得精致，熠熠生辉。

我的客户都是对装饰一窍不通的生物，少了装饰，对他们的生活也没有什么影响。是我的双手，把地方装饰起来。我完全可以说，是我让生活充满“生命力”。

噢，父亲，如果你能看到我是如何进行室内设计和实施的……它和建立纪念碑一样重要。

同样在皇家广场，一百多年前，人们有了这样的发现："街道和住宅的秩序，意味着人们生活的秩序。"当时这被称作"城市规划"。那时，这个广场成了真理的试验场：贵族和工人将一起住在这里。一个世纪以后，贵族和大资产阶级被不可遏制的投机与时尚浪潮裹挟，购买并霸占了整个广场，使得它成了巴黎最昂贵的地方。工人来这里只是做他们一直做的事情：工作。

那些想法都瓦解了，是的，不过从其中的灰烬中，长出了金色的花。一百年以后，我们有了新的发现：住宅内部的秩序——让住在其中的居民获得有秩序的生活。普通人在历史上第一次可以根据一个计划、几个想法、一个心愿，对室内进行思考、设计和配备家具。

这就是我的职责。之前从来没有一个人可以完成它。

例如，舒瓦塞勒侯爵在广场买了两套房子，正好在我的作坊上面。于是他顺其自然地委托我，加斯帕德·德洛尔莫，给套间做翻新和装饰。而他将把这新房产送给他的情人，科利尼夫人。
这两层都是套间。
侯爵想要巴黎最贵的情人。而珍妮·德·科利尼夫人，妮妮，想要全城最豪华、最高雅、最精美的客厅。两个人各取所需。我可以肯定，我为他们准备的奢华场景，代表了他们各自的完美主义。
我做的第一件事，是第一件必须做的事：从起点开始。这个起点的定义是，某个虽然很小但是包罗万象的东西。我给夫人设计了一个字谜。她不懂什么是字谜，甚至不会去怀疑她自己的名字也被重组了——这一点已经很明显了。但如果我不按照物品本身的名称去称呼，我就什么也做不了。
哦，真好看！我要在每个地方放上。

从细节到世界地图。进入公寓要经过门厅，对于一个想逃离巴黎街道的巴黎人来说，这里最好能展现他能想象到的最远的地方。他想去世界的另一端，门厅就是中国。

那种令人振奋的逃离，毫无负担的肤浅事物，是当今这个社会迫切需要的。否则社会将不复存在，因为真实生活是如此沉重。
啊！我向你们行礼。
哦！那我要再向你们行礼。

大厅已经变成一个游乐场，里面的各种元素并不相配，如同分离的大陆板块。
德洛尔莫先生，我想要全巴黎最无可取代的展示卧室。要让梳高卷式发型的人们听闻它的富丽，为它喝彩。

比如说这个，展示卧室：这床其实并不是供人睡觉的，这难道不是对无用的歌颂吗？在一个卧室里，有所有人都认为一定能看到的东西，这难道不是一种启示吗？

但是！这镀金的贵妇和贵族们，带着云一样的假发互相奉承。这套礼数带来了一个意外的但不容置疑的事实：这些时刻游手好闲的人开发出了“舒适”！
“镀金”——我的作坊在这方面是专家——是镀金的青铜：虚假的金子。但是更耀眼！
百科全书说过，17 世纪初的荷兰女人，凭着对住宅的热爱创造了家。那么，另外一个住在这里，显然假发之下头脑空空如也的女人，一位法国名妓，凭借她的爱让家变成舒服的地方，是她带来了舒适。
舒适是很难得的，因为身体舒服是件很私密的事情。比如，自从古希腊被埋葬后，好几个世纪椅子都不舒适。直到四个世纪前，椅子都只是一个标志，而标志最后都会刻在肉里，毁了骨头。现在，在这些大厅里，人们不得不几个小时接着几个小时坐着，椅子得量身定做。合适的形状、满满的填充物、避免看起来笨重、采用纤细线条……是的，我可以说，两千年以来，我们第一次用脑子制作椅子，考虑怎么样让屁股舒服。
昨天
今天
这次“小征服”的巅峰就是躺椅，人们可以在上面躺着和靠着一段时间。一个倚靠着的人，是一个从寻找姿势自由开始，寻找生活中的幸福的人。自由与幸福，哎呀！

还有另一座终于被我们艰难征服的山峰：人们已经可以建造出通风良好的烟囱了。如今的烟囱比以前的小，不需要那么多木柴，加热效率更高，而且不会把烟排到室内。你不能让一堆人挤在一个房间，熏得像三文鱼，但现实确实如此——虽然看起来不可思议——直到昨天。

烟很大但不怎么热！听起来很荒诞！建造者只要想想如何利用火，同时不烧着房子就可以了！就是这样！所以，为了能让屁股又暖又软，这位名妓值得我们的尊敬、热爱和崇拜。
这让我有了这种想法：一旦我们掌握了一种新的材料，就自问如果没有这种材料，我们该怎么生活。

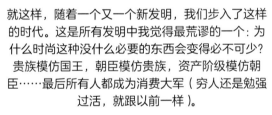

就这样，随着一个又一个新发明，我们步入了这样的时代。这是所有发明中我觉得最荒谬的一个：为什么时尚这种没什么必要的东西会变得必不可少？贵族模仿国王，朝臣模仿贵族，资产阶级模仿朝臣……最后所有人都成为消费大军（穷人还是勉强过活，就跟以前一样）。

华而不实的消费成了品位高雅的象征。有人说，当时的生活没有理想，难道当时的理想不就是挥霍生活？挥霍变成一种社会责任，甚至是一种美德。
用具、不可或缺的新奇事物、异国情调，奢侈的、巧妙的惊喜，小玩意、礼物，这些东西都堆积在一起……堆积物品成了财富的象征。新的神明已降临。我认为他们将存续很长一段时间。

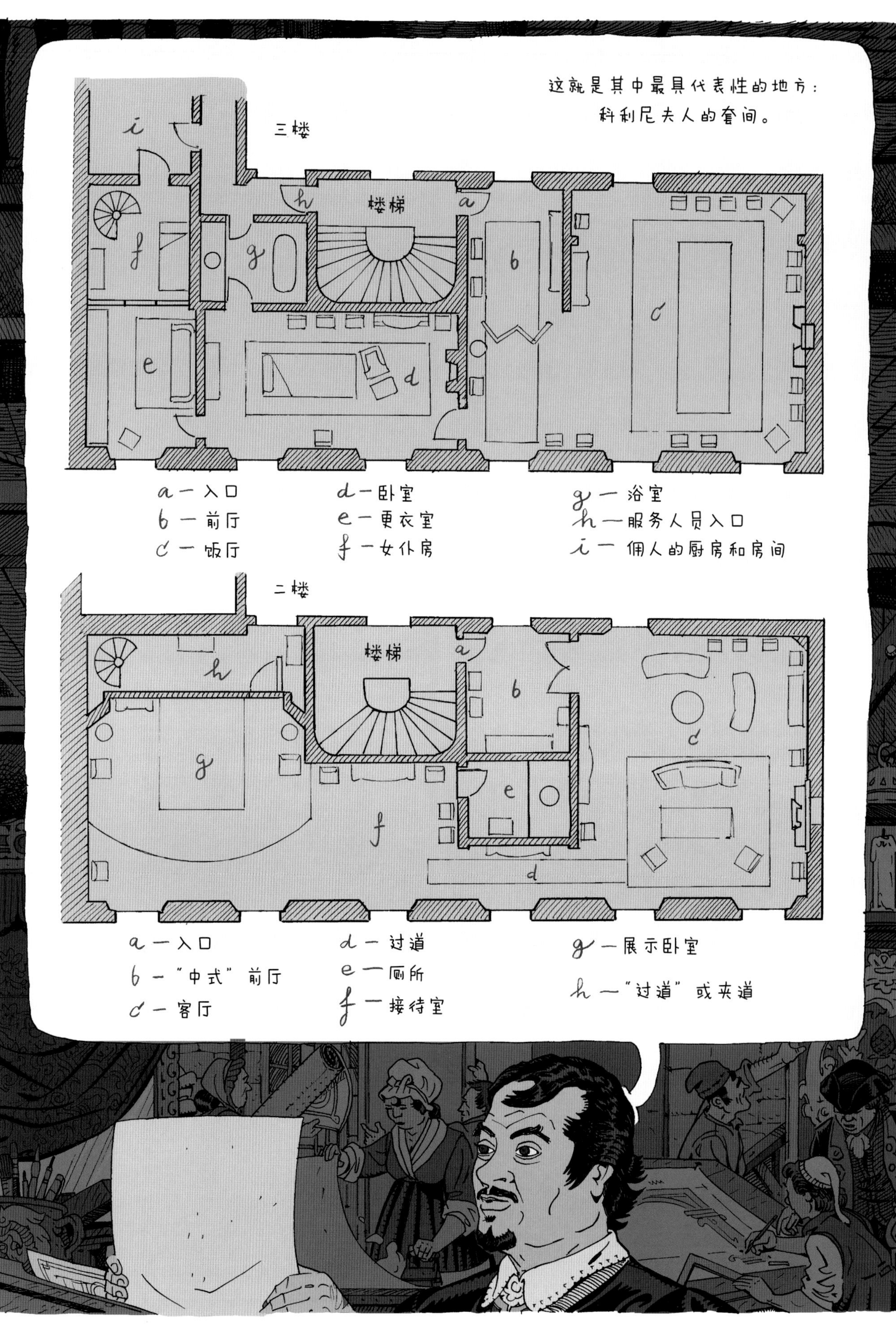
这就是其中最具代表性的地方：
科利尼夫人的套间。
三楼
楼梯
a
b
c
d
e
f
g
h
i
a一入口
b一前厅
c一饭厅
d一卧室
e一更衣室
f一女仆房
g一浴室
h一服务人员入口
i一佣人的厨房和房间
二楼
楼梯
a
b
c
d
e
f
g
h
a一入口
b一“中式”前厅
c一客厅
d一过道
e一厕所
f一接待室
g一展示卧室
h一“过道”或夹道

在这里，我的设计图纸就像宗教的教义一样，将变成美好生活的标准——唯一可能的美好生活。

不过为了实现它，必须从以前少量的手工艺者中演变出更多职业，比如艺术家、工头、工人、手工业者……这种生活，这种空洞的理想，创造了一个庞大的行业！

没有这个新兴的行业，这个宫廷般的大厅根本没法更换布景。

好啦！揭开幕布！

普奎斯先生。
啊！我们的救星。
终于，来了一道光！
亲爱的，我们一整天都在极度痛苦中度过。
破产了？
一个问题。
您告诉我们，爱有重量吗？

嗯……可以肯定的是，围绕在我们身边的事物都只不过是物理现象，不过……
科利尼夫人是怎么看这件事的?
妮妮对此接受良好。
哦！我受不了了，我要自己去问她。
嘻嘻!
您刚刚说得有道理：确实是要破产了!
只是破产的是一场爱的生意。

有个重物要把我压扁了！
年轻的菲利普，您怎么了？
汪！汪！
好大胆！
真烦人。
我求求您了，我一定要知道：您在爱的时候更重还是吃一个苹果的时候更重？
一个绿苹果还是成熟的苹果？
一个有虫子的苹果。
？
咕噜

皮盖中尉！您刚刚是说我胖了？
什么？不，我……
汪！汪！
正中要害！
饿了！
您让我恶心得想吐。去别的地方消化吧。再也不要来我家了。
哎！
汪！汪！
没有“明天见”了。

男爵，您怎么
还在这里？
因为我全身心地崇拜您。
出去吧。
喂，科莱特，你会不会
觉得太夸张了？
哎呀，不会！夫人穿衣
服都要推一下，才能往
里面塞东西。

嗯?
准备好了吗,
亲爱的?
我饿了。
您觉得怎么样，侯爵？他们把
我的心跟一个苹果比较！
你真正在乎的究竟是什么，
妮妮?
哦，亲爱的舍塞尔！您要是能展示
出一点点醋意，我该多开心！

我只是假装没吃醋。我的篮子里有全巴黎最鲜美的水果，如果相信自己仅仅是看看而已，那可太混蛋了。
哎呀，我亲爱的！你太会灌溉小果园了！
我们走吧，客人在等。
你正在经历的，亲爱的，叫作厌世。
真好听，这是什么？
你为什么不忙点儿什么？也许……换一下装饰。
好啊，我会和德洛尔莫先生谈一下的。
啊，他们来了。

朋友们，科利尼夫人给我们
出了今晚的难题！
是吗？
我？
如果爱等同于食物，
那酒是什么？
这个
……
醋意！
啊哈！大鱼大肉要有酒配才行！
哈！哈！哈！

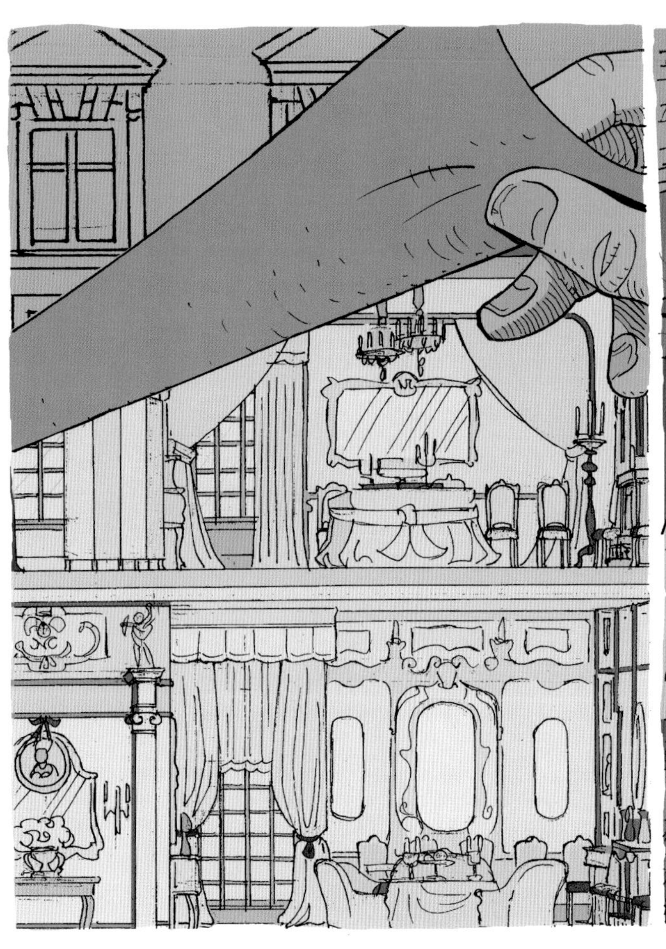

我自问这一切是否会永远继续下去。信任什么时候崩塌？布景什么时候出现裂缝？

持续的战争和贪婪的奢侈会把钱耗光。只需要把大厅的窗户打开就能看到即将发生的一切，所以窗户才总是关着。
到时候会发生什么？

不管怎么样，人总是需要坐在一张椅子上。
师傅，科利尼夫人来了。

汪！汪！
德洛尔莫先生，贝纳德伯爵夫人买了希腊雕像装饰她的套间。我也想要希腊雕像。
希腊人是不是和中国人一样？

第十二章

从天而降

英格兰南部

公元1769年

在世纪的大雾中
出现了一份珍贵的遗产

全人类
进步的预兆

《未来·汽车概念》
作者：
兰斯洛特·H. 弗林特

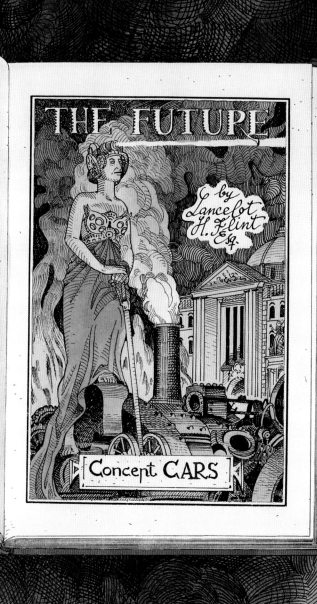

不要被吓坏了，亲爱的读者们！各位看到的这幅插图里的民众也没有被吓坏。他们已经习惯了这么多穿梭其中的汽车和其他蒸汽交通工具。一百五十年内，也许就能在城市的各个街道看到这个场景，一直到二十世纪初！

古代的希腊人和罗马人已经掌握了水蒸气的特性，但不知道如何利用其中的力量。现在的人凭借天赋和智慧，发明了蒸汽机。他们将实现一个文明的梦想，就是征服自然并从中获取权力。

就这样，在 19 世纪开始之际，蒸汽汽车将随处可见，出行变得日常而简单。人们和商品都不再受时间和空间的限制。马将成为只有在周日闲逛时才会用到的古董，“马力”将取而代之！

这些将被称为“汽车之路”的宽阔道路组成了密集网络，穿越田地、森林和高山。“速度”和“安全”这两个词将紧密联系。蒸汽将永久改变我们熟知世界的样貌。河流、湖泊或者大海的水都不会成为蒸汽的障碍。

人们的生活中，没有哪项活动缺少得了蒸汽。在这幅插图里，我们可以看到一辆大型的大功率农用卡车正在路边的某个驿站给锅炉补充煤和水。驿站被称为“服务站”，在文明国家的整个公路网络中随处可见。

是的，沸水产生的神奇力量创造的成果和辉煌一定会令如今的读者惊讶。蒸汽机已经变成了人类探索、征服、认知和进步的最佳工具。将来，人们甚至可以实现达·芬奇的梦想：人类将乘坐着“伊卡洛斯*式”的交通工具，飞越苍穹！

超级大都市闪耀着的科学精神的光环，
将装点整个地球！

* 伊卡洛斯：Icariano，希腊神话中代达罗斯的儿子，与代达罗斯使用蜡造的翼逃离克里特岛时，因飞得太高，双翼遭太阳熔化而跌落水中丧生。

Sí, asombrados lectores de hoy, por obra y gracia del milagro de la fuerza del agua en ebullición, la máquina de vapor se habrá convertido en el mejor vehículo de exploración, conquista, conocimiento y progreso de la humanidad. Incluso hará realidad el sueño de Leonardo da Vinci: en coches voladores que llamaremos "icariones", ¡el hombre surcará los cielos!

¡Y grandes metrópolis adornarán la Tierra entera cual luminosas coronas del Espíritu Científico!

250

STEAM ENGINE

By Order of the Executors to the Will of the Honourable JOHN BROWN, Esq; deceased,

fig 1

130 Tons of new Sable Iron
25 Tons of old Sable Iron

fig 2

a · Steam b · Exhaust outlet
c · Piston d · Flywheel

On Thursday the 15th of December next, at the Stores on India-Point, will be Sold, at public Auction (without Reserve) the entire Cargo of the Ship *General Washington*, *William Smith*, Master, from Russia, consisting of

PORTABLE STEAM ENGINES.
OIL WELL TOOLS PUMPS
AND TUBES FOR OIL WELLS.
OIL WELL TOOLS.

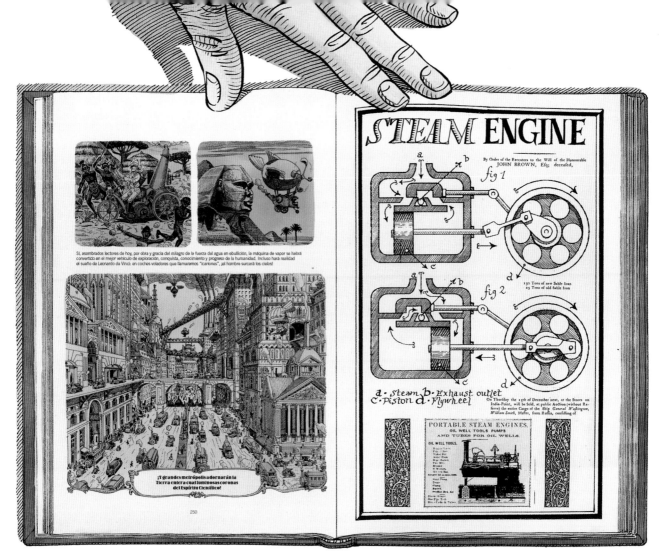

为这部作品寻找素材的时候，我们在大英博物馆找到这本《蒸汽的力量》，封面如图所示。我们复制了其中的几页，放在上面。这本册子的作者是兰斯洛特·H.弗林特，根据卷首插页，1769年初他把册子交给了伦敦的一家印刷厂，“此版本配有波茨·库克的精美插图”。

我们的历史之旅走到现在，正契合一句谚语，“人类做梦的时候是上帝，理性的时候是乞丐”。在阅读这部超前的小作品时，我们不禁自问，在21世纪初的我们看来，一个人怎么可以在大约18世纪中叶的时候，对未来做出如此准确又错误的预测。

谁是绅士兰斯洛特？这不仅仅是好奇心。是的，我们承认他的研究和预测几乎是诗意的，可以说我们被感动了，想要了解他。延用我们一直以来的方式，通过这个迷人角色当时经历过的日常生活，发掘一些事物。

让我们翻页吧

1769 年的春天，我们来到了英国南部吉尔福德 *
附近的伯爵领地德肯菲尔德 **。

这位就是兰斯洛特 · H. 弗林特爵士。

在画的深处，靠左的地方，我们可以看到他的房子，杜斯福德庄园。让我们靠近它，仔细观察它。

* 吉尔福德：Guildford，英国东南部萨里郡的郡府。
** 德肯菲尔德：Dockenfield，一个教区。

让我们从上空欣赏它。啊，视野真不错。杜斯福德庄园是那个时代典型的英国乡村房子。从这个高度看，这个地方充满平衡与绿色，勾起了我们对已经消失的世界的怀念。

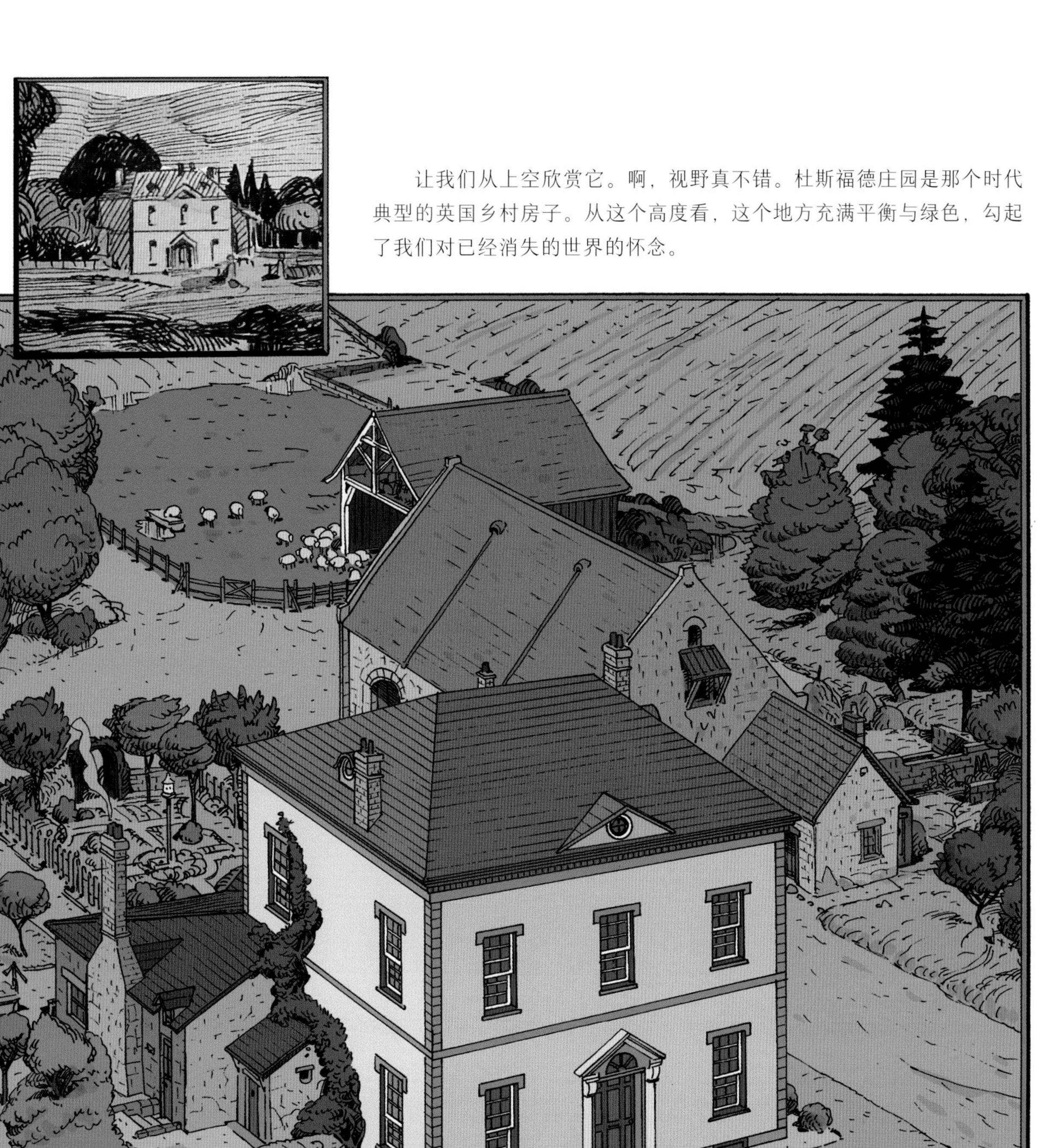

它的主人，弗林特先生，也是那个时代和国家的典型产物。他从属于非常有自豪感的乡村贵族，是一名有文化的绅士，他热爱科学——是一名业余但很有能力的工程师、热爱艺术、热爱打猎、热爱他的花园、热爱他的狗和绵羊。当然，他还热爱商业，是附近纺织工厂的联合创始人和合伙人。

除了有时候不得不前往伦敦或者巴斯，这位绅士一整年都住在这里。我们进去吧。

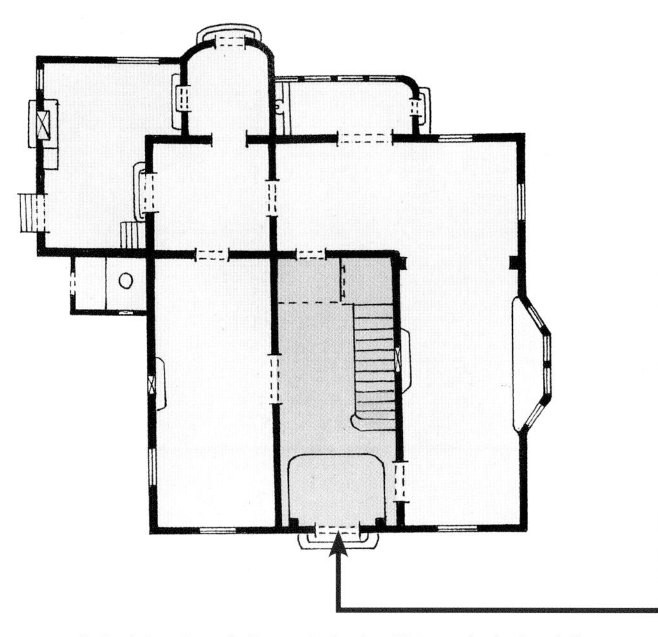

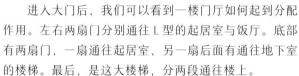

进入大门后，我们可以看到一楼门厅如何起到分配作用。左右两扇门分别通往 L 型的起居室与饭厅。底部有两扇门，一扇通往起居室，另一扇后面有通往地下室的楼梯。最后，是这大楼梯，分两段通往楼上。

入口空间既简单又意味深长，像是在向我们展示这个房子其他部分的样子——它的“个性”，我们姑且这么说。在这里，楼梯既是一个建筑元素，也是一个概念元素。它是一个中心点，将房子的两个功能有机地联系起来：下面是公共空间，用来迎接、招待、举办社交活动；上面是私密的空间，用来开展私生活。

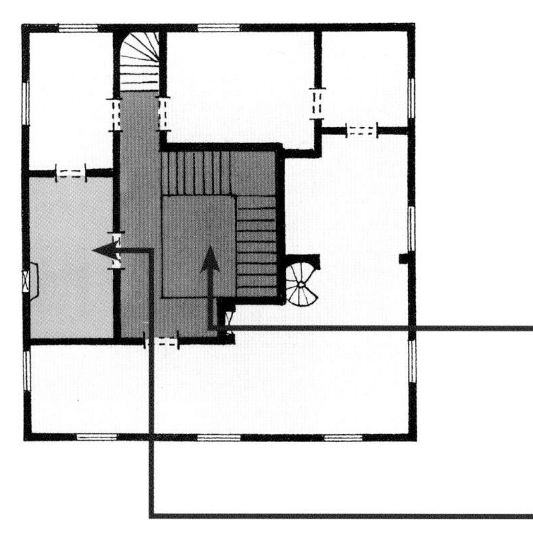

用弗林特先生自己的话说，他还没有时间结婚。不过，虽然一个人住，但楼上有很多房间。这里有书房，还有他自己的房间，除此之外，还有三个房间。虽然使用频率不高，但是它们的存在和精心维护暗示我们，已经到了历史上的这一时期——房子里的居民可以根据自己的愿望和想法拥有自己享用的个人空间。

这位先生的个人房间就是证明前面说法的最好例子。他自己把书房和房间连起来（那个时代的每位绅士多少都能称得上是个建筑师，不仅设计自己的命运，还设计自己的房子和其他的财产），以至于这个空间如此具有个人特色，它成了这个家的隐秘灵魂。就像他亲口说的：“引用某位不知名人士的说法，我的家就像一个城堡。任何人受到邀请都可以进来，但是里面有一个堡垒，只有我才可以进去。”已经很清楚了，个性的发展要求隐私。《蒸汽的力量》的作者兰斯洛特·H.弗林特，应该想象不出另一种形式的未来吧？不管是另一种形式，还是另一个地方。墙壁之间，我们的目光所及之处，尽是书籍、收藏品、平面图、模型、发明、艺术作品、个人物品，等等，工作与享乐。换句话说就是，既有智力天堂亦有阳刚之气。

一个大暖炉、一个可以通向阁楼的螺旋楼梯、工作台、一张土耳其床嵌入庞贝式的壁龛里、定制挂毯和地毯……后面的门，可以通向用作浴室的小房间。哎呀，该死的！这首优雅的男性交响曲中，一个不和谐的音符响了起来。虽然说当时已具备技术，但我们没有看到自来水管道，也就是说没有管道把水输送到上面，也没有下水管。我们这位充满想象力的工程师使用尿盆，并让人把热水抬上来装满浴缸。技术还没入户。我们目前看到的都令人惊叹，因此这一点有些说不通，难道兰斯洛特，这个政治上的自由派，内心深处，在家庭事务上是个保守派（他让用人把热水端上来，把尿盆拿下去）？也许现实生活就是这样，也许排空肚子比想象一艘蒸汽式飞机更需要灵感。

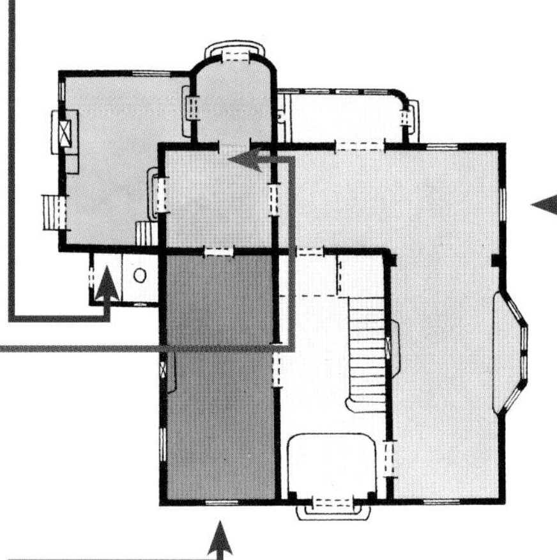

我们现在回到一楼，那个地方——有邀请的话——任何人都可以参观。它代表这个家的公共空间，是社交场地。

没有客人的时候，弗林特先生在被称为“早餐房”的地方随便吃点儿什么，从这里可以通往厨房、客厅、起居室，还有后面的小厅。起居室是和其他人一起用餐的时候用的……同时展示由他亲自布置的不太正式的装饰（他有最新版的装饰类书籍，名为《绅士及细木工的图解书》）。“不能让人看出来好看与舒适的结合花了很多功夫。应该让它看起来很自然。”这

位单身的房子主人说道。

毫无疑问，工业的欣欣向荣促进了物品和器具的生产，使家展现出令人舒适的面貌。家具、盘子、刀叉、睡衣、地毯……这些都由工厂生产，而不仅仅来自手艺人的作坊。

于是，家具的精细、普遍与量产，共同形成了一种新的典范，就像所有的典范那样，起初似乎都有着无限光明的前景。它体现在兰斯洛特先生的生活中。我们能从他房子的图片中看到这一点，如果还看不出来，就让我们来看看一楼最重要的地方——起居室。这是一个宽敞、文雅又温馨的地方，舒适胜过排场。英吉利海峡仿佛是一道天然屏障，法国宫廷的放荡，巴黎沙龙隆重而繁盛的女性主义崛起，都没有在它的远亲，这个英式男性化的乡村沙龙体现出来。

接下来的两页，我们将从其他角度展现这个房间，以便能更好地理解它传达的理念：内部平衡反映了，或者说推动了有序的生活。

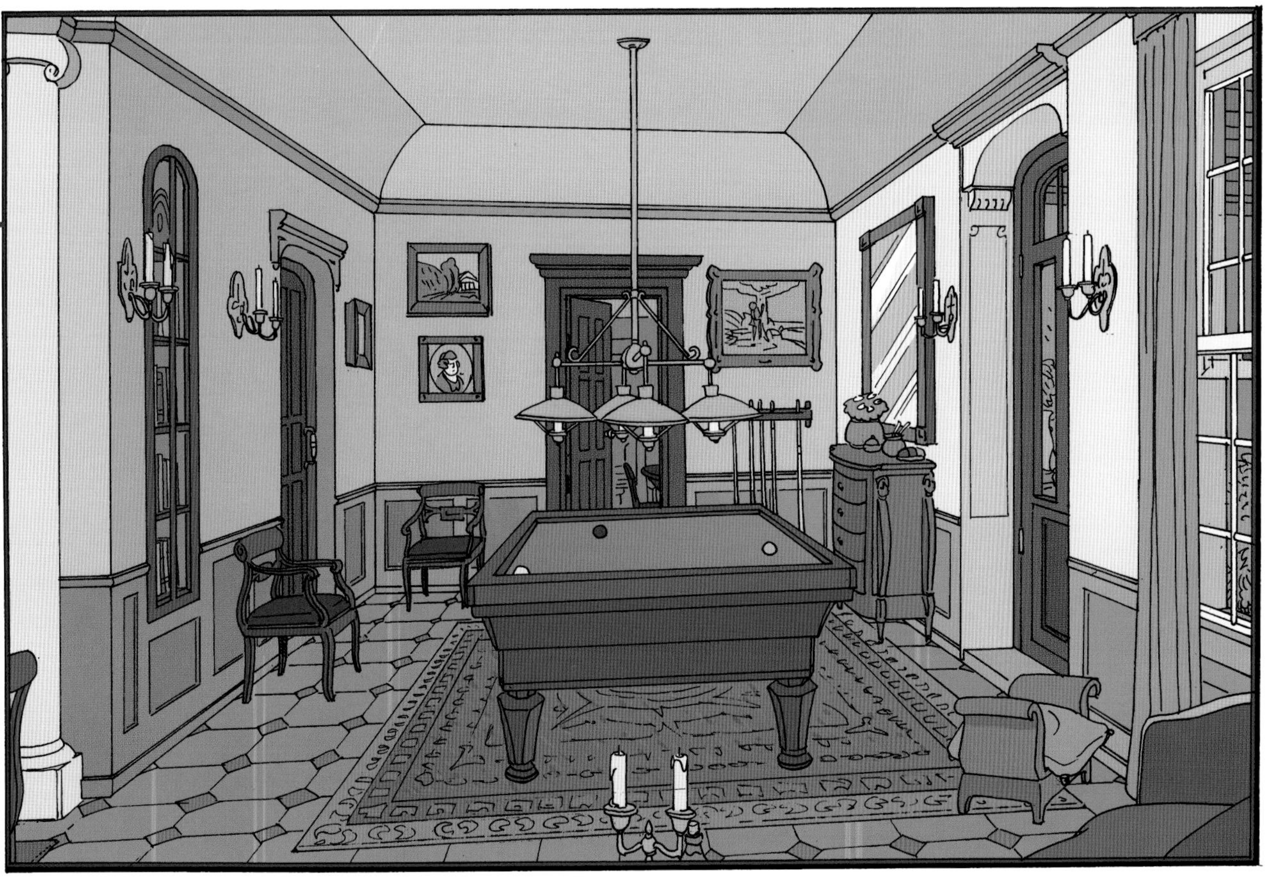

让我们透过窗户，将视线落到外面。透过客厅阳台的玻璃，可以看见远处的风景。几栋特别的建筑出现在水平线上。

那是家纺织厂，我们的东道主兰斯洛特·H. 弗林特是合伙人之一。让我们去那里看看，这很重要。

工厂（a）建在河边，在一个叫塔山（b）的地方的旁边。之所以叫这个名字，是因为中世纪的时候，这里有一个村落围绕着一间矮小的教堂和一座高大的封建塔楼，它们都属于罗伯特勋爵*。我们还可以在树木和杂草之间看到那时建筑的废墟；沿着河流，还能远远看见一个破旧的水磨坊遗迹（c）。

* 见第六章。

第九章

“在伯爵领地德肯菲尔德，我经营的纺织厂旁边，有一块中世纪的飞地和一个水磨坊遗迹。首先，我们可以肯定，八百年前的铁匠和木匠都会使用水力，通过一个轮子和一个带轴的凸轮，带动锯子或者锻炉的风箱。后来，同样的水力被用来带动曾放在老旧水磨坊里的一台小型造纸厂漂洗机。所以，我们可以相当肯定地说，现在，1769 年发生的工业革命，正发源于此地的黑夜中。

“不过蒸汽已经到来。如今，附近的一个矿厂（我也是其中的股东）就可以给我们提供煤矿。我们把河里的水倒进锅炉，用煤加热，由此获得蒸汽；通过压力，把力量传导给一个活塞，活塞带动一个轮子，而这个轮子的轴将带动各种棉花纺纱机和织布机。目前，我正在改善锅炉的功能和各种各样的机制，以提高生产效率。”

正如我们的主人公在他的书中某一页告诉我们的那样，技术进步使得现在的工厂日夜不停，通过两班倒的形式，二十四小时运作。“这是机器所需。”弗林特说（下图箭头指着的就是他，他正在车间下达命令）。仿佛无条件献身于进步和生产对文明世界来说只是福祉。

技术、生产、贸易，一个新的圣三位一体，把新的信徒吸引到它的祭坛，就像蜂蜜吸引苍蝇。当时的英国出生率很高，工人从英国的各个角落来到这里，困在这个高强度的连续生产机制里，形成了一个新的社会阶级：无产阶级。“没道理不利用科学的奇迹来解放人类。”兰斯洛特·H. 弗林特充满自信地断言。

人口与工业一起发展，形成了一个新的无计划的“工人—工业化”城市。它的缺陷将带来一个持续一个多世纪都得不到解决的问题。蓝天、绿树、宁静的山谷和高山即将成为回忆，烟雾和嘈杂成了繁荣的代名词。

如今，仆人被称为雇员。换了新名字，他们对新主人——机器的依赖并不亚于 9 世纪时他们的祖先对主人的依赖，那时他们依赖的是塔楼的封建主——罗伯特勋爵。这些人，就像他们的祖先一样，出生、生活和死亡，都和主人绑在一起。男人、女人还有小孩，这些劳动者，工作很长时间，工资却很低。对于这种新的平衡，我们可以把它总结为“煤炭资本主义”。

工业化带来的生活方式的改变，不仅体现在地理上，也体现在道德和精神层面。这是真正的革命，这一切使英国成为世界第一强国。

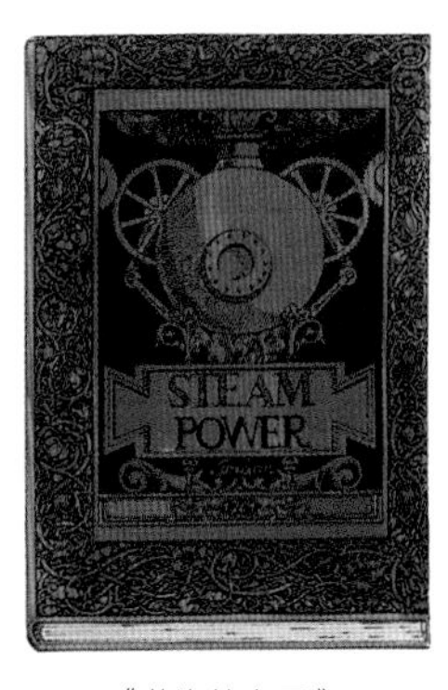

《蒸汽的力量》

这个社会已经准备好，将毫不犹豫、不惜代价地实现兰斯洛特·H.弗林特在书中提到的预言。

不，陪伴天空的不是雾，
是天上掉下来的煤渣。

1　7　8　9

第十三章

落　幕

法国中心

公元1793年

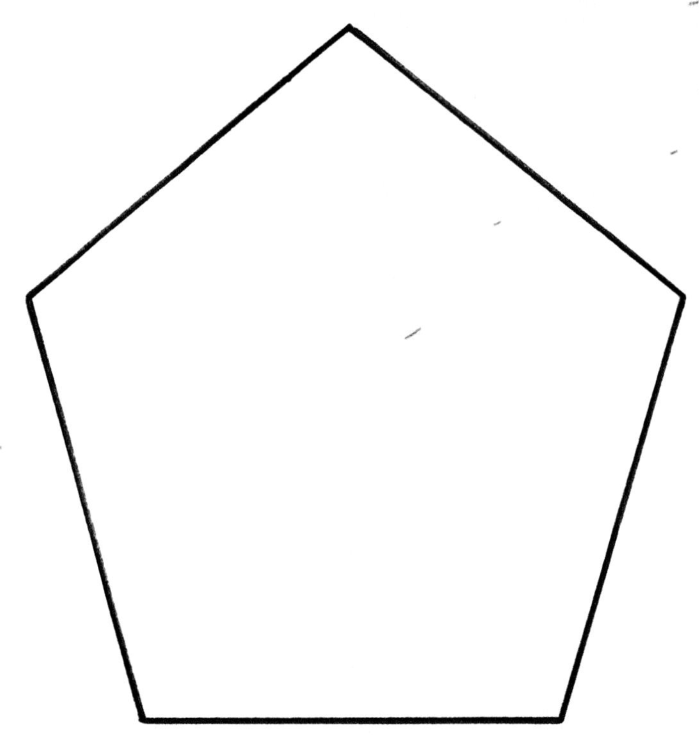

五边形

花园

18世纪马上就要结束。这是一个认知的世纪。是的，必须强调这一点。

古典主义者已经知道认知并不重要。现在有个说法：“那些什么都不知道的人是不存在的。”百科全书——一种按卷大量出版的书——已经包含了所有的知识。那里面提到，比如说（众多的知识点之一），五边形指的是有五条边组成的多边形：这是一个简单的图形，由更简单的元素组成，以组合成更复杂的图形。几何学和分析研究铸就了欧洲，或者说至少尝试组成欧洲。一切都是方法：论据、经验、实用价值，根据要求的分量组合在一起，什么都可以解决。于是，一个问题，不管它多么复杂，只要分解成简单的元素，就可以研究、实验并利用起来。数学的道路可以通往所有地方，并保证终点是幸福的。这种信仰，在18世纪后期，基于过去的成功经验，不断发展壮大，似乎没有任何可以反驳它的力量。

研究大自然的时候，也可以将它分解成简单的元素。一旦人们理解了这些元素，就能统治它们。一片森林，是自发生长的自然；一座花园，是被驯化的、缩小的自然。一片森林，是一个混乱的、不确定的地方；一座花园是安静的几何体，充满秩序和安全。

人们认为，这个世界不会退步，因为有了这种方法，只能向前。

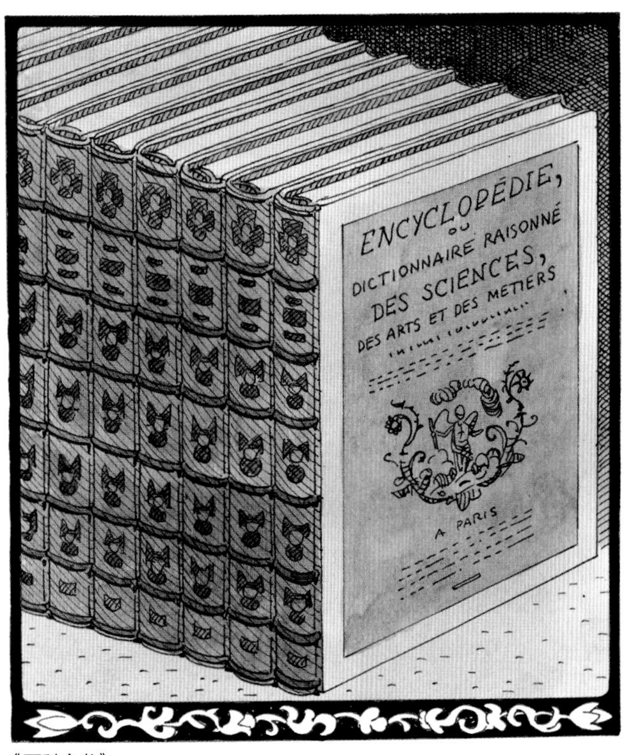

《百科全书》

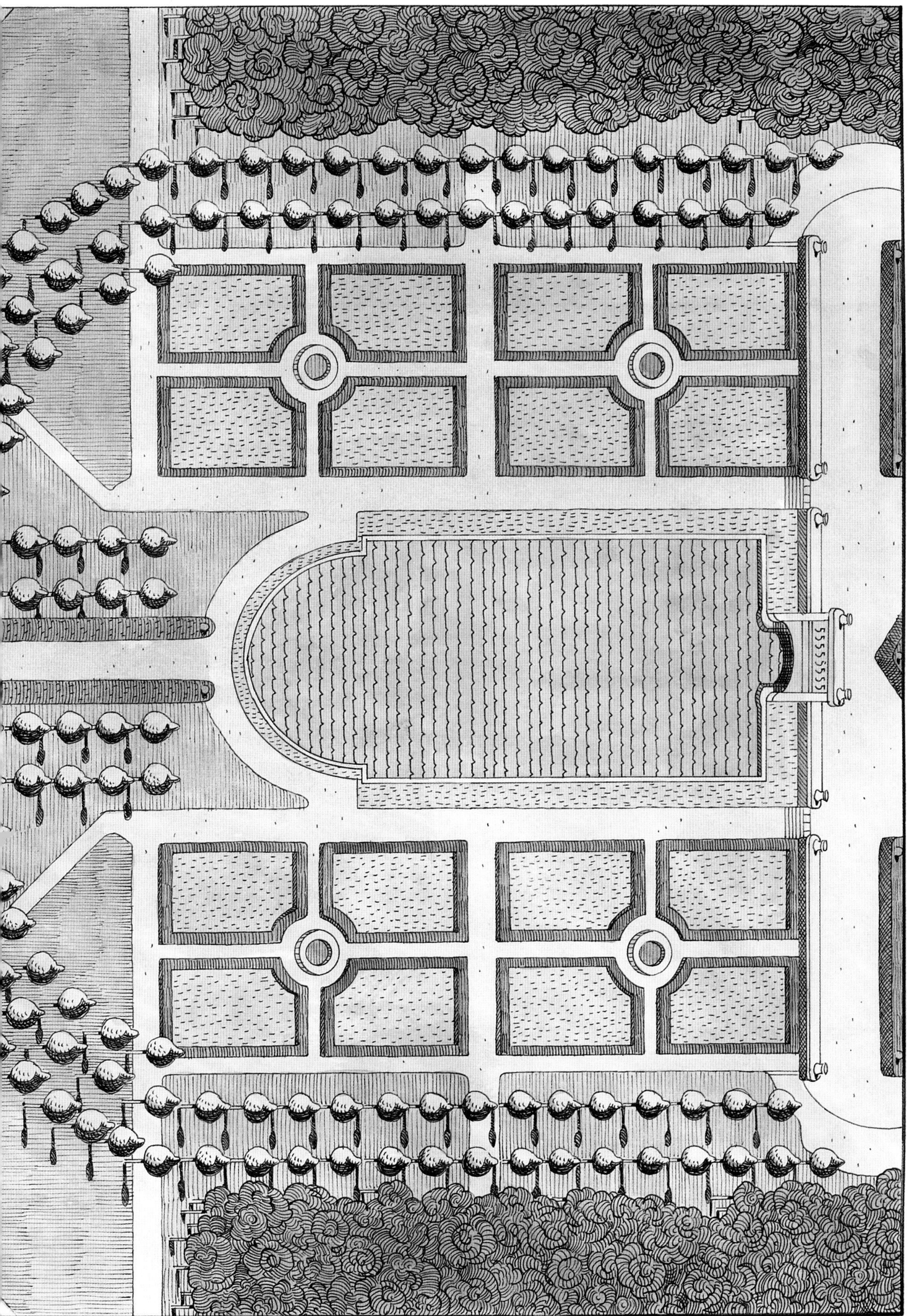

当这个世纪缓缓展开，人们讨论着：“如果我们能设计景观，为什么不能设计人类的命运？运用正确的研究方法，我们也可以掌控人类的天性。”在某个时刻，理性女神被邀请入场，成了宫殿的女主人。

托一个坠落苹果的福，人们发现一切事物都在同一个空间发生。我们的活动一定发生在当下和此处。人们坚信，一切东西，包括自由，都必须适合这个空间。自由，我们必须承认，这个概念难以定义，又难以划出界限。如果一个简单的五边形都能组成一个如我们看到的巨大花园，那自由在重组事物的时候会给我们带来怎样的麻烦？因为它在横冲直撞的同时，还带来了一个从未听说过的喧嚣事物：人权。法律面前，人人平等，是他的就是他的，他有权利阻止他人从他身上夺走。这些新思想将闯入仍呼吸着封建空气的欧洲。（要是没有一大批仆人，怎样拥有一个带花园的宫殿？）

行会在封建时期就诞生了，把手工艺人和专业人士聚在一起，并保护他们。如果建造了大教堂的工程师兰伯特·埃诺*在1793年看到这一片的城市景象，他一定认不出来了。

如今，科学与方法成了架在这些统一房屋上的标准。秩序和理智构成了这些街道，就像他们把森林变成花园那样。宽阔的大街、对称的空旷大道、汇聚所有小路的广场、带灯的街道、和谐统一的楼房，这一切取代了中世纪的城墙。这些建筑既保持了统一，又不失各自的特点。

* 见第七章。

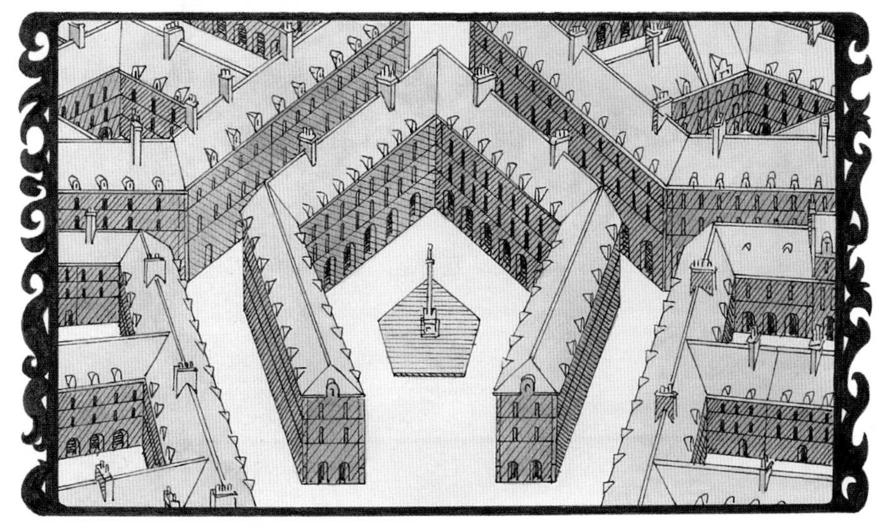

如果医生发现人的身体是一台机器，那作为城市的规划者——这位架子上放着百科全书的思考者认为，房子、街区、城市，就是几何学，为这些机器提供安置的架子。

这是启蒙时代。

启蒙时代接近尾声。伴随着刀锋边缘的闪光。

* 南特：Nantes，法国西部最大的城市和法国第六大城市。

我们到了。
那些人是谁?

* 无裤党：Sans-culotte，是 18 世纪末法国大革命时期对广大革命群众流行的称呼，主要为城市劳动者。

这里会不会还有
别人?
侯爵逃跑以后，这里就被洗劫
一空，真是太可怕了。
他跟奥地利人一起
逃走的，你就像他，
都是懦夫。
你是谁?
是亨利叔叔，我认识他。你之前
在这里工作，是吧?
我……曾经是侯爵
的园丁。

那个走狗！他想把法国卖给其他人。

嘘！我听到了什么。

在那边。

那儿是厨房吗？你是来找吃的，老头？

这里没有任何食物了。你们应该看看这里以前的样子，市民们。

我告诉你这里曾经是什么：
人民的监狱！
那时候我有工作，这里的
人给我美味的食物，而且
侯爵对我们不差。
你之前就是奴隶！
你不会是一个可怜的保皇党
吧，啊，老头？
一个什么？
我只知道哪里
有蜡烛！

烛呢?
哪里?
在一个大箱子里!
北边的阁楼里!
谁也别跟我抢床!

我的床。

谁在那儿?

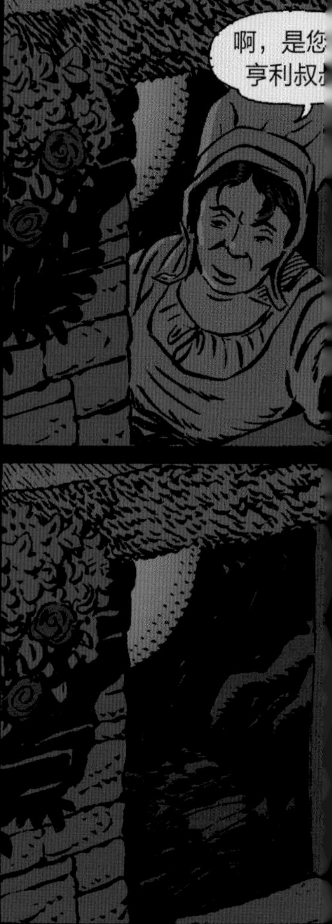
啊，是您
亨利叔

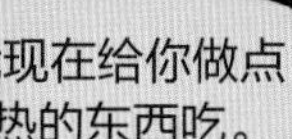
现在给你做点
热的东西吃。

您不能进来，
知道吧？

是爷爷。
他得继续睡在牲畜圈里。你也知道，这个家装不下所有人。

插图告诉我们的是，真相来自经验之手。

第一级经验

一个天授神权的国王。

第二级

以奢华为标准的宫廷，用战争造就的国家。

第三级

奢华和战争产生的债务导致了破产。

第四级

由于君主、大资产阶级以及教士不交税，税收的压力压在拥有资源较少的人身上。

第五级

那些一无所有的人可以继承的只有贫穷和压迫。

第六级

一场革命爆发了。

第七级

革命带来了许多后果。其中之一是，更多的穷苦。

第十四章

当白天是黑夜

瓦隆的煤田
荷兰
公元1826年

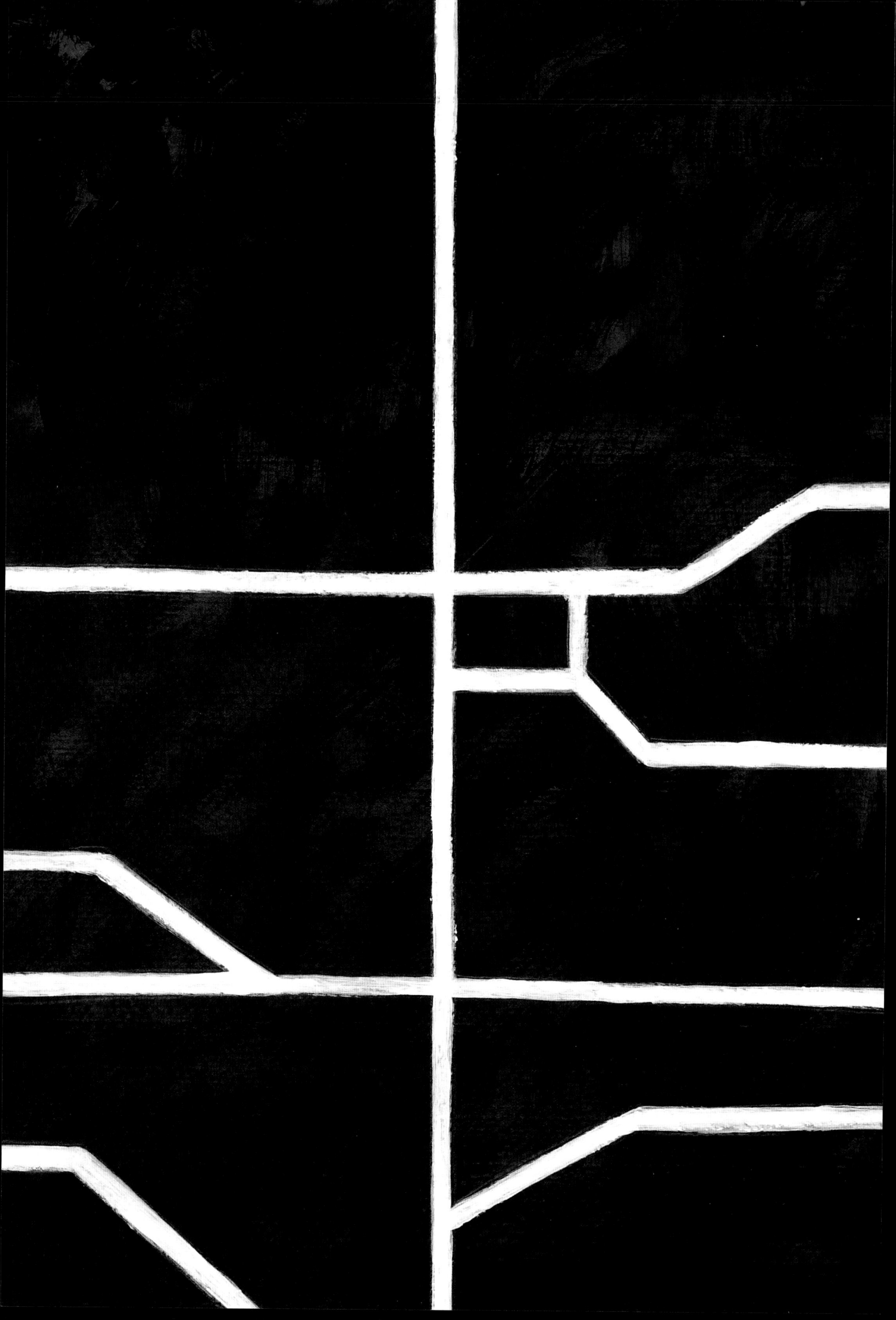

TIC 滴 TIC 滴 TIC 滴 TIC 滴 TIC 滴 TIC 滴
TIC 滴 TIC 滴 TIC 滴 TIC 滴 TIC 滴 TIC 滴

起床了。

到时间了。

咳，
咳。

嘿，听见没？
马上起床！
咳，咳，
咳。

咳，咳，咳。
我好困……
起来吧，快点。
你们还在
那儿？
你们应该早点生火。

汤已经好了。
你们把饭盒拿过来。
没有了吗?
闭嘴，把你的面包
塞进去，盖好。
晚了。
你们都带上咖啡壶了吗?
你，吹灭蜡烛。

咳，咳。
咳，咳。
咳。
咳，咳。
咳。
咳。
咳。
咳，
咳。
咳。

只有这些了？
我已经跟他说了，
数对不上。

然后，他给我看了被退回的斗车和因为没完成缴纳的罚款。
然后呢?
数就对得上了。
唉，你们得捡一些煤渣。家里的煤要烧完了。
轮到你了!
不，到你了!
我觉得我怀孕了。
来得正好，多一张嘴，少一份收入。

你们，赶紧把水烧了。
咳，咳。
轮到我的时候，
水总是黑的。
拿着，
你的罐子。

你拿好这个，
去买半磅猪肉。
你马上把蔬菜放进
锅里。
懒惰的姑娘们，这些
衣服都是要洗的！
工程师说我们没有做好加固，发生了很多事故，
所以公司威胁要支付额外的加固费用。
正合他们的意：威胁！
这就是要少给我们
钱的圈套！
每斗车至少少支付了一毛钱，
现在又说什么加固。
不能再这样
下去了！
你们喊得那么大声
有什么用。
我们要保持团结！
不能少拿钱了！
罢工！
你们疯了！
我们已经
筋疲力尽了！

你，去找一下
你父亲。
筋疲力尽。咳，
咳！这片土地渴
望我们的鲜血！
？
你那只手不要动，不然
我就告诉你妈妈。
你闭嘴，婊子！

TIC TIC TIC TIC TIC
滴 滴 滴 滴 滴
TIC TIC TIC TIC TIC
滴 滴 滴 滴 滴

C TIC 滴 TIC 滴 TIC 滴 TIC 滴 TIC 滴 TIC 滴

钟表给新世纪——19世纪，上了发条。它像这个世界一样圆，从现在开始，这个带数字的圆圈，将标记出自然界从未出现过的速度。永恒的、不变的、完美的指针，指向改变的道路：永远向前，永不后退。没有选择。这种被所有人接受的新特性，被称为进步。这条道路不可能糟糕。

按部就班、准时、利用时间；迟到、迟到、浪费时间……这些说法，指出了新环境中的摩尼教色彩。时间作为生产过程的一部分，渐渐变得和资本一样，可以商量、争取、失去、撒谎、诈骗……时间变成一种价值。

机器，就像时间，不能停下。
工业无疑已经成为欧洲新的风景线。

经济学作为一门新兴科学诞生了，用新规则统治世界。金钱比空气或被烟囱里的烟遮挡的太阳更真实。没有什么能凌驾于市场之上，人们规定，市场自由且独立；每个人都是一个市场，只需服从自己。工业，这台机器的关键齿轮，必须增长、增长、增长……滴、滴、滴、滴……

广泛机械化的工业依靠铁打造机器；战争需要铁制造武器；工程师需要铁建造桥梁……铸铁厂生产钢铁。铸铁厂需要煤炭提供动力——没有煤炭，什么都不可能。

铁与煤是建立这个新社会的支柱，支撑支柱的地基是资本和工人阶级。这是个含炭的社会。

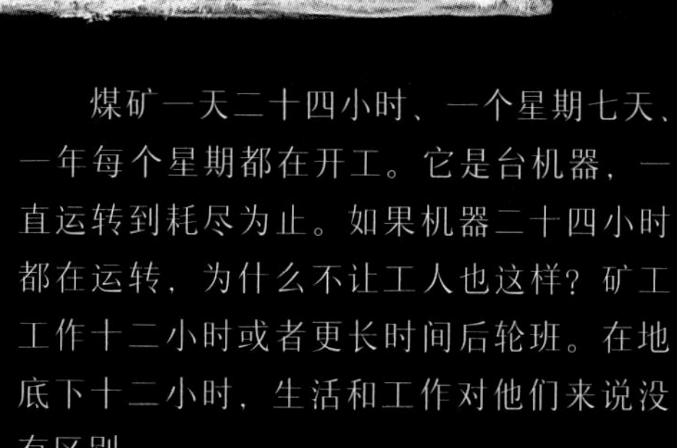

煤炭的需求每天都在增长，滴、滴、滴、滴……能量，要得越来越多，价格越来越低。开新矿的速度和丢弃旧矿的速度一样快。风景也得让步。

煤矿一天二十四小时、一个星期七天、一年每个星期都在开工。它是台机器，一直运转到耗尽为止。如果机器二十四小时都在运转，为什么不让工人也这样？矿工工作十二小时或者更长时间后轮班。在地底下十二小时，生活和工作对他们来说没有区别。

煤矿的巷道，这些延绵几千里的隧道，用木头支撑。为制作斗车而滥砍滥伐导致森林枯萎、土地贫瘠。没关系，没有什么阻止煤炭时代。巷道穿透了法国、德国、英国、比利时矿区的地底。

矿工，黑暗军团，他们被认为是——就像土地本身一样——一种可以利用、开采、耗尽并最终抛弃的自然资源。他们是守纪律的军队，排成队列，听从命令，默不作声，忍受着可怕的生活模式。这是苦难的纪律。苦难将军利用无知和恐惧这些不会出错的武器，让他们服从。

需求和生产压榨着他们本就所剩不多的工资。资本随意分配，人们盲目服从。这位深渊士兵，唯一能征服的只有不断深入的隧道，凿啊，凿啊，滴、滴、滴、滴、滴、滴……他的卑微低得令人难以置信，即使是在那个时代。

全家都要下矿。男人开凿矿层，女人和小孩——从七八岁开始就要去矿山了——铲、搬运、推斗车以及筛选煤炭。所有吃饭的人都要自己挣钱。在这种条件下，他们的寿命比中产阶级要少二十年。如果矿上剥削矿工，矿工就剥削家庭。矿工没有儿子，只有工人。没有可以代替的形式：这个齿轮邪恶又完美。对一个齿轮，人们不要求它善良，只要求它完美地转动起来。

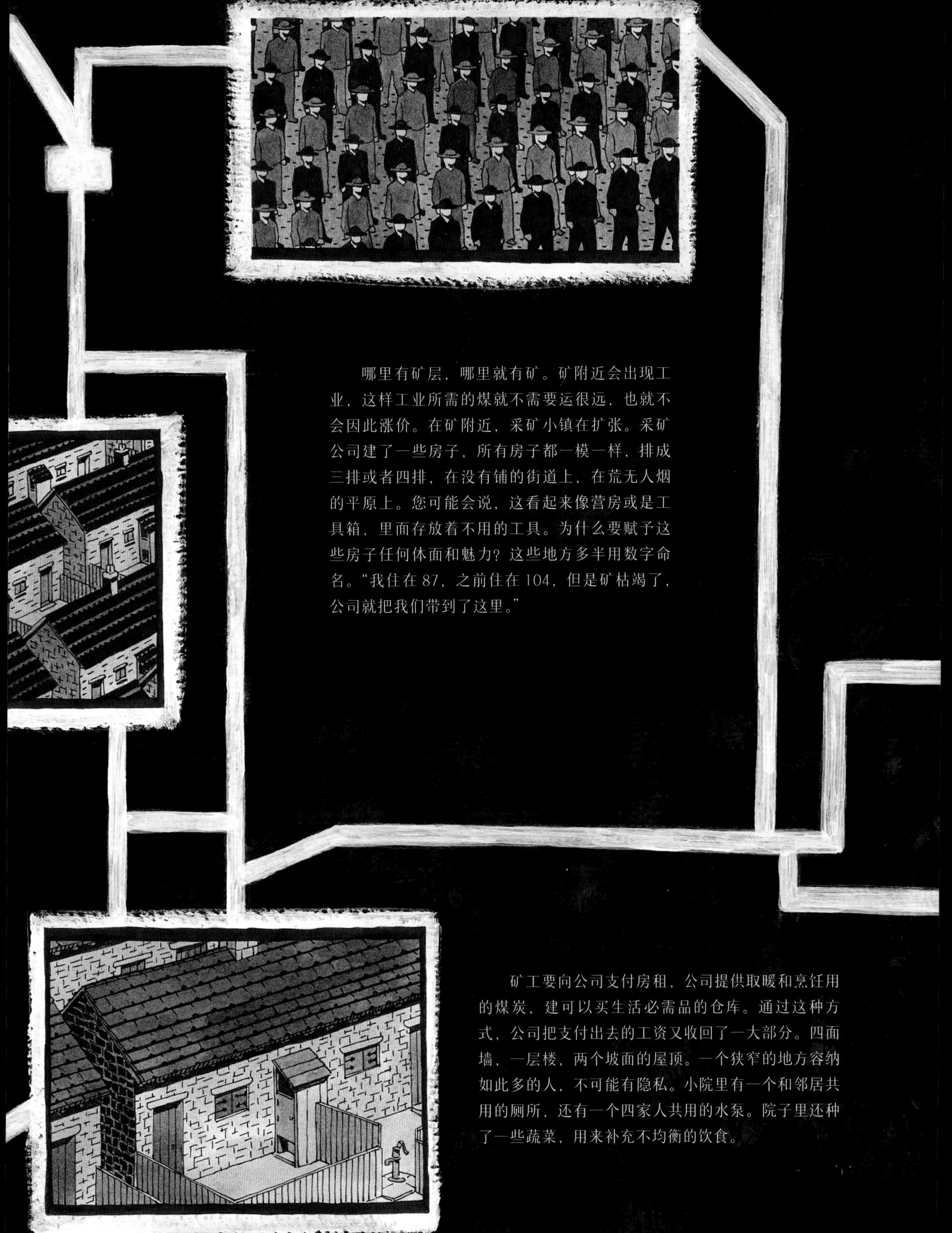

哪里有矿层，哪里就有矿。矿附近会出现工业，这样工业所需的煤就不需要运很远，也就不会因此涨价。在矿附近，采矿小镇在扩张。采矿公司建了一些房子，所有房子都一模一样，排成三排或者四排，在没有铺的街道上，在荒无人烟的平原上。您可能会说，这看起来像营房或是工具箱，里面存放着不用的工具。为什么要赋予这些房子任何体面和魅力？这些地方多半用数字命名。“我住在 87，之前住在 104，但是矿枯竭了，公司就把我们带到了这里。”

矿工要向公司支付房租，公司提供取暖和烹饪用的煤炭，建可以买生活必需品的仓库。通过这种方式，公司把支付出去的工资又收回了一大部分。四面墙，一层楼，两个坡面的屋顶。一个狭窄的地方容纳如此多的人，不可能有隐私。小院里有一个和邻居共用的厕所，还有一个四家人共用的水泵。院子里还种了一些蔬菜，用来补充不均衡的饮食。

住在这个房子里，就像住在矿井里。它就像巷道的一部分，狭窄、黑暗，沾满脏兮兮的煤烟，潮湿、寒冷……就连木制的屋顶都像极了巷道的支架。房子外面是一条布满油腻的黑色泥土或者粉尘的街道，通向矿井的大路。这是一个没有色彩的世界。放眼望去，田地里，村庄里，房子里，都是同一种暗灰的色调，就像矿层里覆盖在矿工皮肤上的煤炭，不管他走到哪里，都带着它，无法抹去。

家具、日用品、衣服，都是一样的棕褐色。在这个没有光亮的永恒夜晚里，没有什么能让人为之一振。没有什么好吃的东西。四壁之间，仿佛在模仿巷道的寂静，你只能听见窃窃私语的谣言。所有可触摸到的东西，都覆盖着一层煤渣。是的，感知已经消亡。

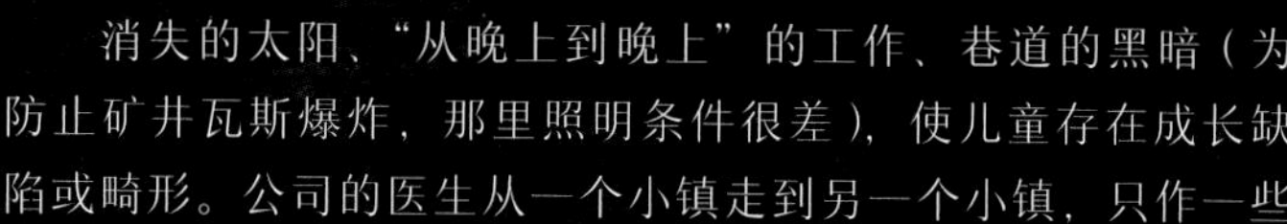

消失的太阳、“从晚上到晚上”的工作、巷道的黑暗（为防止矿井瓦斯爆炸，那里照明条件很差），使儿童存在成长缺陷或畸形。公司的医生从一个小镇走到另一个小镇，只作一些诊断，比如贫血、佝偻病、腺病质、黑色支气管炎、哮喘、风湿病……对于这些小孩来说，没有学校可以上学，没有公园可以玩耍。还没有下矿井的小朋友的唯一游戏是去找吃的。何必为这些小孩灌输任何价值？这种生活方式基于一个事实，即有工业价值的东西才是有价值的。学会阅读，没有工业价值。工人就是机械，他在矿井里学习，不是在教室里。所以，学校没必要存在。

工厂的、矿井的、房子的烟云带出的悬浮煤粉永远不会消失。阳光无法穿透它，雨水把它冲到地面，大风把它吹遍整个地区，面对这黑暗的地平线，人们忍耐着：一个没有污染的蓝天，意味着矿井关闭，工业萧条，失去工作。只要看不到晴朗的天空，一切都可以忍受。

这种环境条件以及其阶层的温顺性给工人带来了伤害，他们只知道没有工作是一种罪过。在其他方面，陋习、嗜酒、家暴、滥交，他们像是

第十五章

梦　想

圣彼得堡

公元1847年

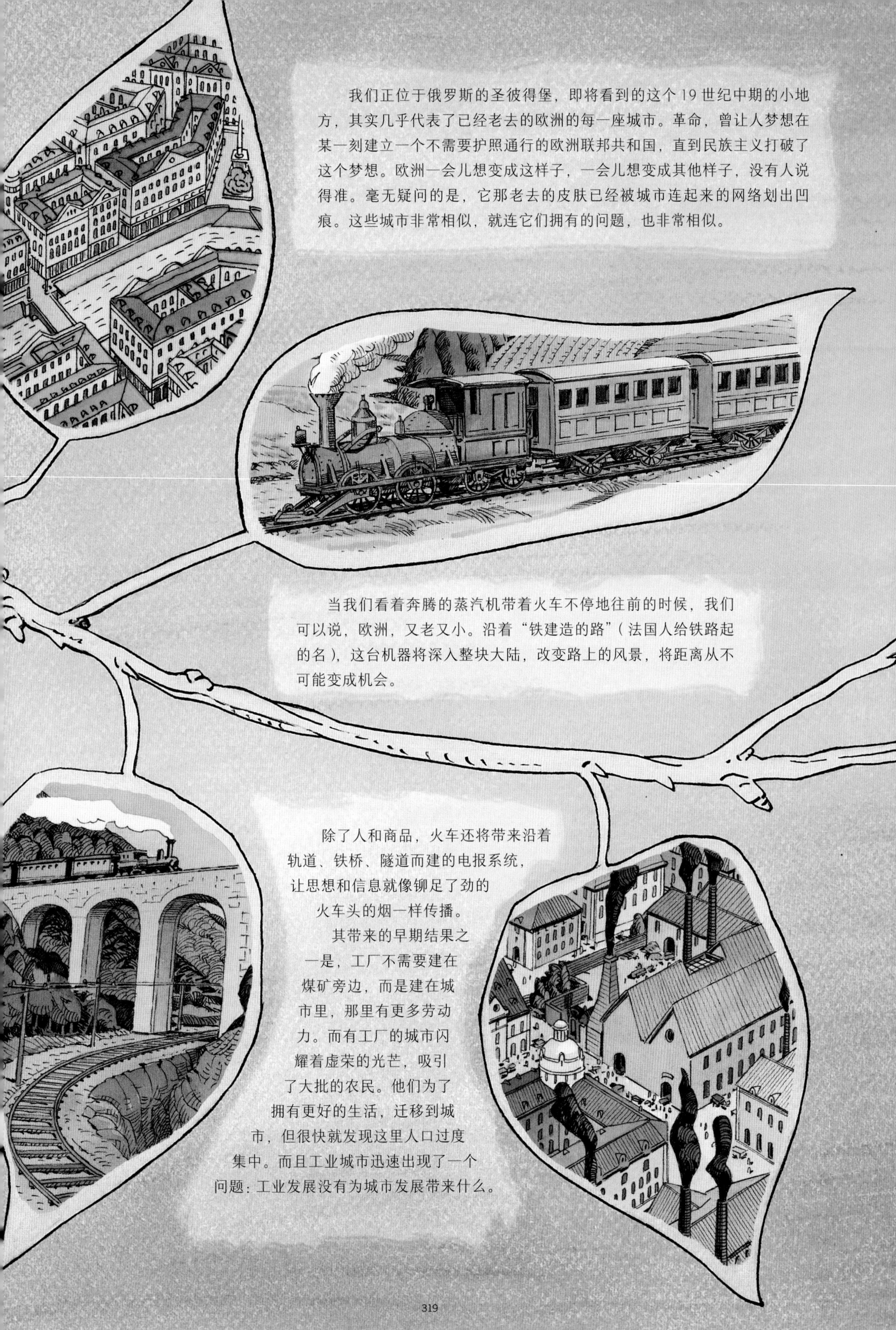

我们正位于俄罗斯的圣彼得堡，即将看到的这个19世纪中期的小地方，其实几乎代表了已经老去的欧洲的每一座城市。革命，曾让人梦想在某一刻建立一个不需要护照通行的欧洲联邦共和国，直到民族主义打破了这个梦想。欧洲一会儿想变成这样子，一会儿想变成其他样子，没有人说得准。毫无疑问的是，它那老去的皮肤已经被城市连起来的网络划出凹痕。这些城市非常相似，就连它们拥有的问题，也非常相似。

当我们看着奔腾的蒸汽机带着火车不停地往前的时候，我们可以说，欧洲，又老又小。沿着“铁建造的路”（法国人给铁路起的名），这台机器将深入整块大陆，改变路上的风景，将距离从不可能变成机会。

除了人和商品，火车还将带来沿着轨道、铁桥、隧道而建的电报系统，让思想和信息就像铆足了劲的火车头的烟一样传播。

其带来的早期结果之一是，工厂不需要建在煤矿旁边，而是建在城市里，那里有更多劳动力。而有工厂的城市闪耀着虚荣的光芒，吸引了大批的农民。他们为了拥有更好的生活，迁移到城市，但很快就发现这里人口过度集中。而且工业城市迅速出现了一个问题：工业发展没有为城市发展带来什么。

但没有人看到这些问题，所有人都只看到进步无止境。没有哪个社会可以逃过这一事实，变革是双向的：利益和财产与不幸和负担交替出现。进步本身不能将欧洲从过去的束缚中解放出来。不过，谁会注意这些呢？此时，如此快的经济增长速度给地缘政治和商业带来了巨大的影响。生活中充满竞争：根据最新的科学理论，生存的斗争就意味着支配与被支配，强者战胜弱者。
城市已变成了战场。人们害怕错过机会、失去工作、丢掉房子。富人害怕穷人，以及他们毫无意义的抱怨；穷人害怕面包的价格；中产阶级害怕他们那可怜的收益会因为富人和穷人自私的怪念头消失殆尽。在这动态环境中，激烈的阶级斗争加剧了同阶级内的斗争。一个工人，只要能付得起房租，就能接受更低的工资，把另一个工人从他的职位上逼走。工作就是一杆步枪，生产线就是一支行进中的军队，而经济秩序就是必须保卫的祖国。

但不是每个人的想法和感受都一样。新一代理性主义的孩子们，反抗父辈，反抗事物的秩序，这种秩序正在或即将被他们打破。
这些年轻的男男女女，用反对观点指出，进步就是一个圈套："进步如果不能服务于人就没用。应该是人指导进步。"他们如此声称。他们自问，人是否应该按照财富的多少来划分，是否要永远这样。而且，他们预言，野蛮的剥削只会让人类走向灭亡，新的变革必须到来。
这一代年轻人没有看过烟囱的建起，而是出生和成长在烟囱的阴影下。他们自问，曾经覆盖欧洲的树木和森林去哪里了。他们不缺毅力，坚持调查：自然到底变成了什么样子？为什么明明自然中有很多答案却要这样物化它？他们说的自然不仅指未开荒的地方——土地、元素和不加束缚的原生力量，同时也指人类的天性。他们充满激情地思考："是啊，我们讨论了很多人生的目标，那人生的意义呢？我们呢？我们拒绝做齿轮。我们有话要说。"

我们拒绝成为一块面团！
每个人都和其他人不一样。我们是独立的个体。
必须性也是一种自我变革。让我们一起培养它！
国家不应该建在军队之上，应该建在大学之上。
我们父辈进入交易所时落下了想象力，只有想象力才能创造出可触摸的东西。
是的，是的，是想象力而不是机器让我们成为人！我们应该拥有梦想这是一切可能性的根源！
我们的资本不在股市里，而是在头上，在帽子下面。

没有了文化和感情，
我们是什么？
不是现实创造了我。是我，用
我的内心，改变了现实。
要在我们的内心寻找
答案！
拥有梦想很危险？当然了，
就像大海中间的单桅帆船。
我们需要自治权，需要一个仅供我们开发思
想的地方；拥有自己的四面墙壁，迎接新世
界岩浆的释放。
思想在我们内心发展，
而不是在市场。
在室内，这里可以开发
内心世界。

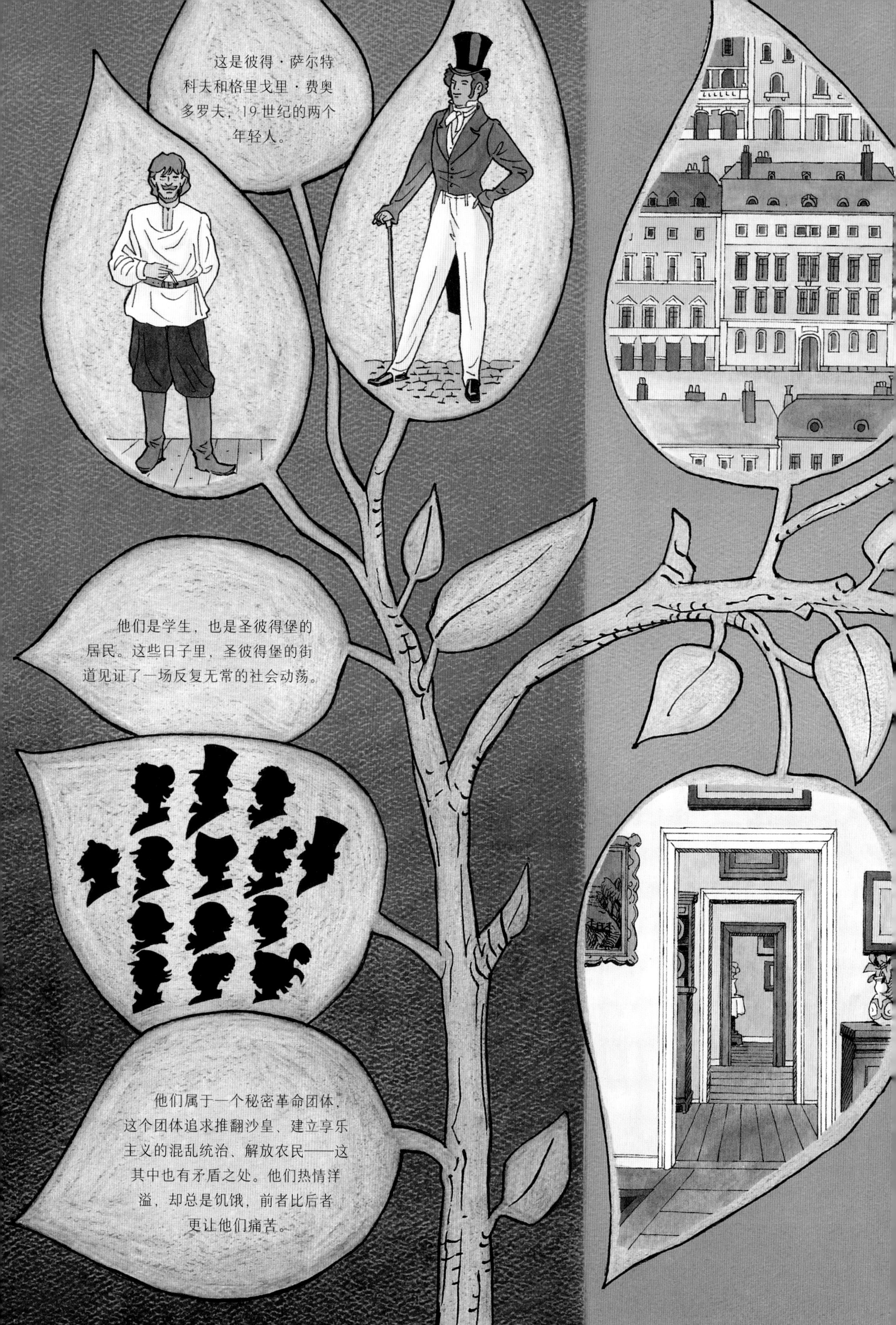
这是彼得·萨尔特科夫和格里戈里·费奥多罗夫，19世纪的两个年轻人。
他们是学生，也是圣彼得堡的居民。这些日子里，圣彼得堡的街道见证了一场反复无常的社会动荡。
他们属于一个秘密革命团体，这个团体追求推翻沙皇、建立享乐主义的混乱统治、解放农民——这其中也有矛盾之处。他们热情洋溢，却总是饥饿，前者比后者更让他们痛苦。

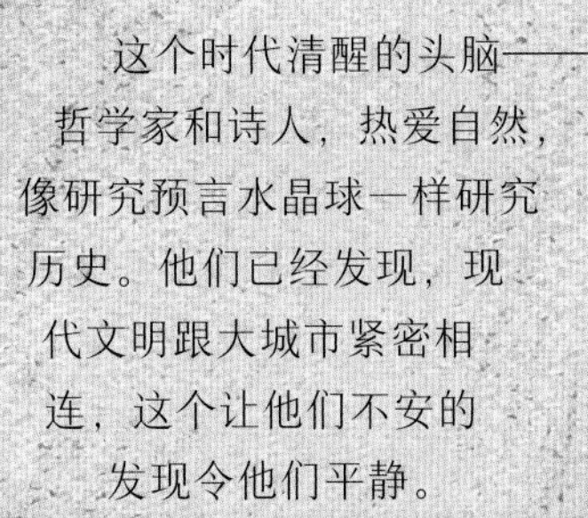

这个时代清醒的头脑——哲学家和诗人，热爱自然，像研究预言水晶球一样研究历史。他们已经发现，现代文明跟大城市紧密相连，这个让他们不安的发现令他们平静。

“现在的人是城市化的。他们的身份跟住所有关。”他们这样推测。他们意识到，房子的墙壁，即使是新的，也承载着回忆。在墙与墙之间，几个世纪就这样过去，人类几千年来发生的冲突、生活、死亡都被封锁其中。房子，是一种遗产。

没有房子的家庭不成样子。社会将它的支柱建立在由房子组成的基础上。室内自有秩序，给住在里面的人提供自由，一种在稳定和封闭中展开的自由——安全性和私密性。“在其他时代，脸曾经是灵魂的镜子。现在，通过房间，就能发现生活的秩序。”他们说。

住宅就是一个容器，不过如今已不仅是个物理空间，还是一个精神空间。一个房间就是一个能发展出更多思想的思想。

让我们通过参观彼得·萨尔特科夫的房间来证实这一点。这个狭小的、简单的空间既是卧室，又是书房，只有少量的家具，不需赘述。而在这里，在这个有限的舞台上，我们作为观众，将看到一场好戏。

彼得·萨尔特科夫！
你觉得你这么做妥当吗？

你已经六天没有去俱乐部了，
所以我对自己说："格里戈里，
给萨尔特科夫带几条鲱鱼吧。"

顺便说一下，你这个山洞
可比它们臭多了。

看门人告诉我，你都不让她进来。

你能告诉我这令人发霉的隐
居是怎么回事吗？

至少让空气进来，
老兄！

让喧嚣进来！

还有生活！

听听街上：让未来从你的窗户进来！

我们正在建立一个新的社会，我们也需要你。

我已经厌倦听你宣传道德秩序已经消亡。那就把位子让给美学秩序。

谁说不可以呢？死去的不是人类，而是已经奄奄一息的老人；新的人——我和你——应该消灭他，抢下他的位子。

这正是我在做的，你听不到吗？我创造音乐：空气的建筑师，在这里，在孤独里。

我用梦想创造出现实。

哼……

但你没听到吗？现实是市民们用铺路石搭起了街垒。

所以我关上了窗户，格里戈里！

哼……

哼……

你看，彼得，我建造铁桥，你创作音乐，为什么这不能将我们指引向同一个地方？我们为什么要对抗？难道外面的斗争还不够吗？

不过我希望你能
理解我。
你看看我们住的地方。毋庸置疑，我们需要
属于自己的空间，在那里，我们的想象力将
令人惊讶。
我同意，不过必须是一个这么……
不讲究的空间吗？
?
你看，目前的技术已经可以给
住宅装上管道系统，让每个房
间都有水。而我们还是继续用
脸盆，用手去接水。
还有这个，你怎么跟我解释？
你知道吗？
七十年前，
一个英国人发
明了能排水的
座位，名为
“马桶”。
是这样的。简直完美。
这个曲线是为了挡住臭
味。你在别的地方看到
过吗？
你可以在旁边建一间拥有
自来水、浴缸和马桶的房
间 。这难道让你的灵感
变得不纯净了？
你千万别跟我说是！

再想一想灯光!
就像你热爱的俄耳甫斯，你也在追求生命的过程中潜入黑暗。
但是，你就不能让那只是一个美丽的象征吗？难道你非要真的去见哈迪斯*？
你要是继续在油脂蜡烛的光线下工作，就会如此——你会瞎掉!
想想看，我们已经有制作精良的油灯和汽灯了，却只在工厂和公共建筑里使用!
我们最后来看一幅画，你这里这幅引人入胜的风景画。

* 哈迪斯：Hades，希腊神话中统治冥界的神。

你说过，一切灵感都可以在大自然中寻得，因此你要回归自然。
行，没问题 。
那你为什么不住在西伯利亚针叶林里？为什么把它挂在墙上？
我来告诉你，因为你也需要跟同类住在一起，你需要这个房子，你需要那条街。
我们需要住在这里。我们必须承认这一点！
让我们去下面！也许今天在街上会有惊喜！运气好的话，死也无妨！
好!!
走吧！

现在年轻人都下去了，我就上来，
我在上面感觉更安全些。
今天的大街到底怎么了！
为什么年轻人不知道用另外一种方式来提要求？
哎，真是糟透了！

士兵已经到了！

啊，可怜的人！

我看到那些年轻人了。

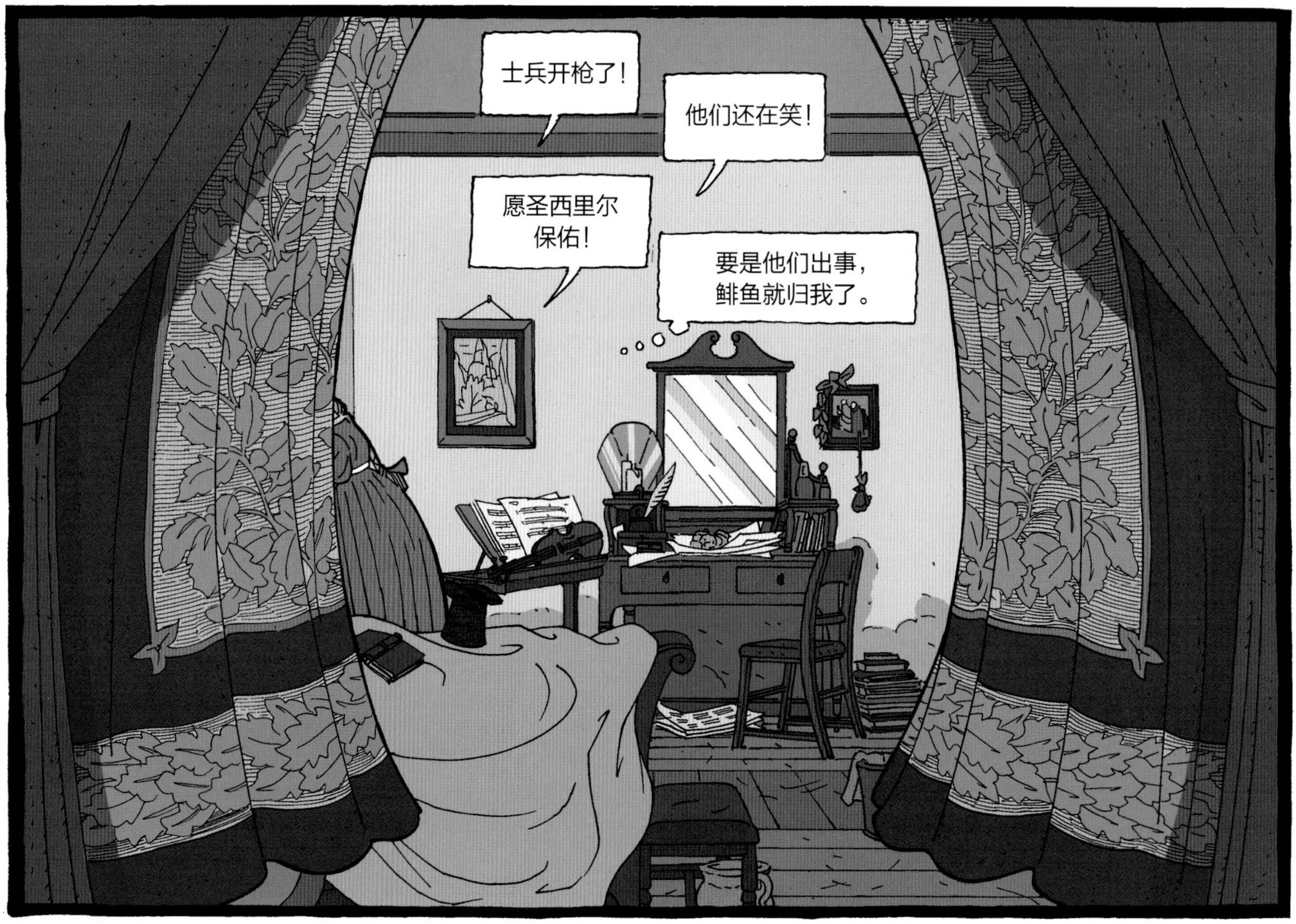

士兵开枪了！

他们还在笑！

愿圣西里尔保佑！

要是他们出事，鲱鱼就归我了。

19 世纪，竟是这样一个世纪！

不管我们是否愿意，过去的 20 世纪和如今的 21 世纪，不仅是它的后代，也是它的继承者。人民群众从未如此团结一致地想要挣脱过去，然后震惊地发现，过去是如何再次绑住了他们。只要我们把目光放回 19 世纪，尝试定好一条未来的锚链，我们就能找到自己。

19 世纪，被称为恐惧的世纪，亦被称为希望的世纪，两者互不影响。革命、钢铁风暴、意识觉醒，进步和后退，人性和非人性，一切都集中在一场演出中。多么精彩的戏剧！人们发现只有人类对生命和历史的意义负责。

人们可以看到这一切。像我们一样的人，从他们的窗户里往外看，这一切都是在他们居住的城市里锻造出来的，不过有些场景时常发生在战场上。

19 世纪，让我们继续，幕布还没有拉上。

第十六章

城市吞掉了他的孩子

伦敦

公元1866年

伦敦。1960 年 5 月。
VC 10
GOLD
SKOL
FACTOR
SUMT

一百岁！

整整一个世纪，她经历了每一天。你能想象吗？
广播里都在播放她的故事呢！她要出名了，在一百岁的年纪。

爸爸，如果她是你的曾祖母，那我是她的什么？

玄孙女呗。
对的。
嘻嘻！玄……什么？

我们到了。

我记得您，您是她的曾孙吧。
我看到今天您把家人都带来了。

她在温室，今早起床有些疲惫。
为了庆祝她的生日，各种活动
太过吵闹了……

昨天甚至有家电视台来采
访她。
不过她说得不多，
有时候她不太记得
大的事件了。

她就在那儿。

弗罗拉女士，
您看谁来看您了?

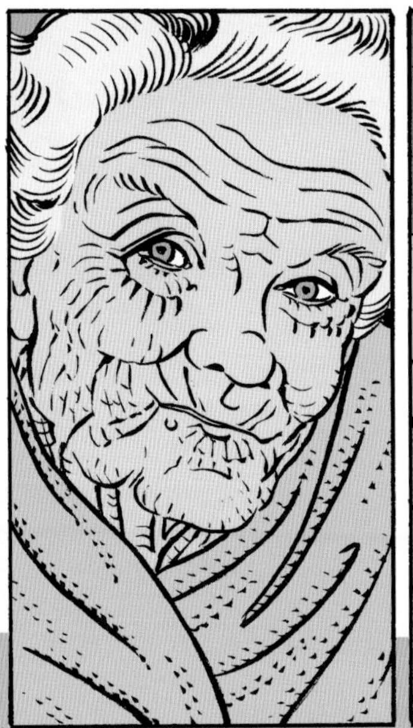

就像我一样，
我也叫弗罗拉，
那时候我六岁。
我们在 1866 年的伦敦。
那时候它还不叫伦敦，
叫黑城。

黑，是因为从天空到地面，所有东西都是一样肮脏的颜色。每日如此。

一天就是一次旅行。当你发现肮脏的颜色变亮了，就是早晨。当它变暗，就到了下午。

人群、家畜、物品，一个紧挨着一个，不停移动，都带着同样肮脏的颜色。

1866 年，城市居民已经超过三百万——全世界人口最多的城市。它就像个躁动的蚁丘，从清晨到深夜，时刻发出马蜂窝的嗡嗡声。
焦躁的人群嗅到了工厂和工作的味道，从四面八方涌向城市。他们被成群地推向拥挤、不适、不健康、丑陋的郊区，尽可能聚集在一起。
“城市主义”是一个属于过去或者未来的词，现在当然没人用。

整个城市就是一个巨大的工作场所。如此多的劳动力集中在一起，非常容易被控制，而且会被一股无限制的权力压住。

我们不是公民，我们是工人。

哪里有工厂，哪里的住宅就无限制增长。即便如此，住宅仍然短缺，房租非常昂贵。工人数量庞大，因此工资很低。这是铁律，就像从铸造厂出来的铁一样坚硬。

我们在黑城里，在铁的时代。

当人们离开田野，来到这里，马上就忘记了自己是从哪里来的。现在他们只看得到眼前这番景象。没有人抱怨，没有人思考。一切都被遗忘了。

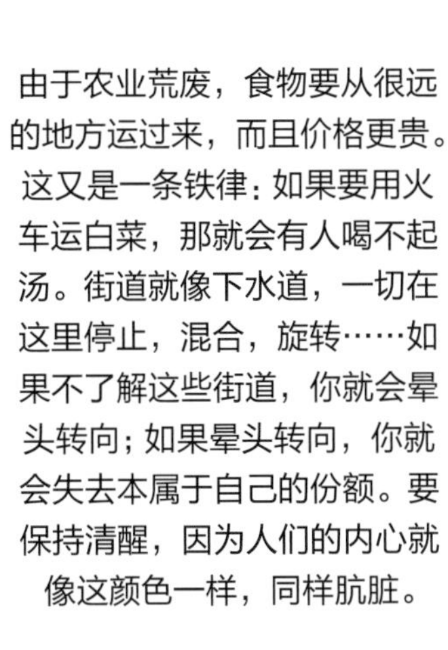

由于农业荒废，食物要从很远的地方运过来，而且价格更贵。这又是一条铁律：如果要用火车运白菜，那就会有人喝不起汤。街道就像下水道，一切在这里停止，混合，旋转……如果不了解这些街道，你就会晕头转向；如果晕头转向，你就会失去本属于自己的份额。要保持清醒，因为人们的内心就像这颜色一样，同样肮脏。

从你醒来的那一刻——如果你可以忍着寒冷或者饥饿入睡——开始，就进入了战场。
或是身处一个满是动物和猎人的森林，你既是捕猎者也是猎物，和其他人一样。

我们这些小朋友又小又弱，不过经常聚在一起，做一些大人无法想象的事情。大人们正忙着在自己的世界里勾心斗角。
我们被污垢伪装，牙齿变黑，身上唯一白的地方就是眼睛。

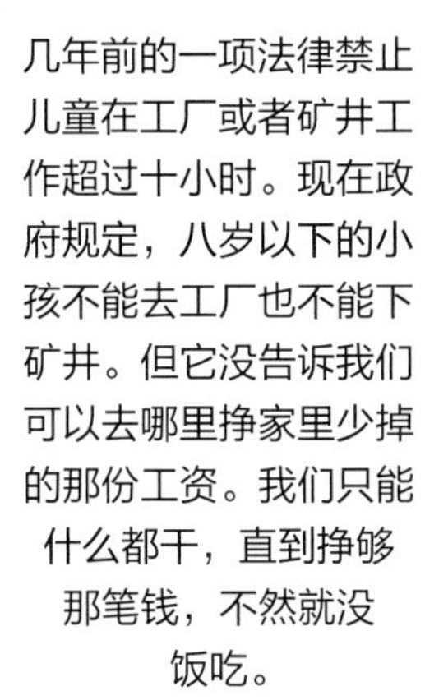

几年前的一项法律禁止儿童在工厂或者矿井工作超过十小时。现在政府规定，八岁以下的小孩不能去工厂也不能下矿井。但它没告诉我们可以去哪里挣家里少掉的那份工资。我们只能什么都干，直到挣够那笔钱，不然就没饭吃。

“学校”也是一个已经被遗弃的词。

如果不想被吞掉，我就要变成动物去对抗那些和我一样的动物——其他的小孩，大的动物——成年人，以及巨型“动物”——黑城。

我不知道自己能不能做到。我不知道要怎么做。我不在意今天以后的日子。

这些人只要在这里住了一段时间，就会变成只为糊口的城市民众，忘记了他们也是人。如果每天结束后你无法回忆这一天就会如此。而没有了回忆，你会忘记什么是希望。这是另一条铁律，苦难的铁律。我们因此忘了什么是生活，忘了如何在田野里度过一天——或者去河里钓鱼，或者去海边看着船经过。在这里，唯一的旅行方式就是喝酒。

只有能装进钱包里的才是重要的，所以所有人都要工作。男人、女人、小孩，所有人都在同一份工作中起同样的作用，只要有力气就可以。以前，为了做不同的工作，人们要掌握技能和知识。每个人都有自己的工作，每个人生产出来的东西都是对别人有用的，每个人又从其他人那里买到自己不生产的东西。可现在，所有人都一样无知。

无知与贫穷，一个很难打破的循环。这很残酷。和大街上正流行的黄热病或者霍乱相比，暴力更具有传染性也更难根除。

我住在怀特查佩尔。
这里的街道扩张到了极限，
狭窄到阳光无法穿透，
臭味无法驱散。

房子往往彼此支撑，就像住在这里的人一样，相互依靠也相互争夺。如果你没经历过，是很难理解的。

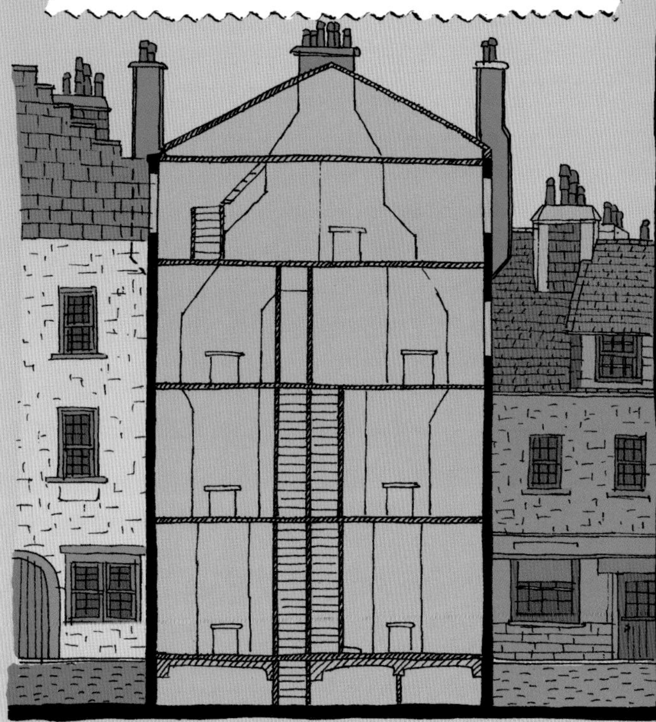

下水道是敞开的，经过街道和院子，通向河道，人们从河里取生活用水。还要再过二十年，人们才会发现，霍乱是由脏水里面的虫子引发的。现在我们认为是由污浊的空气引发的。尽管如此，人们还是得聚集在一起吃东西、睡觉或者工作。

每套住宅只有一个间房，里面可以塞进十到二十个人。那里有床、一张桌子，还有可以坐下来的某个东西，没有别的了。幸运的人会有一个小火盆或者火炉，用来烹饪和取暖。

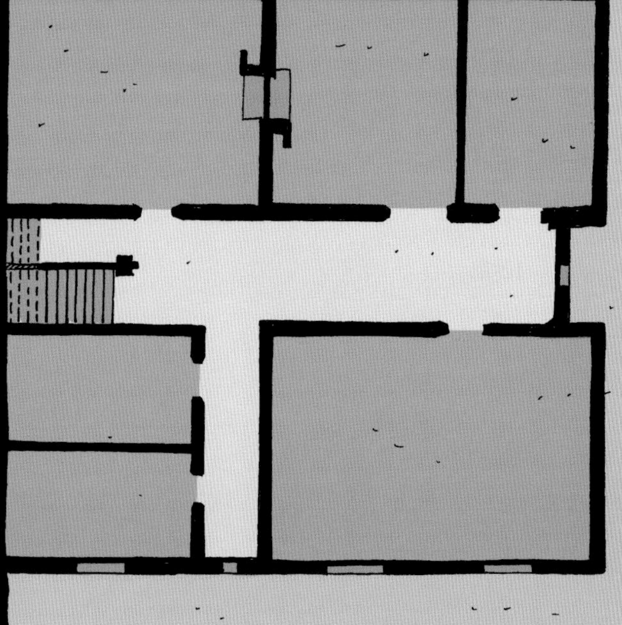

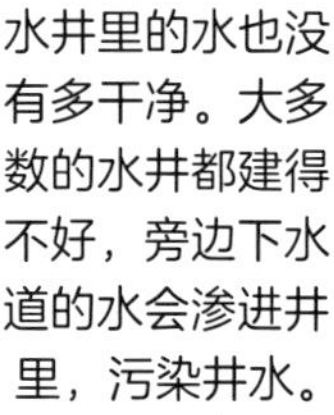

水井里的水也没有多干净。大多数的水井都建得不好，旁边下水道的水会渗进井里，污染井水。

这些街道就是我们的学校。我们对这里了如指掌：哪里可以找到什么，躲在哪里别人就找不到我们。
街道就像我们一样，又脏又臭。不过，只有在市中心有人来的时候，我们才会意识到这一点，那些人干干净净，身上的衣服是有颜色的。
我住的地方是我最熟悉的世界了。我穿过院子，这里有个厕所，是四栋房子共用的；有一个排水沟，我们从那儿取水饮用和烹饪……还有地狱般的喧嚣。
我走上昏暗的楼梯。工厂是轮班制，所以也有人在楼梯上做自己的事情。
我走进家里。我们没有门——有必要吗？这里面没什么可偷的。

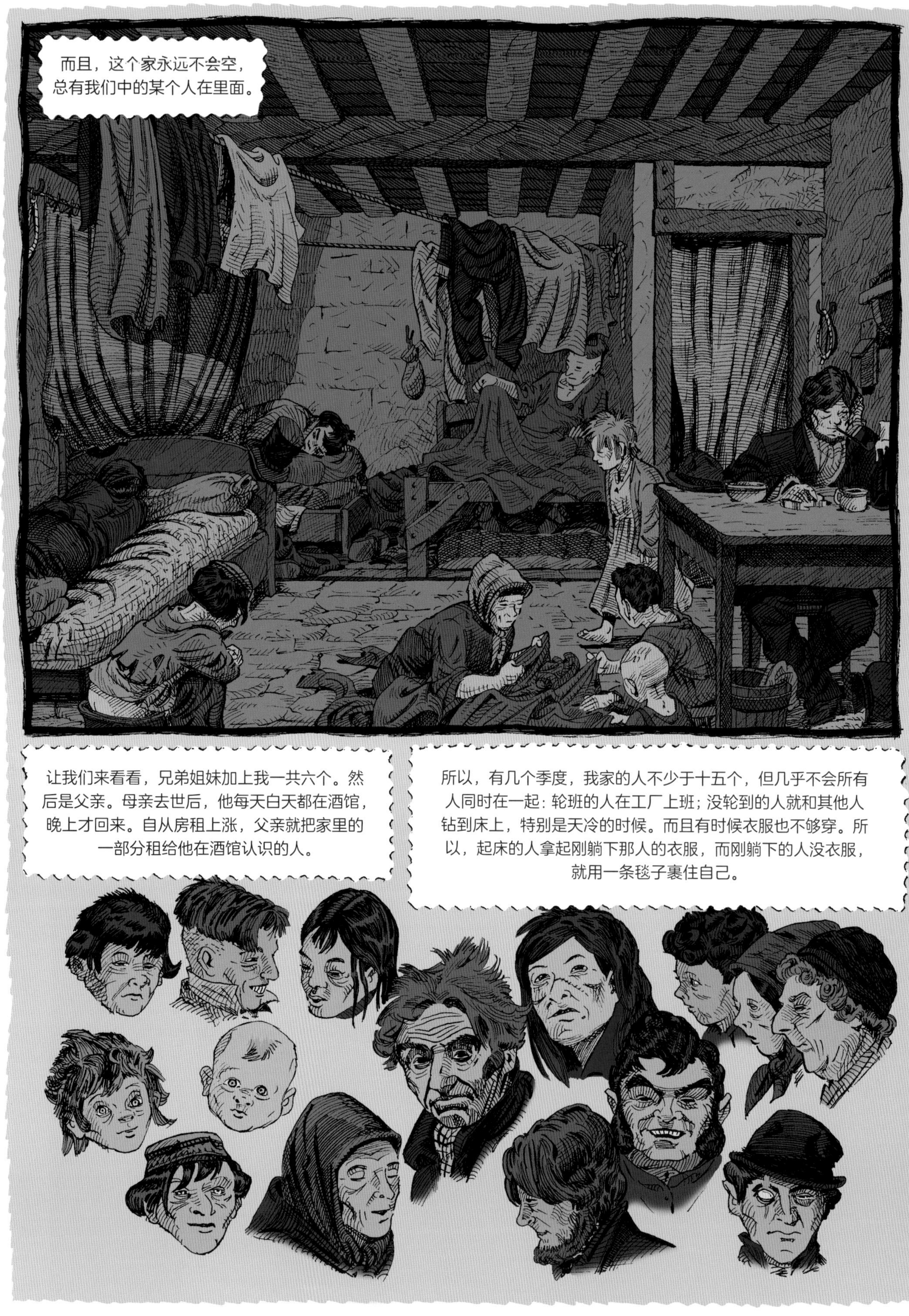

而且，这个家永远不会空，
总有我们中的某个人在里面。

让我们来看看，兄弟姐妹加上我一共六个。然后是父亲。母亲去世后，他每天白天都在酒馆，晚上才回来。自从房租上涨，父亲就把家里的一部分租给他在酒馆认识的人。

所以，有几个季度，我家的人不少于十五个，但几乎不会所有人同时在一起：轮班的人在工厂上班；没轮到的人就和其他人钻到床上，特别是天冷的时候。而且有时候衣服也不够穿。所以，起床的人拿起刚躺下那人的衣服，而刚躺下的人没衣服，就用一条毯子裹住自己。

家里只有一扇窗户，由于院子狭窄，没有什么阳光透进来。另外，由于玻璃一点点碎掉，我们没钱修缮，就用破布和纸堵住缺口，挡住了仅有的一点光。我们用几只油脂蜡烛照明。有一天，父亲把煤油灯带到酒馆，忘了拿回来。

父亲也是这样把小炉子弄丢的，所以我们只能到院子里加热食物，只要自己带煤，就可以使用院子里的炉灶。

父亲强迫我们这些小孩在家里干活，搓麻绳或是梳理羊毛，这让所有东西都沾上了更多臭虫和虱子。我还要照顾小比利。
这种日子一天天过去，直到有一天，我爸爸的妈妈，也就是我的奶奶来了。她个子矮小，满脸皱纹，身子快要弯到地上了，所以总是拄着拐杖。不过她的小眼睛就像炉灶里面的炭火。
她的名字是弗罗拉，和我一样。

爸爸不喜欢她来，他们两个处不来。他叫她“没用的东西”。但是她带来了一个火炉，所以就留下来了。
她还有一只金丝雀！
她来了之后，变化一个接着一个发生了。我当时以为是一系列巧合。她让人把火炉的管道从窗户的一个小方格通出去，那张用来盖住缺口的报纸留了下来。奶奶会阅读！
她派人安装了一扇门，清洗地板，在院子里掸床单和床垫。她要求我们只有在特别紧急的情况下才能使用尿桶，因为院子里有厕所。如果我们不听话，她保证，会带着火炉离开。爸爸已经无话可说了。
奶奶来之后不久，发生了另一件事，因为出了差错，有人在这里安了煤气。他们发现错误之后想切断供应，但附近的人立刻反抗。
我们要保留煤气。

煤气气味难闻，
而且会留下烟垢。
而且当时的房子大都是木制的，
所以引发了不少的事故。
但它比蜡烛或其他灯都更亮。

奶奶盯着我看了好几天，一天晚上，
她一直看着我，然后让我坐在她身边。

我马上就走了过去，
她千万不要把火炉带走！
e in use, and one can be seen
hire street, of reaching over
arming Churches, Ho
l, econonomical and compact
l and Chamber Stov
Portable Wash Boil
s kept for sale and m
EMIUM VENTILATOR
TS AND ME
A
那是我的第一个字母。
那是我的第一个晚上。

经过了白天一整天的工作，到了晚上我已经很累了。我很困，想藏起来睡觉，但是奶奶命令我坐在她身边，在煤气灯下，看报纸。
就这样过了一个又一个晚上。她乐此不疲。很多时候，当我眼睛闭上，她就敲我的脑袋。
为了克服困意和饥饿感，她专门为我准备了加糖的热茶。

The undersigned has the
然后有一天，我好像不用费力，就说出了她指的所有字母！
ntain SIX BOILERS and THRE
t make the room uncomforta
s consumption of coal. Th
use them, and the main ove
In Winter, the food can
hen foul, in a few minutes
art, and replaced without di
References can be given
rm; while in Winter it wi
are all in front, avoiding th
elevated prevents the inco
y kept warm by the auxiliar
Uve
I
Ce
Be
Ele
O
我看得懂字母啦！

我开心极了，那些一片片的报纸已经满足不了我了，我偷了一张完整的。
奶奶，现在我想读懂单词！
THE LONDON POST
她带着两颗如燃烧的木炭的眼睛，笑啊笑，笑了很久。

那个被人认为没用的女人，小时候因为矿井里的一场事故背部受伤，不得不待在家里；为了不让她在家里碍事，家人送她去了学校，在那里她学会了阅读；那个被人认为没用的女人，因为身体创伤，只生了一个儿子；那个被人认为没用的女人，试着教育一个小女孩……就是这样，那个女人，我的奶奶，教会了我阅读。

后来——火炉依然发挥巨大的作用：那是个寒冷的冬天——她坚持要送我去学校。

那个卑微、驼背、几乎没有存在感的女人，知道有一种方法可以打破贫穷和愚昧，那就是教育。特别是女性的教育，因为一个脱离无知的女性做的第一件事就是教育她的小孩。

就这样，我的奶奶，弗罗拉，赋予了我避免被黑城吞噬的武器。

甚至墙壁上的词语，现在都显得有光和色彩。

是的，在那个肮脏的地方，一种生活正在发芽。

后面的故事我已经告诉报纸
和电台了。
生日快乐，弗罗拉。

第十七章

大批居民

埃森

公元1889年

我叫伊格纳茨·莫勒。我的社会身份是一个实业家，但你们可以把我当作一个改革者，那是我的道德身份。

感谢上天，我得以享受我的地位、健康和教育。我已窥见我们人生路上的路标，它指向一个已经完成但不完美的事务。我认为我的成功不应该仅仅用来歌功颂德，而可以做得更多。而且，我自认为是个行动派，我决定将这些年的想法变成现实，这都得益于长时间生活在19世纪所获得的观察和推理能力。

19世纪即将结束，它将作为工业革命的世纪被数百代人铭记，因为人类历史上对自身命运的掌控，还从未达到像这一百年一样的高度。感谢理智、科学和机器，将智人变为如今的工业人。

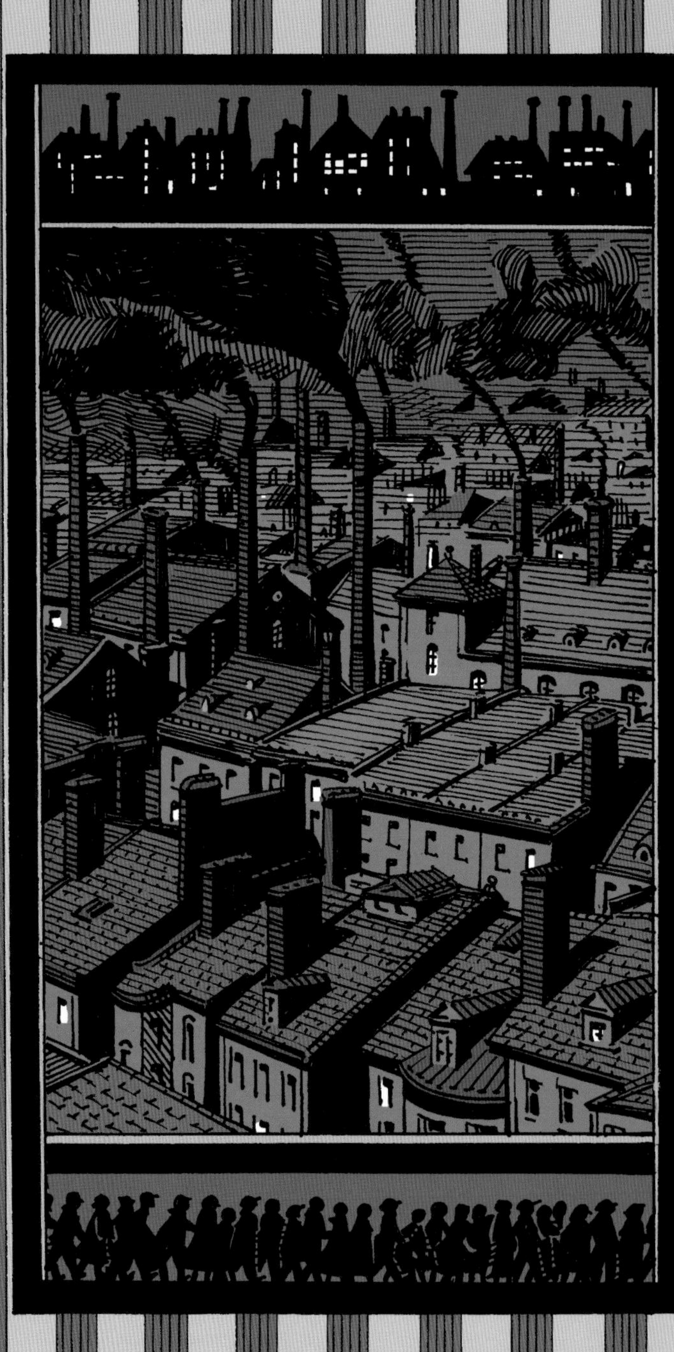

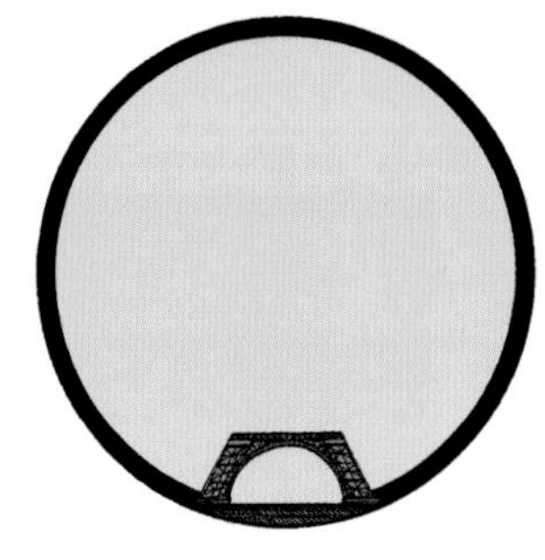

这股巨大的力量，公平地说，已经变成了浮士德之力，开始收取利息了，而且利息非常高昂。

工业，向我们展现了它代表着优点和进步的正面，它的背面也诞生了工人阶级，而这个阶级自出现起，就被抛弃了。虽然到目前为止所做的确是错的，但这并不能阻止——而是必须——从现在起改过自新。工人阶级在这里，也将继续在这里，但他们的生活条件需要改善。这意味着将他们从极差的环境中解放出来，这环境因企业主和投机商的贪婪，无论从道德层面还是物质层面来说，都不堪入目。钢和铁的机器不是问题，问题是商业暴政的机器。我不得不说，我坚定地认为工人并非品格低劣的人，而是这个社会扭曲了他们的品格。

国家必须为所有公民谋福利，应该推动必要的社会改革来改变现状。工人生活得很差劲，因为没人管他们。如果拥有公共资金的公共机构没有承担责任，改善情况，那么那些已经爬到顶层俯视众生的人就应该承担起来。我认识并热爱我的工人们，他们就像我的孩子。我知道他们的需求、缺点、热情和风险……我有条理地管理他们，坚定地领导他们。本就该如此，而且我也善意地庇护他们。

改善工人的生活条件是当务之急，关系到他们最大福利的是住宅。众所周知，社会和谐的重要因素之一就是住宅条件大幅提升。但是资本发现股市投机比体面又便宜的住房建设更有利可图。

糟糕的建筑城市化，让人们对差劲的社会城市化并不感到意外。巴洛克式的城市根据中轴线而建，整齐而实用。而最近两个世纪，人们已经遗忘了这种明智的规则。城市的建立基于一个简单的系统——新城区都拥挤在新工厂的阴影下，不考虑设备和服务，也没有预见考虑不周将带来的卫生问题和尊严缺失。不幸的是，这些问题无法逃避。一个令人遗憾的例子就是霍乱。几百年来，这种疾病在城市的社区内引发毁灭性的流行病，造成大量人口死亡。几年前，有人发现病源是脏水里的一种杆菌，而之前人们一直以为病菌来自空气。电报系统很快会将这个新发现传到全世界，政府将找到解决这个棘手问题的办法，让城市拥有有效的下水道系统和现代化的饮用水系统，不过，这过程肯定没有电报系统传播的速度快。

一个比我更有智慧的人曾说过："群众的社会进步从属于建筑的结构进步。"简而言之就是：如果能规划好建筑，就能管理好群众。重建老城区刻不容缓，在尊重其历史意义的同时，拆除和改造工人和制造业身处的环境。创造新城市的时候必须确保一切从源头起就井然有序。我们必须放弃过去，关注未来。

我父母以前很穷。我很年轻的时候就独立生活了，在一家布料店里当学徒。十九岁的时候，我开了一家批发店，在德国的不同城市陆续开了几家分店。后来我在埃森定居，拥有大量财富，在这里建了一家墙纸工厂。中产阶级装饰住宅的巨大需求，推动了这家工厂的成功和扩张。换作其他人，勤勤恳恳努力了一辈子，都会选择退休，好好享受获得的成就，但我决定，是时候把我的改革想法落到实处了。

伊卡洛斯之城
ALLGEMEINEN PLAN
1. 市政府大楼　2. 经济和金融中心　3. 技术和科学大楼　4. 司法大楼　5. 艺术大楼　6. 教育中心
7. 东园　8. 西园　9. 工业区　10. 住宅区　11. 北站　12. 南站　13. 北林　14. 南林

这就是我绘制的伊卡洛斯之城。一座新城市，一座实现未来梦想的今日之城。

一座新规划的城市诞生于工业城市杂乱环境的对立面——对秩序的渴望：秩序、空间、卫生，最大限度地获取空气和阳光；通过一套严密的系统，保证污水和垃圾的排放和回收，以及饮用水、煤气和电力的供应。人们平等地享受生活便利，不管是工人还是中产阶级或知识分子都能享受技术的进步。这种城市结构凭借一种可以识别的围墙不断向外扩张。这样，城市只是在原有的基础上向外扩张，不需要改变初始核心。这就需要，首先，撰写监管计划，明确公共机构的作用以及行政机构在保护全体利益和防止权力滥用方面起到的监管作用，指明技术和建筑问题的解决方案；其次，撰写明确的城市条款和法规以及城市发展相关的经济分析，解决扩张开发会带来的问题，从经济机制的层面区分土地价值和设备价值，也是就区分生产和服务。

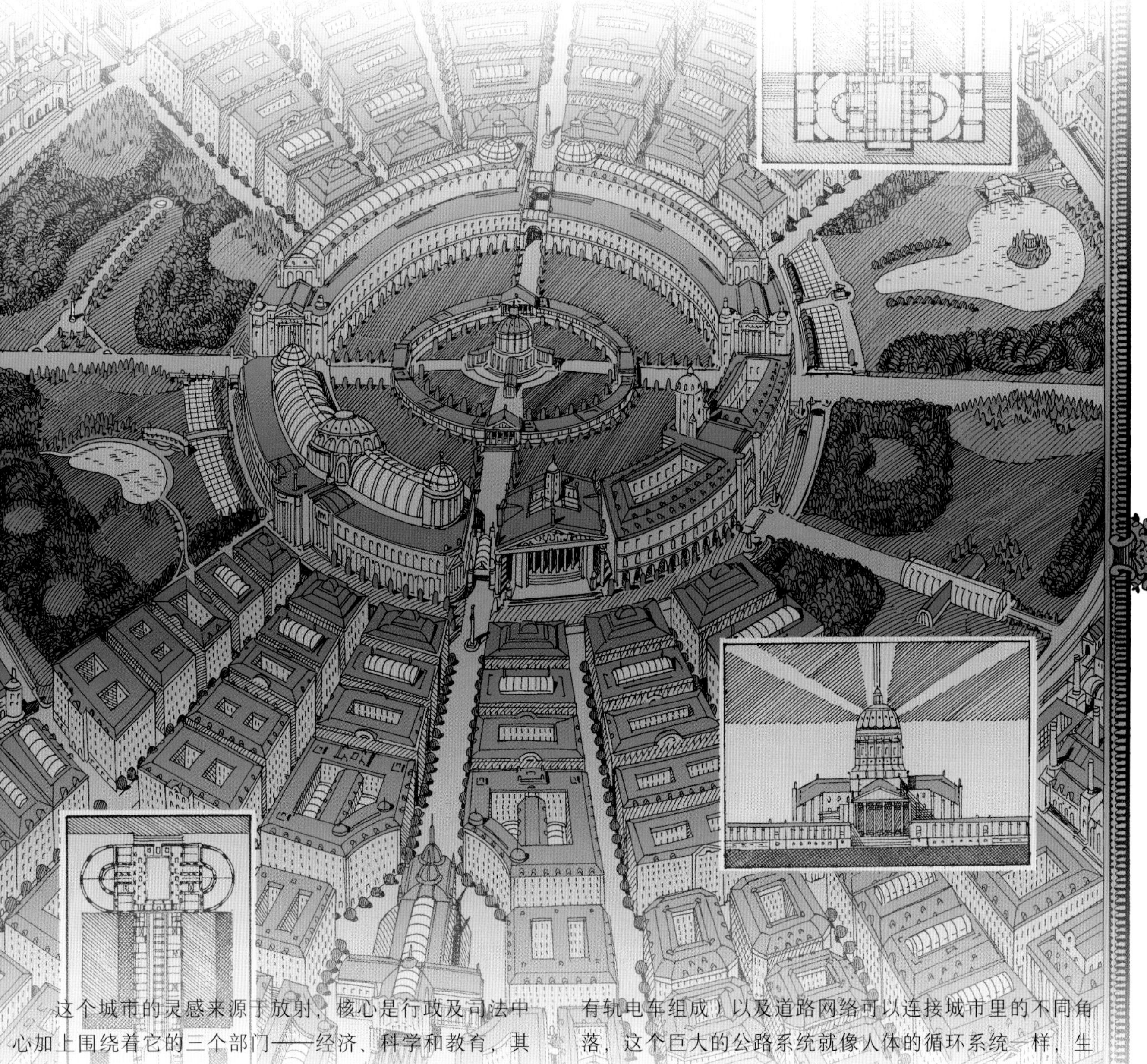

这个城市的灵感来源于放射，核心是行政及司法中心加上围绕着它的三个部门——经济、科学和教育，其中经济最大；这三者是城市的心脏。两条互相垂直的轴线，一条南北向，一条东西向，从中心出发，向外延伸，连接剩下的部分，也就是住宅区和工业区。在中心的东西两侧有两个大公园，让市中心更加贴近自然——自然本就不该离开城市，它们就像城市的肺。另外，小公园和林荫道布满这个城市，北部和南部都有大量的绿地，这些绿地树木更加原生态，节假日，市民们可以在绿地举办娱乐活动。现代化的公共交通系统（由密集的有轨电车组成）以及道路网络可以连接城市里的不同角落，这个巨大的公路系统就像人体的循环系统一样，生命在其中自由穿梭。

将这个项目的备忘录、平面图以及总体和细节上的概念都交给国家政府规划研究后，我决定开始以伊卡洛斯之城为基础，推进这些想法。一个工业和住宅结合的综合体，将成为伊卡洛斯之城的船首像，成为我的想法变成现实的证明，人们将不会再混淆社会城市化的改革理念与梦想中的乌托邦。

我拿到了埃森东部的一块地，有三十公顷，在鲁尔河旁。我想在这里建一个社区，里面有家具工厂、纺纱厂和壁纸工厂。有提供给工人的住房，一所学校，一座图书馆，还有一间诊疗所。

我把这个项目委托给一位著名建筑师，他向我展示了一种仿佛《一千零一夜》插图里新埃及风的图示，这意味着这位专业人士对艺术知之甚详，但是对工人需求以及一家现代化工厂的技术缺乏了解。因此我决定，在好朋友阿洛伊修斯·K. 鲍尔的慷慨相助下，自己动手塑造伊卡洛斯之城。

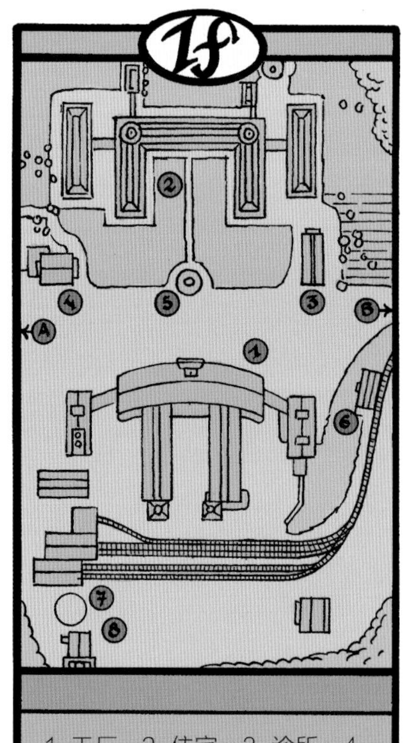

1. 工厂　2. 住宅　3. 诊所　4. 礼堂、图书馆和剧院　5. 伊卡洛斯雕像　6. 火车站　7. 加油站　8. 发电站　A－通往埃森　B－通往河岸

我的邻居是克虏伯*家的人，他们告诉我，不久，人们就会制造出大规模杀伤性武器，可以在两天之内把整座城市夷为平地。我为此感到非常开心，因为面对抹杀人类文明这个威胁，人们很快就会结束战争。

这种进步，意味着战场将要被田野和城市代替。这让我们想到，住宅不该只是一个藏身之处，而应该变成一个可以生活的地方，变成一个温馨的、令人喜爱的地方；而且，住宅舒适会让我们在家里待更长时间，住宅会成为我们生命的一部分。举例说明，在伊卡洛斯之城，人们不可以在家里工作。另一方面，18 世纪，工人被驱逐出田野，如今他们应该回归。住宅，从精神上和物质上，都需要被绿色空间包围。工人将在田野中找回他们在工业城市中失去的男子气概。

* 克虏伯：Krupp，德国大军火制造商世家。

身处田野中，我决定将众多家庭集中在几栋布置合理的大楼里，就在他们的工作场所旁边，这样每个家庭都能自由地共享这个空间。我希望引导这些家庭，让他们的力量、资源甚至是社交活动巧妙结合，让这个社会群体从对抗变为亲近、团结和联合状态。

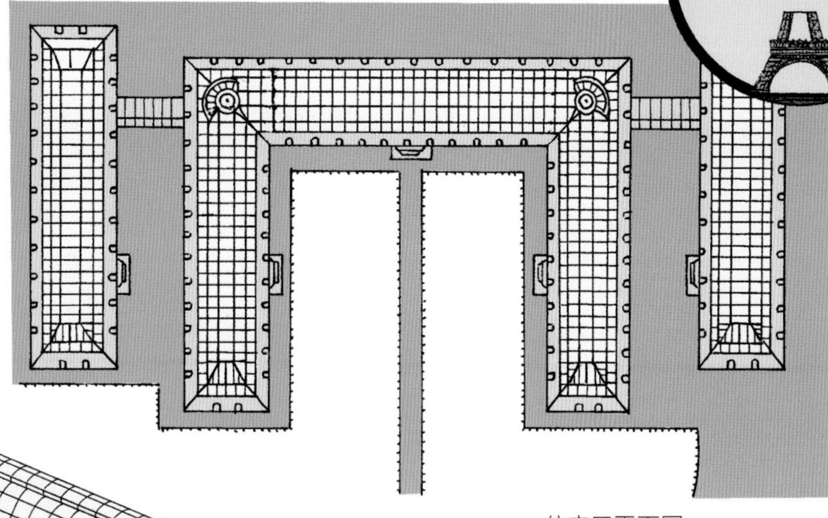

住宅区平面图

毫无疑问，有一个漂亮的家，在一个愉悦的环境里，工人会忘记社会冲突。

中心区轴测图

更新更复杂的机器需要熟练的工人，如果他们能享受更好的生活，效率也会更高。

现在工人要创造属于自己的协会，以应对因事故和疾病造成的减员。伊卡洛斯之城社区会为他们创造并运作这些协会。

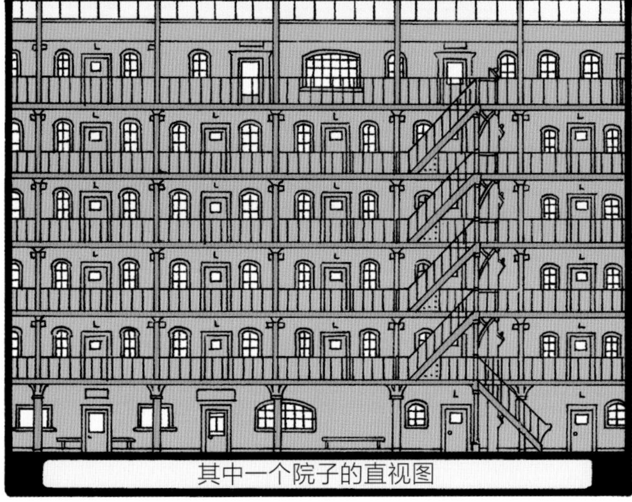

其中一个院子的直视图

四个大区，中间两区由第五部分连接起来，形成了居住空间。五层楼每层高度一致，加上地下室和阁楼。五个主体楼结构相似，这样就能够营造一种和谐氛围，让日常生活如水一般流动起来。结构是这样的，每一区中间都有一个天井，上方是玻璃拱顶，以此确保人们可以拥有两个保证优良环境的事物：阳光和空气。这天井也是一个分散的通道，可以通向每个楼层。

走廊

天井和走廊的空间很大，人们可以在楼层之间自由走动，它们为聚会、聊天、玩耍这些社交活动提供了场所。阁楼上有许多设施：小朋友的托儿所、学生们的教室、老人们的休息室，还有缝纫室。一楼有公司商店，工人可以在那里用比市场价更低的价格买食物、鞋子、家庭用品；还有别的店铺：理发店、酒馆、裁缝店……地下室有洗衣店——那里有现代化的烘干机，公共澡堂、锅炉等各种设施。

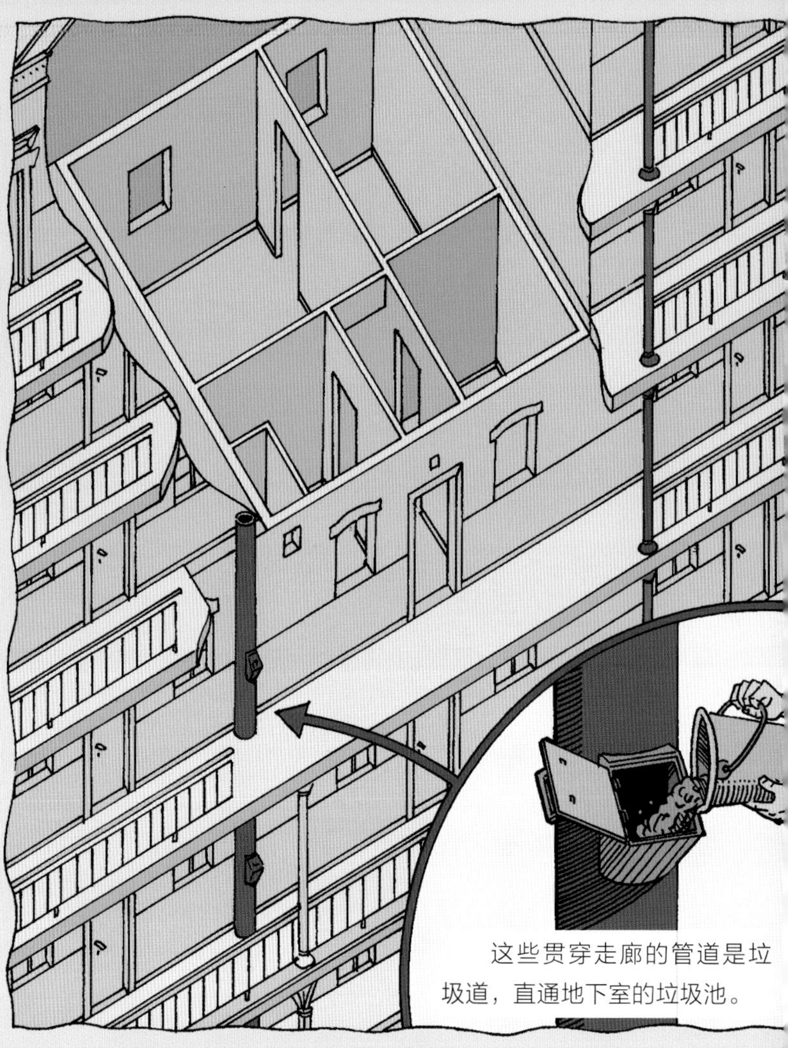

这些贯穿走廊的管道是垃圾道，直通地下室的垃圾池。

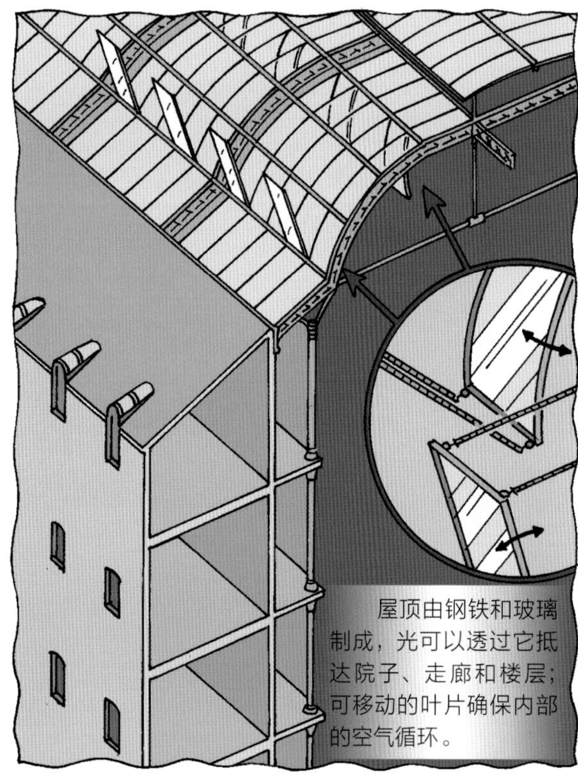

屋顶由钢铁和玻璃制成，光可以透过它抵达院子、走廊和楼层；可移动的叶片确保内部的空气循环。

房屋的建造融合了两大理念：全面卫生和全面技术。工人的住宅问题，只能在建设过程中用经济手段解决，用有规划的材料，统一调整，让住宅工业化。铁、钢、水泥和玻璃，都是用来实现宜居环境的材料。关于这些材料，我听到有人说它们是“临时的”，因为目前为止，用这些材料建起来的地方——车站、画廊、凉亭——都只是供人经过的。我不认同这种说法，我认为，正好相反，这些结构元素更透明、更“有用”，能最大限度地创造出熟悉感，从而让人产生定居的意愿。我们所处的新时代需要新技术。那群居住在冰冷、黑暗、沉重的大房子里的资产阶级，他们陈旧、保守、反现代化，阻碍了居住空间新技术的进步。

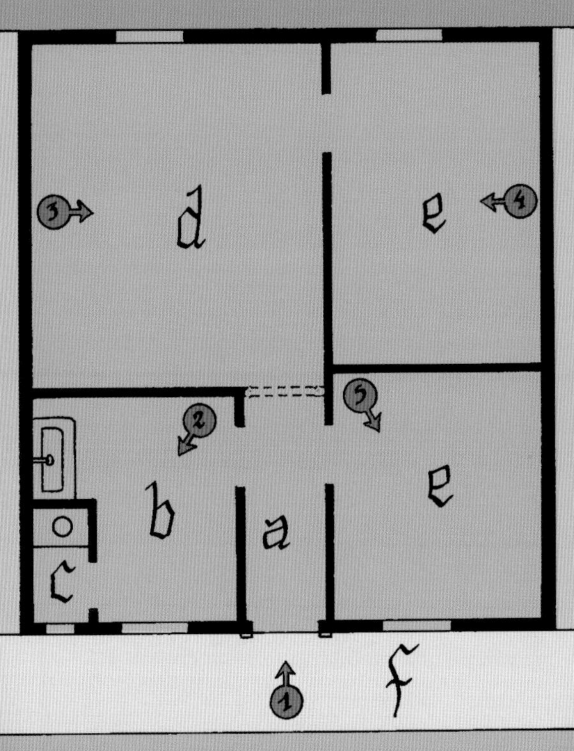

一套公寓的平面图

a. 前厅
b. 带水池的厨房
c. 厕所
d. 客厅
e. 卧室
f. 走廊

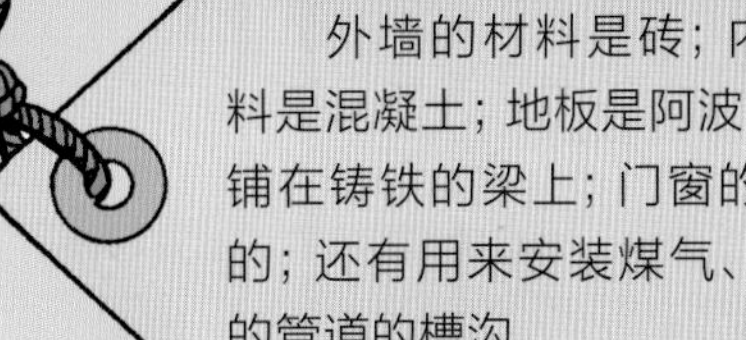

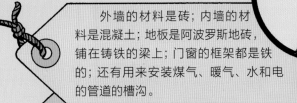

外墙的材料是砖；内墙的材料是混凝土；地板是阿波罗斯地砖，铺在铸铁的梁上；门窗的框架都是铁的；还有用来安装煤气、暖气、水和电的管道的槽沟。

建筑元素里不再有木材：这些房子是防火的。

每个房间都有通过中央锅炉加热的暖气管道，这样就不用使用会导致空气稀薄的炭炉了。

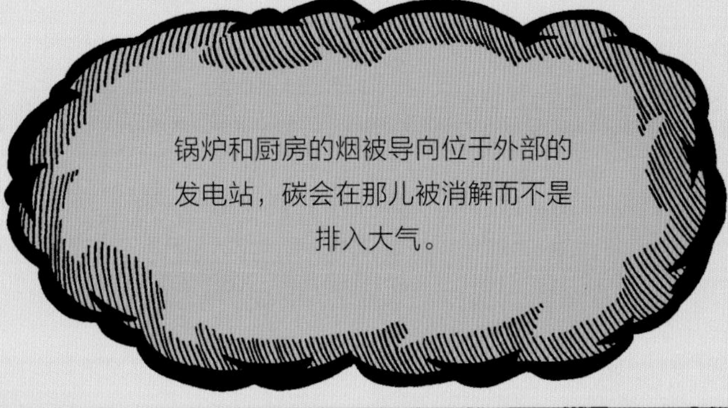

锅炉和厨房的烟被导向位于外部的发电站，碳会在那儿被消解而不是排入大气。

通上电的白炽碳丝戴维灯。
中央发电站使用的是帕森斯蒸汽涡轮机。

工人要保持家里干净整洁，以便永远灭除虱子、臭虫和跳蚤。因此，他们必须常换衣服，穿内衣；用热水和肥皂洗衣服；结束工作后也要用足够的肥皂洗澡；每天都要扫地、拖地、通风。还有统一的清洁服务，包括集中收垃圾，清理粪池、院子和楼梯以及伊卡洛斯社区的其他地方。

医疗服务和药物都是免费的。男女的义务教育都持续到十四岁。女性要参加缝纫和烹饪课。

有一栋单身公寓——男女分开——房客可以合租。公寓里没有厨房，但是一楼有厨房和饭堂。

让我们一起进入一间家庭公寓。这里有：大门及前厅（图 1），背景中还能看到起居室。带厕所和洗碗池的厨房（图 2），水通过铸铁管道流通。起居室（图 3）。屋顶粉刷过，墙壁刷了油漆或用了墙纸。带框的版画可以增添色彩，装饰和美化部分墙壁。家具轻巧、舒适、便宜，而且占的空间很小。

所有公寓都有两个房间（图 4 和图 5）。没有人希望一个家里住八个或十个人，睡在同一个房间。过去，甚至是现在，还有很多住宅是这样的，这会导致混居和道德败坏。每个房间都有独立的窗户，方便透光和通风。

这些公寓的租期（非常实惠）按年算，按月支付。工作奖金让很多工人提高工作效率以覆盖房租支出。我想在伊卡洛斯之城建能卖给工人的公寓，用金融工具刺激他们内心对财产的渴望，为最富裕的那部分人建立一个租赁买卖的系统。财产会带来珍贵的品质：它让拥有者变得更加认真、勤奋，远离低级娱乐，回归家庭；让他在家庭的怀抱里，充分利用自己的休闲时光。所以，我的总体计划是，在第一阶段，创造一种工作激励机制，促进工人用奖金换租金；在第二阶段，促进工人储蓄买房。

最后，为了便于大家更好地理解，我会展示住在伊卡洛斯住房小区里面的工人们的日常生活片段。

幼儿园
2
四层十二号，
就是这里了。
他们跟我说的原来
是真的：墙壁是有
颜色的！
爸爸，有光
从水晶梨里
透出来！
我跟你们说，被关在这里会远
离工会和工人的斗争。
但是我们住
得不错，不
是吗？
蠢人，你的子孙们会记
你的！他们会嘲笑你，
为城市里的人比他们拥
更多的权利！

退休
告诉我，库尔茨，你觉得这些小孩儿长大后会看到什么？
20 世纪啊！那时候，工人和老板是一样的。
你们真是疯疯癫癫的！这些孩子为了让一个老板胖起来，腰都会被压弯，一直以来都是如此！
或者说会更差。
里面不会下雨，妈妈。
我的丈夫是管理层，为什么那些刚到的饿鬼住在我旁边，还和我住的一样？
们这些男人都傻了吧。城市里的人拥有更多的饥饿。你们和家人什么时候吃得比这里好？你们来这里之前什么时候见过药物？
你好！你是新来的吗？

你洗手了吗，罗尔夫？
又没洗？就算一整天把手塞进大便里，你都不会洗！
姑娘你运气真差，有这么脏的邻居。
他说的话比手更脏。
乌韦说这家工厂的工作时间不像其他工厂的时间那么长。当然啦，他下了班就去下面喝酒。我从工厂下班后，回来还要照顾小孩、烹调、干家务活……
嘘，你们俩，你们在说我表弟的坏话，小心点！
哎，我们已经筋疲力尽了。
是，不过我们用加班费付了房租。
我可不同意公司把我们的
助金拿走。谁告诉过我们
司不会动这笔钱的？

喂，穷鬼，单身汉的
楼在另外一边。
住在这里真的太幸运了。
我妹妹在埃森，我篮子里的东
西，她要花两倍以上的价钱才
能买到。
快啊，进来，
康拉德换班了，
就我一个人。
我早就跟你说过了：
这就是个监狱，老板
就是狱卒。
什么屁话，就你们自己嚷嚷，
没有人挽留你们！
是啊，走吧，走吧，
最好谁都别进来，你
们已经够吵的了。

如果矿井的工友决定罢工，我们要怎么做？
我们跟矿工有什么关系？
你们看到我们现在脑袋里想的是什么了吧？
我们都是工人：这就是我们跟矿工的关系！我们被隔绝在这个鸟巢里就忘记这点了吗？
你把我忘了吧！如果我们造反的话，他们把我们赶出去怎么办？
就是，你们告诉我，我们去哪里。你们这辈子见过这样的地方吗？！你们连做梦也没梦见过你们现在住的房子！
咦，康拉德，你在这干什么？你不是换班了吗？

你拿着彩色墙纸去哪里啊，珍妮？
把家里的墙纸换掉，姑娘。我看看这样会不会看起来和别人家不一样。
喝酒！男人总是这样，说得多喝得更多。而又是谁每天都在吃卷心菜？我们！
你，赫尔曼，你的步子要和其他人一样！
是这样，但我不舒服，医生叫我回家，躺床上休息。

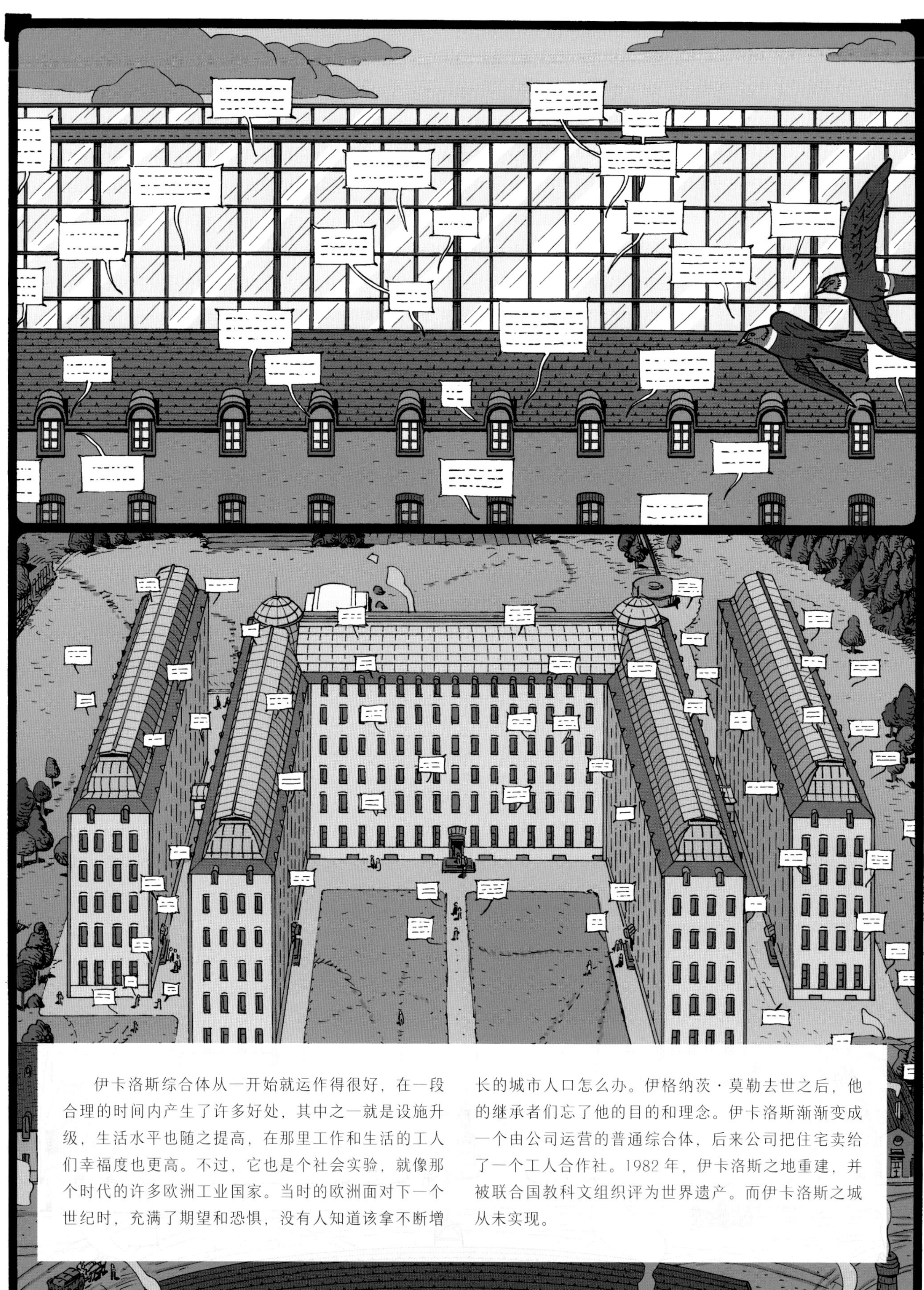

伊卡洛斯综合体从一开始就运作得很好，在一段合理的时间内产生了许多好处，其中之一就是设施升级，生活水平也随之提高，在那里工作和生活的工人们幸福度也更高。不过，它也是个社会实验，就像那个时代的许多欧洲工业国家。当时的欧洲面对下一个世纪时，充满了期望和恐惧，没有人知道该拿不断增长的城市人口怎么办。伊格纳茨·莫勒去世之后，他的继承者们忘了他的目的和理念。伊卡洛斯渐渐变成一个由公司运营的普通综合体，后来公司把住宅卖给了一个工人合作社。1982 年，伊卡洛斯之地重建，并被联合国教科文组织评为世界遗产。而伊卡洛斯之城从未实现。

1889 年巴黎世博会
EXPOSITION UNIVERSELLE
1889
DE PARIS
1889 年 5 月 6 日，巴黎举办了世博会，展示了新技术工业时代将带来的新天堂。作为世博会的象征，一座巨大的铁塔，工程学和建筑学的奇迹，拔地而起，超过三百米。在它的顶端，一盏大灯照亮新世纪城市里的所有街道和大道。也许站在铁塔之巅，就可以遥望凡尔登的战壕了。

第十八章

电动的和家用的

马萨诸塞州

公元1908年

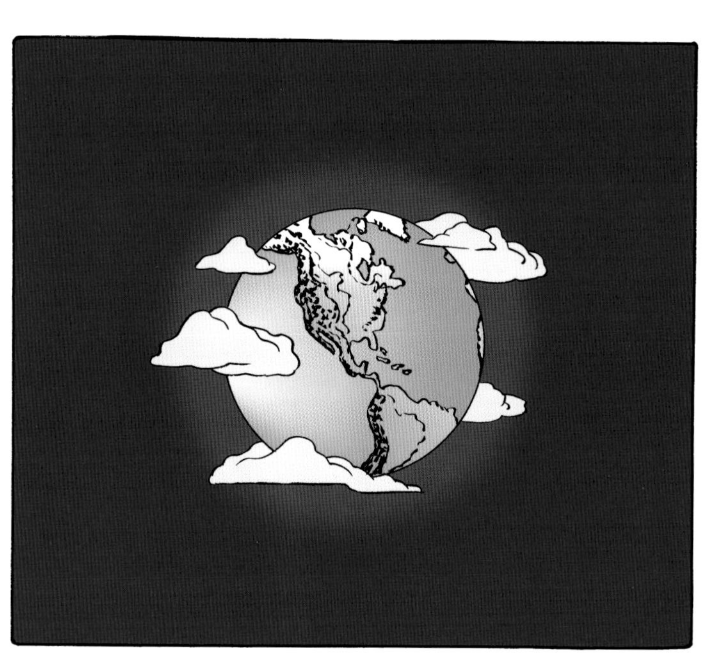

Sunset Hills

日落山

这本书的编辑团队把旧欧洲抛之脑后，来到了新世界。在这个崭新的 20 世纪，美利坚合众国是第一个大量使用即将改变世界的新能源——电力的国家。这个新兴的国家带着进取的精神，很快建起了发电站，并迅速安装了电网。这样电力就可以以更快速、更经济、更安全的方式，将灯光、能源、热气带到这片土地的每个角落。而这理所当然地将对短暂的住宅历史产生巨大影响。所以，我们派出两位编辑，在 1908 年 5 月的一个温煦的清晨，前往马萨诸塞州一座离伍斯特 11 英里* 的城市。

*1 英里约等于 1.6 公里。

清晨，最早的几班火车已经开走，它们接上一小群前往市里工作的人。在这个时间，孩子们已经去上学了，一切又安静下来。

这是寻找我们的目标的最佳时机。不难，在这个郊区住宅区，几乎每个家庭都是独栋房子。

于是我们来到主干道……

选择一栋在非中心区的住宅。
比如说，这栋。
我们靠近点看看它。

128

让我们把房子转过来。很好，这就是我们想要的。不是很大，两层楼，带阁楼和地下室，门廊狭小，有停车的位置，前院和后院——一栋中等成本的标准建筑物和地皮，正适合中产阶级。
欸，我觉得那位夫人看到我们了。
看，她好像让我们走前门。

早上好，
你们需要什么吗？
您看……
早上好。
128

我们向她解释了我们的好奇心和工作目的，
我们看到她的脸上洋溢着热情。
哦！进来吧。
我给你们看看
我的家。
我叫哈里特·克尔，
是个家庭主妇。我丈夫
上班，小孩在学校。

是时候给你们展示我的“办公室”了。
我就是这么叫我们的家的。
因为家就和生意一样，需要运营。如果我
的丈夫是公司的办公室经理，那我就是这
里的“住宅经理”。
不敢相信我们如此幸
运，碰巧找到了 20 世
纪初的一位进步女性。
史上头一回，她将维
护一个家当作自己的
工作，想要经营这个
家，并有目的地提高
效率。所以，我们就
让她来说吧！

如果我说你们遇到我很幸运，你们会认为我很傲慢吧？
因为我是这么认为的，住宅建筑是家庭经济的一部分，
没有什么比正确的建筑结构更能影响一个家庭的健康
和舒适了。

因此当我们把住宅方案
交给建筑师的时候，我
坚持要他同意我参与。
我不是建筑师，但我自
认为是个家庭工程师。

而且，注意看，因为建筑
的整体利用率高，我们将
它作为例子刊登在了这本
《女士之家杂志》上。
THE LADIES' HOME JOURNAL

一个有“很多空间”的小房子

作者：哈利·班森

郊区住宅模型经济型系列第九个设计展示

一般的房屋建造商偏爱山墙屋顶。这栋房子经过了精心设计，对山墙进行了新的处理，屋檐和山墙逐渐呈喇叭状，在屋顶略微抬起，强调视觉效果，屋顶表面未经过多雕琢，轮廓清晰。

这个设计在经济预算紧凑的情况下尽可能利用更多的光、空气，让人们能在郊区享受生活的乐趣。借助现代供暖系统，不仅可以实现早期建造者没有的安置自由，还可以用适量的费用达到舒适的目的。两个大房间有一个入口，这个入口起到社交或者等候的功能，减轻起居室不必要的压力，另外还有简单的楼梯和一个工作间，整体构成了一楼的设计。

在这个设计中，饭厅的“特点”是，里面有一个室内小花园。室外花园在餐桌后方，走廊的低矮窗户可以望向街道。一个简单的砖头壁炉和起居室中舒适的壁炉相连。饭厅与起居室彼此紧挨，人们直接从一处进入另一处，而不必打扰其他人。

起居室仍然是房子的中心，既能通往走廊，也能通往露台，并能瞥见入口和楼梯平台。

工作间很大，而且很方便。位于砖砌的壁龛中。壁龛由两个火炉组成，上方有烟囱可通风。仆人的楼梯通向主楼梯，仆人的房间和浴室位于该楼梯平台，在二楼和阁楼之间。厨房的入口在旁边，直通地下室，避免了不雅观的累赘物。

由于房子的布置很随性，主房间都很大，所以材料必须经过简化处理。外部涂上水泥。内部使用了佐治亚州的松木，无须模制，简单的灰泥上铺上佐治亚州的松木地板，涂上一层颜色。外部的木制品，除了木瓦也都涂上了颜色。没有使用油漆和清漆。

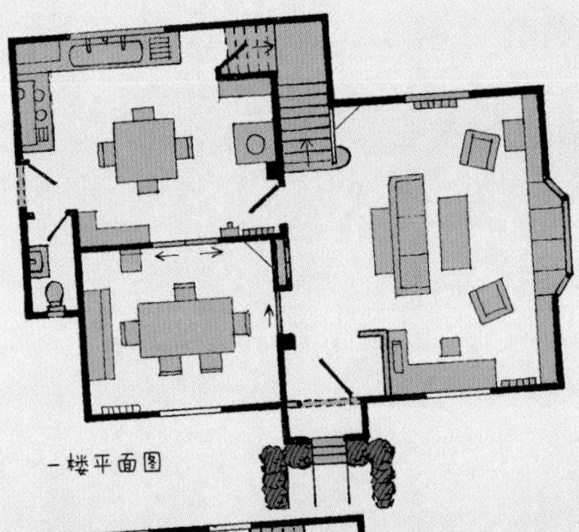

一个热水装置可以完美地给房子供暖，房子的主体有暖气，同时会辐射到饭厅和入口。

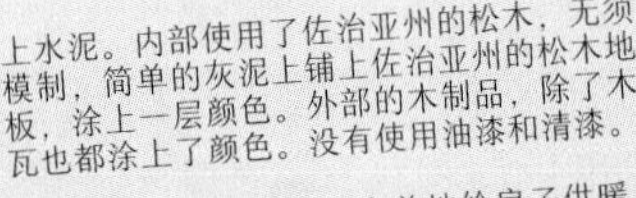

除去花园和入口，房屋的费用大概是：

砌石防水台 $1100.00
灰泥层 $600.00
木工和五金 $2950.00
暖气设备 $375.00
管道系统、下水道、
煤气装置 $450.00
着色和玻璃 $300.00
安装电线 $60.00
——
总共 $5835.00

另一页的下方展现了两种示意图，展现了如何在一个100英尺*×100英尺的土地上安置一座房子。一个是透视图，宽的一面朝向街道。另一个展示了地下室的深度。

编者按：为了保证这所房子的计划是切实可行的，并且不会超过预算，建筑师准备接受委托，为该房子准备蓝图，将成本预算限制在5835美元，使所选的建筑场地能以标准市场价格获得可能需要的材料和人工。

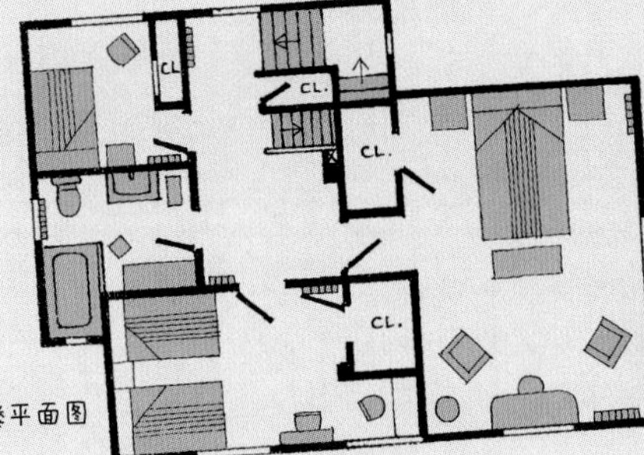

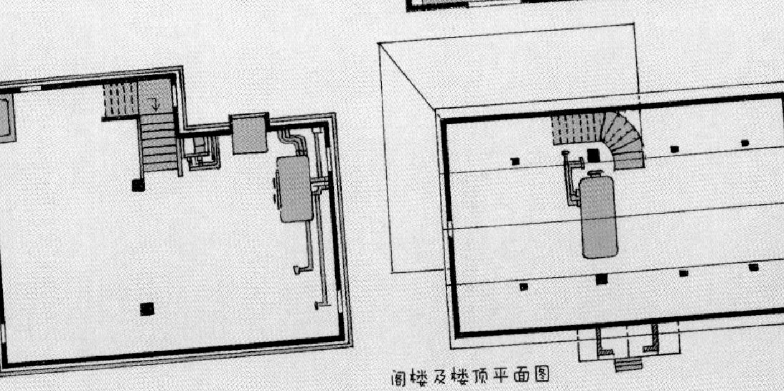

19

* 1英尺约等于30.48厘米。

提到“住宅建筑”时，我指的不仅仅是它的形状和外观，还有它的功能以及它必须为家里的每个东西提供的空间和地点。
一个家必须是美的，但同时也要有功能性。建筑师都是男性，他们不会打扫，不会烹饪，白天不会待在他们建起来的地方。
对于他们来说，建造住宅是工作；对于我们来说，这是工作的地方。你们理解这其中的不同吗？
哦，时间过得很快。我们一边说，一边去上面看一眼吧。跟我来。
我年轻时当过老师，后来当了秘书，工作到结婚。我了解一些基本的历史知识，知道一直以来家都不是个理想的容身之处，更不要说把它安排得舒适了，是不是？你们应该比我更清楚这一点。
没有，请您继续说。
这是二楼，有三个房间，一个卫生间。
在办公室工作的时候，我看到了人们如何引进跟效率有关的新概念，付出更少的劳动获得更多的成果。我当时就想：这些理念可以用于生意，那能不能用于家务呢？
这个楼梯通往阁楼，那儿有个水箱给全家的供水系统加压，还有空间储存旧家具。
不需要上去，从这本杂志上就可以看到。

就是这儿。
我们来看主人房。
请允许我提一下这个地方。
它叫“嵌入式衣柜”。

在欧洲，这种衣柜还无人知晓，不过原则很简单：既然有可利用的固定空间，为什么还要摆一个巨大又沉重，同时还难搬、难清洗的家具？

这种原则就叫效率。

男孩们的房间，马特和斯科蒂的。

这里用的也是嵌入式衣柜，所有房间都是。而且有两扇窗户：自然光和新鲜空气是健康的来源！

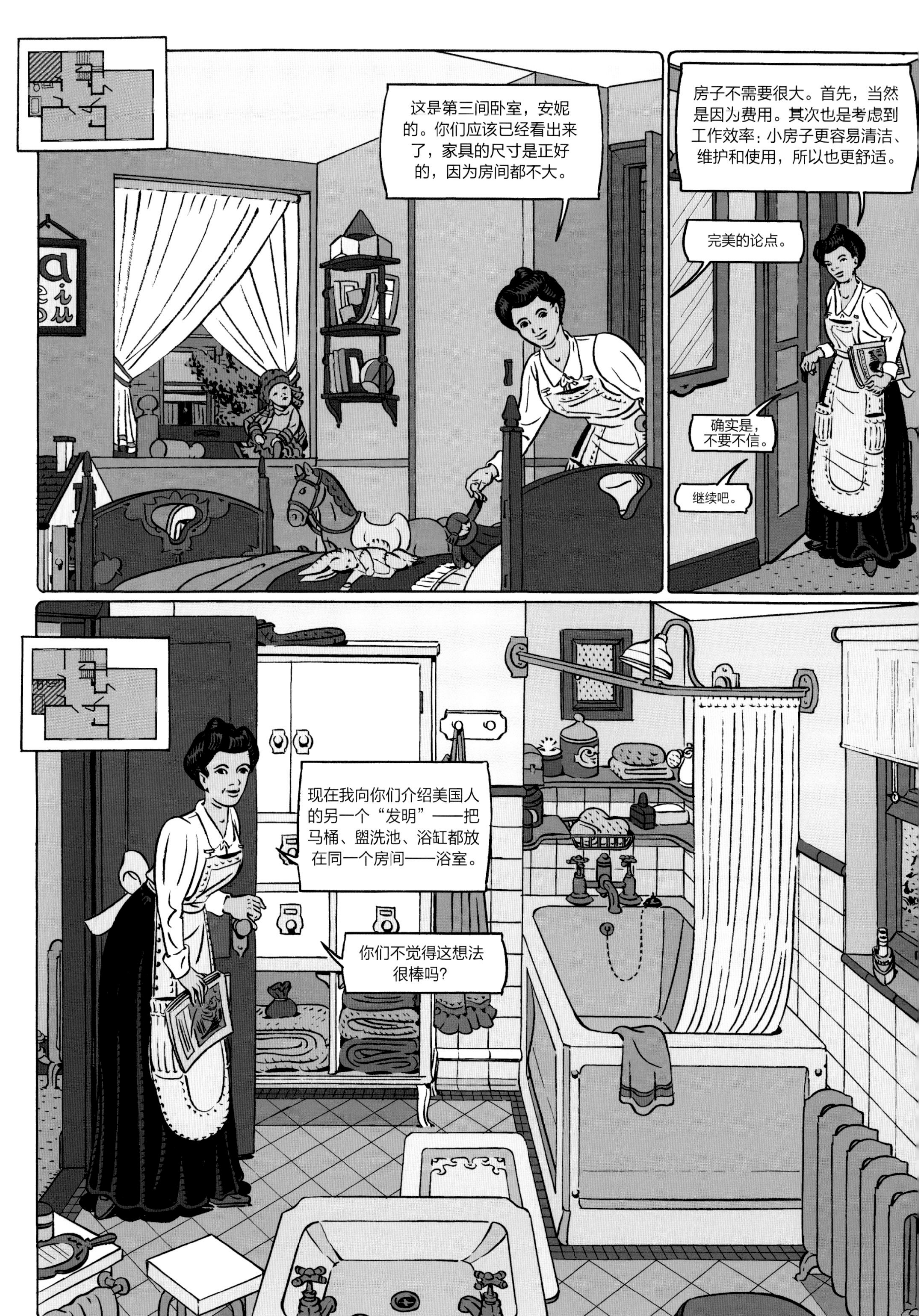
这是第三间卧室，安妮的。你们应该已经看出来了，家具的尺寸是正好的，因为房间都不大。
房子不需要很大。首先，当然是因为费用。其次也是考虑到工作效率：小房子更容易清洁、维护和使用，所以也更舒适。
完美的论点。
确实是，不要不信。
继续吧。
现在我向你们介绍美国人的另一个“发明”——把马桶、盥洗池、浴缸都放在同一个房间——浴室。
你们不觉得这想法很棒吗？

实际上，应该这样问：既然全家人的卫浴用具都可以放在同一个房间，为什么还要把浴缸搬来搬去呢？
房间配备了中央热水系统和整套现代自来水管道，墙上贴有瓷砖；这个房间在楼上，在卧室旁边，而不是像过去那样在楼下。终于，有人用逻辑思考，并舍弃没用的旧事物了。
下楼吧。
在家务活中引入效率这个概念还有一个重要原因：我一个人干活，没有请人，只有特别忙的时候，才会让艾布拉姆斯女士过来帮忙。
家政服务是种昂贵且不必要的社会风俗，现在很少家庭能负担得起了。
我们回到了大厅，之前你们已经来过这里。

你们也知道，直到 20 世纪，这里都是家最核心的地方。这是人们休息和享受休闲时光的地方。
这是因为，家，自古以来，都遵从男性视角。不过现在，从女性的角度来看，它的地位就不一样了：它从一个静态的地方变成一个动态的空间。
本就可以很好地运转，你们能理解我说的吗？
太完美了！您看到了未来。
我们现在去饭厅吧。

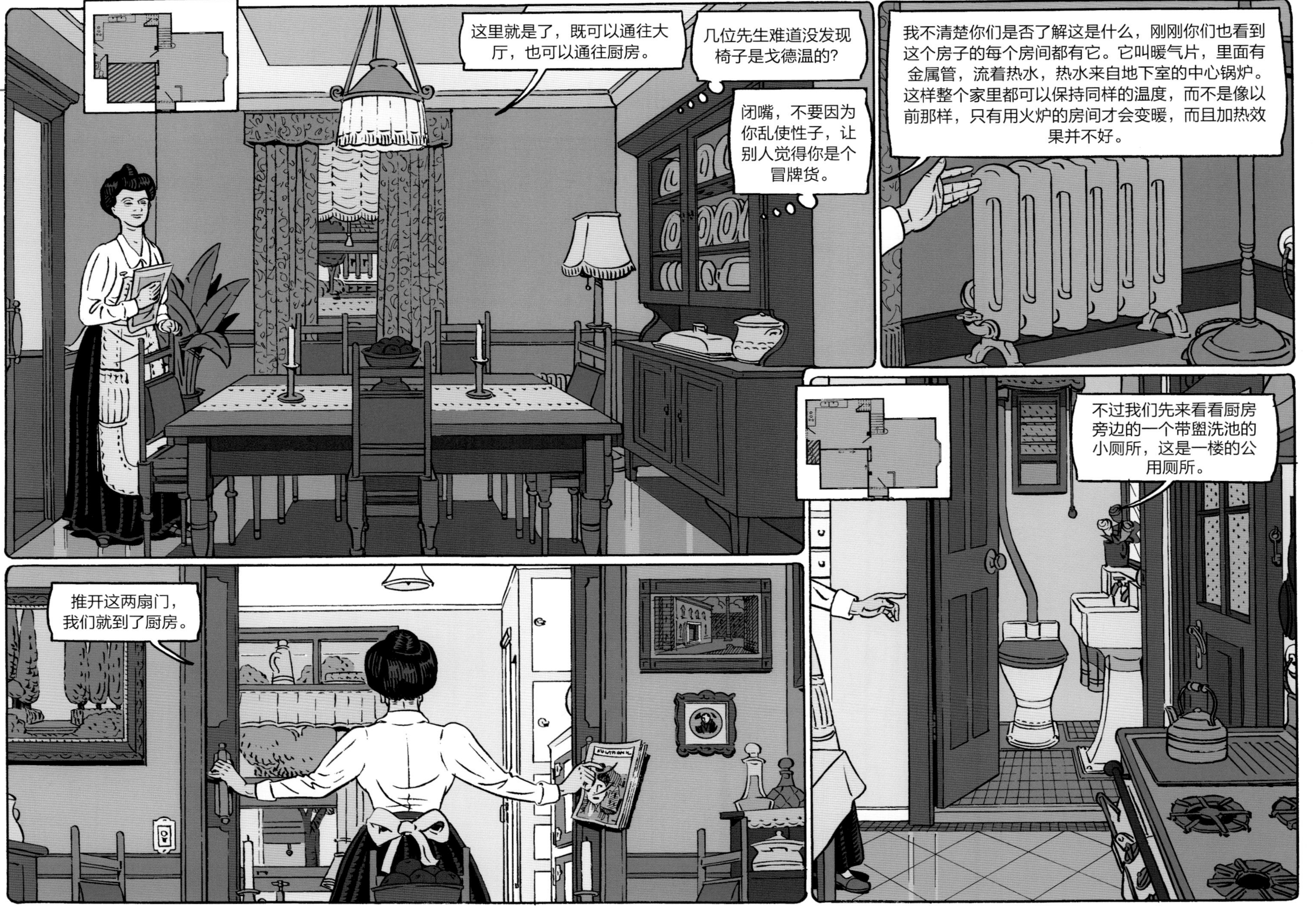
这里就是了，既可以通往大厅，也可以通往厨房。
几位先生难道没发现椅子是戈德温的？
闭嘴，不要因为你乱使性子，让别人觉得你是个冒牌货。
我不清楚你们是否了解这是什么，刚刚你们也看到这个房子的每个房间都有它。它叫暖气片，里面有金属管，流着热水，热水来自地下室的中心锅炉。这样整个家里都可以保持同样的温度，而不是像以前那样，只有用火炉的房间才会变暖，而且加热效果并不好。
推开这两扇门，我们就到了厨房。
不过我们先来看看厨房旁边的一个带盥洗池的小厕所，这是一楼的公用厕所。

绅士们，我终于要向
你们展示厨房了！
请允许我这么说，
这是一个家的灵魂。
这扇门可以通向
地下室。
我们不需要下去，我在杂志
上给你们展示。

地下室除了作为酒窖、
食物储藏室和仓库，
还放着锅炉、洗衣机、
烘干机和排水器。
地下室剖视图
在这里，如你所见，我
有煤气灶和电烤箱以及
带冷热水的洗碗池。
电熨斗。
电冰箱。

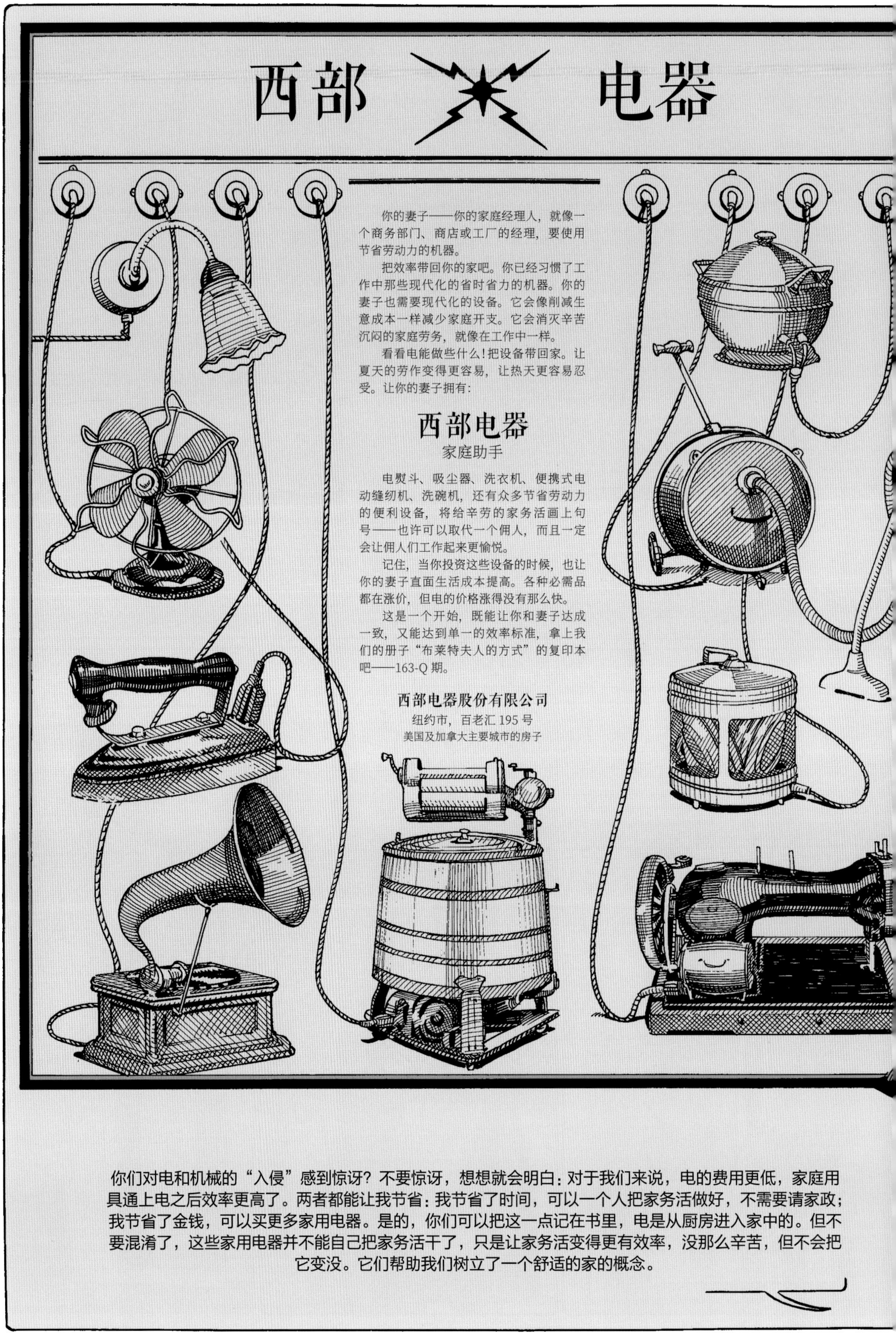

西部电器

你的妻子——你的家庭经理人，就像一个商务部门、商店或工厂的经理，要使用节省劳动力的机器。

把效率带回你的家吧。你已经习惯了工作中那些现代化的省时省力的机器。你的妻子也需要现代化的设备。它会像削减生意成本一样减少家庭开支。它会消灭辛苦沉闷的家庭劳务，就像在工作中一样。

看看电能做些什么！把设备带回家。让夏天的劳作变得更容易，让热天更容易忍受。让你的妻子拥有：

西部电器
家庭助手

电熨斗、吸尘器、洗衣机、便携式电动缝纫机、洗碗机，还有众多节省劳动力的便利设备，将给辛劳的家务活画上句号——也许可以取代一个佣人，而且一定会让佣人们工作起来更愉悦。

记住，当你投资这些设备的时候，也让你的妻子直面生活成本提高。各种必需品都在涨价，但电的价格涨得没有那么快。

这是一个开始，既能让你和妻子达成一致，又能达到单一的效率标准，拿上我们的册子“布莱特夫人的方式”的复印本吧——163-Q 期。

西部电器股份有限公司

纽约市，百老汇 195 号

美国及加拿大主要城市的房子

你们对电和机械的“入侵”感到惊讶？不要惊讶，想想就会明白：对于我们来说，电的费用更低，家庭用具通上电之后效率更高了。两者都能让我节省：我节省了时间，可以一个人把家务活做好，不需要请家政；我节省了金钱，可以买更多家用电器。是的，你们可以把这一点记在书里，电是从厨房进入家中的。但不要混淆了，这些家用电器并不能自己把家务活干了，只是让家务活变得更有效率，没那么辛苦，但不会把它变没。它们帮助我们树立了一个舒适的家的概念。

管
家
The HOUSEKEEPER
效率的标准
Standards of Efficiency
TOASTED CORN FLAKES
THE LADIES' HOME JOURNAL
如今，我们希望在家休闲的时光是舒适的，希望家务活干起来也是舒适的。要达到这个目标，不仅需要购买新型电器和机器，也需要用心规划整个家的家具和用具的摆设和使用，希望刚刚带你们转了一圈后，你们能理解到其中的精髓。

好吧，先生们，告诉我，
我帮上忙了吗？
帮上大忙了，克尔夫人，我们很感激您。
我们认为您和您的家，值得成为我们书里
的一章。
哦，太棒了！我要跟杂志
上的其他妇女分享！
你们还需要咖啡吗？
不用了，谢谢，
我们马上要走了。
您肯定也需要忙您的工作吧。
哦，
那是的。
THE LADIES' HOME JOURNAL
PUBLISHING CO. PHILADELPHIA
我送你们到门口。
克尔夫人一直陪我们到最后，
我们意识到，整个早上她
都没有提到克尔先生，这增
加了我们对她的家还有她的
“管理”的理解，这是女性的
专属之地，征服它需要经历
重重困难。有这么一刻，我
们认为看到了女东道主表现
出的自信满满的征服感，家
终于变成了一个可以征服世
界的地方。
再见，替我向你的读者们问好，
随时欢迎你们回来。

她就像坚定的船长，站在船头，
向我们告别。
我们一边走，一边感觉仿佛参与了这段短短的历
史。这是 20 世纪初的一个重要时刻。同时，由于
“室内设计”——现代建筑首次提出的概念——的进
步，我们也确信见证了一个矛盾。从 21 世纪的角
度来看，这其实是个倒退的概念，就是分配家的各
种功能。编年史写到这里，我们已经可以看到，在
很多情况下，历史就是一个叙述者，用令人惊讶的
素材建立起无可置疑的论据。
跟随着电线，我们离开日落山，
前往新的目的地。

第十九章

三大马达

芝加哥

公元1918年

沿着两旁有高压线的柏油马路，我们抵达了芝加哥。我们是坐汽车来的，但也可以坐火车或者船来这里，甚至可以坐飞机，就像飞在城市上空的这架。

飞行员一定看到了，街上满是人和汽车，就像粒子被抛出相交的弧线，形成了一个巨大的网格。汽车和飞机，两个爆炸性的马达，从它们被发明的那一刻起，凭一己之力废除了地理对人类的限制，推动了人类以及自身的发展。于是，世界不断变小。

机器时代展示了它的福音。机器的价格打破了社会壁垒，大部分人都渴望拥有机器，这是一个饥渴的市场，批量生产让技术服务于人民，也让技术成为一种时尚。而这条路无法回头。

从街道的层面，新的生活方式被迅速吸收。街道和建筑迷宫之中的速度、噪音和繁忙形成了一个有魅力的、吸引人的、连绵不断的，甚至催眠的全景图。它让生活变得复杂，同时也服务于社会。但是，我们也发现了一些变化。那些超级高的楼房是什么？

它们叫作“摩天大楼”，是机器时代的另一个产物。

摩天大楼能够建成，离不开技术上的两大成就：一是钢铁结构在建筑上的应用，二是另一种电动马达的完善——升降机。几个世纪前，矿井里就已经在使用升降机了（那时候是通过动物牵引或者蒸汽马达），不过从1870年开始，这个新世界发明了一些安全装置，使人类得以突破地平线的制约。美国飞行员找到了新的挑战：高度。再结合人们对机器的想象力，马上就会有人说："已经没有垂直性的限制了！我们往上建！"

毫无疑问，电梯带来了两件事：

1. 它将改变城市的面貌，或许和汽车马达带来的改变一样大，甚至更大。

2. 它将成为城市里使用最多的交通工具。

于是，街道上的水平移动与新楼房上的垂直移动形成了对比。

新的暖气系统、冷气系统，还有其他建筑机械化的进步，再加上对电力的充分使用，可以说，让这些大型建筑变得紧凑，甚至是独立。每一栋摩天大楼本身就是个小城市。

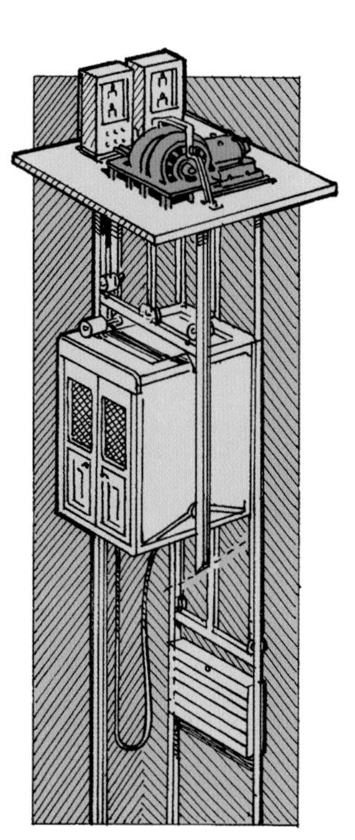

城市变得垂直

摩天大楼将力学美感加入城市地平线，同时把土地的有效面积无限延伸至天空。这栋垂直建筑物让楼层高到疯狂，不亚于股票价格的飙升！

建于公元1905年的沙利文大厦，如今，十三年后，已经成为芝加哥街道上的经典建筑。还有更高的摩天大楼，高于街道水平面八十米，是城市规划中两个新概念的优质模板。从现在开始，这两个新概念将十分普及：集中与畅通。城市管理当局、建筑师、房地产商异口同声："我们要让人们在居住地既可以找到工作又可以找到生活所需。这样我们就可以实现：A. 城市畅通；B. 垂直社会集中。我们还可以更好地管理大量涌入城市的人口。"

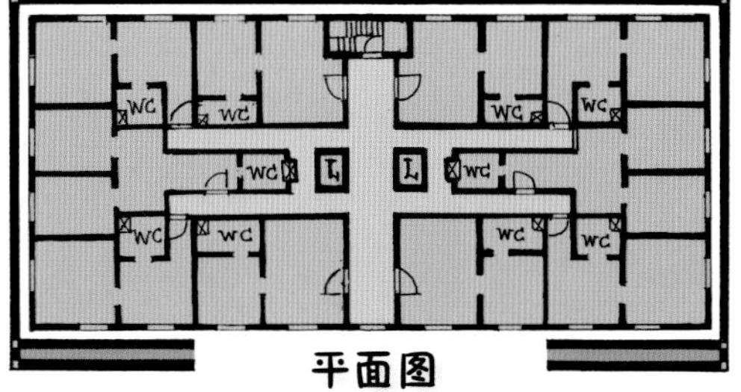

不过，让我们凑近些仔细看看这栋楼，这样就能更好地理解他们的话。

5. 屋顶平台
4. 阁楼、顶楼、健身房和日光浴场
3. 十五层公寓

2. 两层办公室
1. 入口、大门、接待处、商店和商务洽谈地
0. 地下室、服务处、洗衣店、锅炉和机房

I
~421~
12

哇，我们刚刚看到的是沙利文大厦的正面，这个人径直走进这栋楼，我们想：“他一定住在这里，我们跟着他去里面看一眼。”

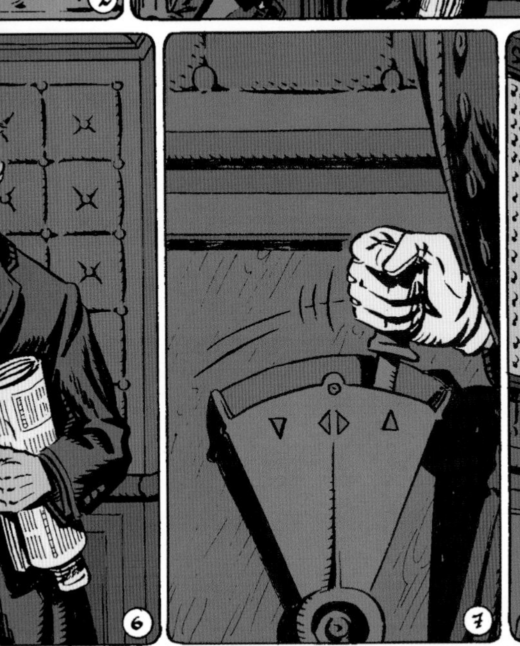

朋友们，这就是所谓的“现代生活”。它意味着全盘接受——或者说全盘退让。复杂的机器和服务已经和城市及郊区中心的工作密不可分，但是更重要的是和住宅生活密不可分。

如果我们把 18 世纪的房子内部的结构和现代房子里的电线、煤气与水的管道、进气口、风扇、暖气及冷气系统进行比较——如果我们同时意识到这套公寓的面积是如此小，我们将意识到人类发展的改变，在感受生活方面，机器和技术都在进步。

Chicago Tribun
Chicago Tr

WILL YAM!
Chicago Tribune
by Frank Digger
Has Met That Well-Known Character, Mr. Duck

甜心

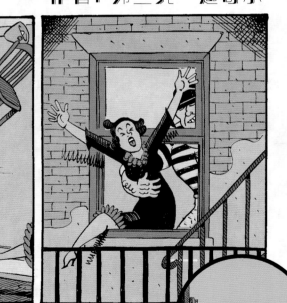

作者：弗兰克·迪哥尔

Knock 砰
Knock 砰

BAM!
嘭！

Knock 砰
Knock 砰
嘭
BAM!

嘭!

嘭!

嘭！

POW!
砰！

297

DAMS

RIE RAILWAY
POROUS PLA
M'oy

SOK!
嗖!

IV
T F S S
1 2 3
7 8 9 10
4 15 16 17
1 22 23 24
8 29 30

梦想与现实

是的，新城市如海市蜃楼般在我们身边以及记忆中拔地而起。这个形象如同被扭曲的镜子，折射出几乎无根基的梦想，而这梦想很快也会被打破。20 世纪初，这个梦想承诺，住摩天大楼就能重获自然，因为有了高度就可以获得阳光和空气。随着城市郊区不断横向扩张，人们正逐渐失去这两者，它们也因此变得昂贵。另一个梦想则是，高楼可以联合所有社会阶层（电梯赋予的建筑民主）。过

去，上层阶级住在低层，楼层越高，阶级越低，最底层的人住在最高层：阁楼和顶楼。而如今的现实是，较高的楼层留给了那些有能力逃离地面的人。人们通过楼层高度——或许还有私人电梯确定社会高度，从而获得优越感，并最终到达阁楼的最高位置，那里的视野仿佛天地初开。而这一切都只提供给能够支付得起费用的人。

这些都是采油塔。1849 年，凭借挖掘和钻孔技术，石油开采业发展了起来。但直到 1900 年，内燃机像浮油一般散播开之后，汽油，作为石油的一种衍生物，才成了必不可少的能源，从而导致大量的石油开采。于是，这个正在缩小的世界的某些地方，将被这些塔填满。它们从地底、从古代开采出能源，继续维持世界的运转和缩小。道路将填满世界，在地面上画成迷宫，就像那些已经交织成迷宫的电线一样，经久不衰。

第二十章

一个与家有关的梦想

纽约

公元1929年

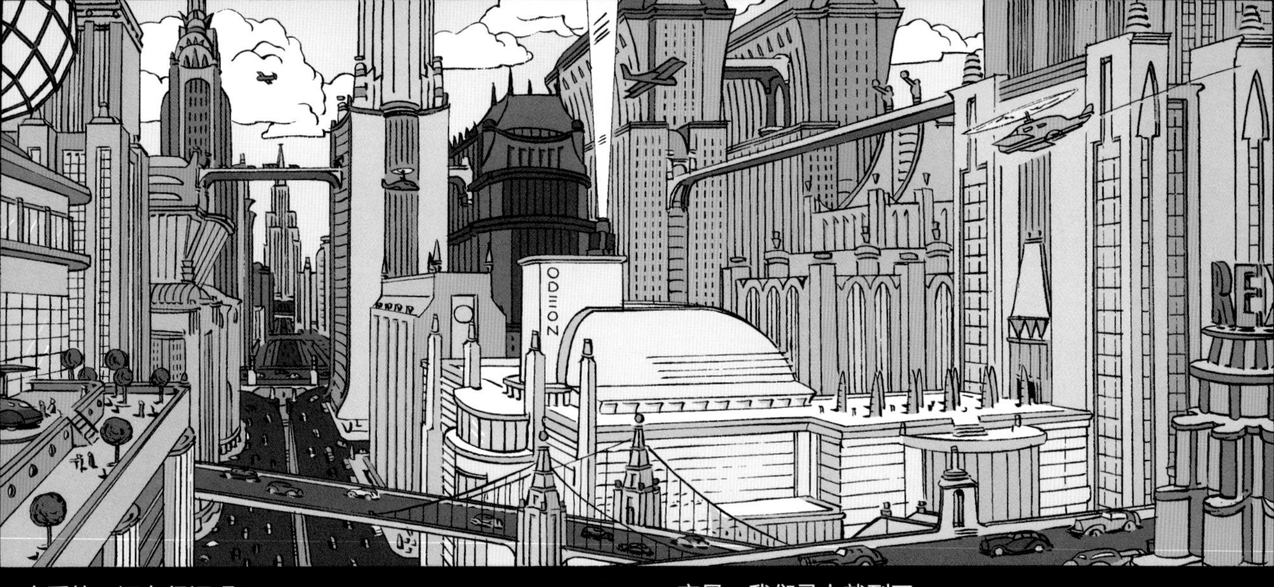

- 亲爱的，还有很远吗？

- 宝贝，我们马上就到了。

- 这里就是了！

- 好漂亮的房子！

- 可不是吗？

– 早上好，先生们。

– 几楼？ – 去往伊甸园。 – 上升中!

– 先生，顶楼到了。

－宝贝，现在把眼睛闭上。 －哎呀，你真傻！

－你现在可以看了。

－哦，亲爱的，这就是个梦！

- 前厅、客厅和饭厅，都在一个地方。 - 离云端那么近！

- 我的爱人，你觉得这个火炉怎么样？ - 哇哦，一个如此温馨的角落。

- 啊，这就是我的小厨房了！

– 那现在让我们上去吧。 – 我已经不行了！

– 这上面，我们有一个小浴缸、一个小阳台，还有……

– 我们的小房间。 – 哎呀！

– 你觉得浴室怎么样？ – 清爽！

– 再好好看一下阳台！

– 我的爱人，这一切如何？ – 在这个甜蜜的小窝里面，我们可以创造自己的幸福。

完
The End

STAGE and
SCREEN SHOW
LOEW'S STATE
THE LONG VOYAGE HOME

NABELLA
LYRIC

PLANTERS
PEANUTS
FOR MORE PEP
THE PAUSE THAT REFRESHES
BUY
NOW

于结束了，“20 年代”，这种表达最终成为集体意识形态中一个代表幸福的形容词，一个人人都认为自己曾身处其中的美梦。而这个梦在 20 世纪 20 年代末结束了。

这个世界摆脱了一场名为“一战”的武装冲突，也应该意味着国家之间的战争就此结束。从现在开始，许多事情已经全球化，一切都应该笔直向前，是一种理想的不会倒退的进步。当然，不需要往后看：过去只是需要用幻想和信心掩埋的错误。“新”将成为一个标志性口号。经济将操控船舵，全速前进。由于技术上和机械上的进步，生产无止境地增长，激发了前所未有的消费欲望，而这又促进了生产。这是全球性的增长。而且是强制性的，生产是增长的同义词，不需考虑，没有人能忍受走下坡路。当时的人们相信这样一条铁律：消费能力也同样能一直增长。有人说：“如此平衡的经济系统是不会错的。”有人这么说，就有人相信。方法很简单：不停创造出消费者的需求，一旦这些需求得到了满足，就必然刺激新的需求。报纸、广告、广播和电影都变成将这些需求延伸到每个角落的最佳方式。

虽然那些令人信服的话语、美好的画面，促使人们去购物，用从未有过的大量物品填满生活和房子，却没有人发现诸如收入的不平等之类的小问题。电影成了宣传建筑和室内设计的最强大工具，根据某些电影提供的“画面”，人们住在宽敞的房子里，阳光从大窗户投射进来，投射在发亮的地板和流线型的家具上。正是如此，在舒适这个概念普及之后，人们认为居家画面都应该是舒适的。不留任何旧日风格，新时代要有新的生活方式，属于未来的方式。建筑、设备、家具、装饰，都必须重新创造——创新，不要和过去有任何的联系。就像经济一样，家庭里也应该引进教条主义。天啊！这可不是噩梦，不是。电影给那个海市蜃楼增添了富丽的光辉。

就像我们看到的，如果上涨公式很简单，那下降公式也不会出错：当物品无法被消耗完，剩余物品卖不出去，累积到一定程度，价格下降，人们对货币、工业、贸易失去信心……一个深渊在所有人脚下裂开。而现在所有人意味着全世界，危机会覆盖全世界。还没来得及回味美梦，就掉进了噩梦。

从世界大战，到大繁荣，再到大萧条，都必须“大写”。

第二十一章

居住的机器

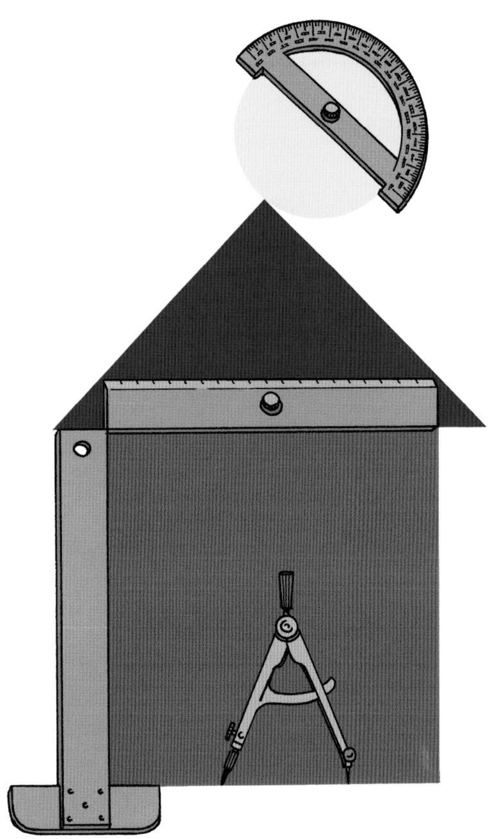

斯图加特

公元1933年

30年代的欧洲
让我们回到旧世界，一个在大萧条的深渊中痛苦不堪的大陆。在那里，政客——叫什么都无所谓了——一心想从群众的情绪中获利，他们说已经找到是什么导致了危机——叫什么都无所谓了——提议从动乱中建立新的秩序。他们信口雌黄，发现自己掌握着权力，于是突然肆无忌惮地颁布法令，凭借名目众多的意识形态和政治系统——叫什么都无所谓了——拯救社会和祖国。这种失去和寻找的氛围不可避免地在生活方面有所重叠。

1930年10月。
Stuttgart
Esslingen am
Bohlanden
Nurling
下午好，威廉，
我看到你在家。

你好，布鲁诺。
进来，进来，
同事。

威廉 · 胡特
建筑师

我们去书
房吧。

这里就是了，
朋友。
未来的
住宅。

不，我更喜欢把它称作
“新的住宅”。

我不知道有没有理解你，威廉。
如果我们翻阅建筑历史，就不得不承认，大多数时候，人们在建房子时会考虑到人，但从来没有考虑过人应该是什么样的。

嗯，你看。你已经来了这里，斯图加特，坐着你的汽车安全抵达，路过一些为那些机械设计和建造的道路，以三十年前一个鲁莽的疯子都无法想象的速度。这里我们有电话、收音机，我们可以知道几千公里以外的地方正在发生的事情……你发现了吗？

嗯……继续。

这样大范围的机械革命，不仅改变了我们和技术的关系，也改变了我们的生活。人类的存在，不管是在物质层面，还是精神层面，都遭受了打击。不可避免地，个体偏离了他的轨道。
啊哈。

但不要为此感到悲伤，因为我们需要思考的是，给个体找到新的轨道。到了这里，我们应该抛弃传统的解决方案，亲爱的同事。
是的，是的，传统是个错误。
属于未来的新项目，将满足新的需求。我指的是这会对我们的使命——建筑产生影响。

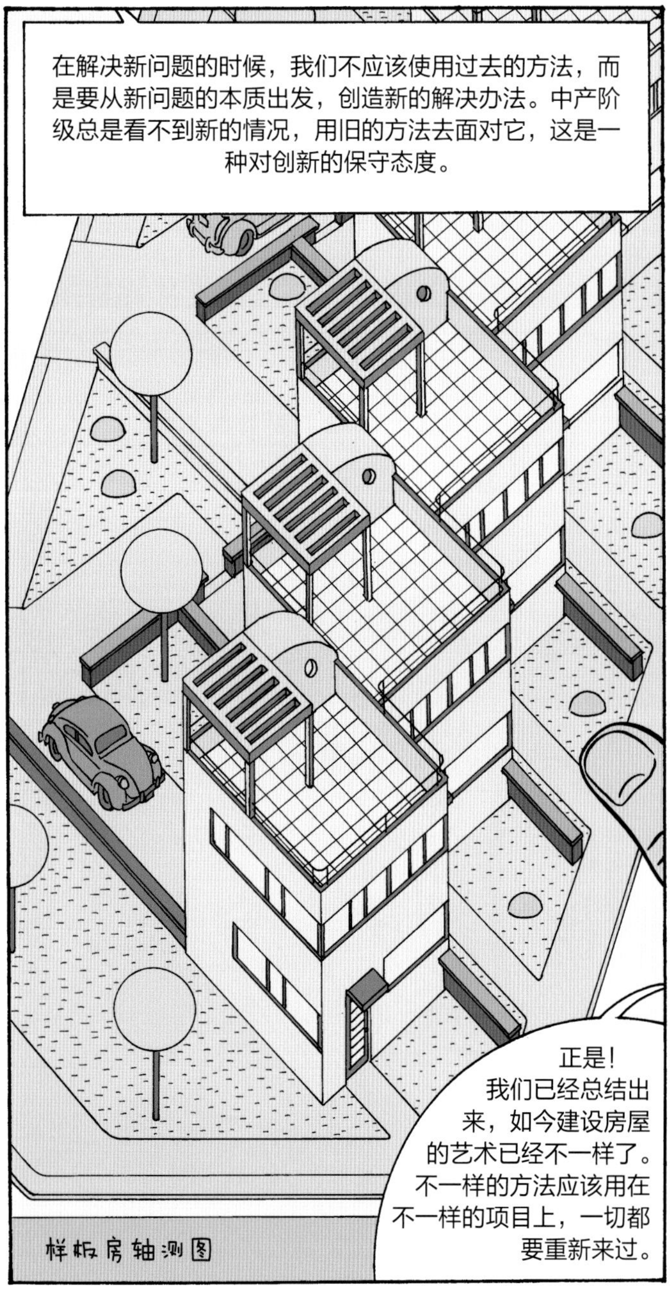

在解决新问题的时候，我们不应该使用过去的方法，而是要从新问题的本质出发，创造新的解决办法。中产阶级总是看不到新的情况，用旧的方法去面对它，这是一种对创新的保守态度。

正是！我们已经总结出来，如今建设房屋的艺术已经不一样了。不一样的方法应该用在不一样的项目上，一切都要重新来过。

样板房轴测图

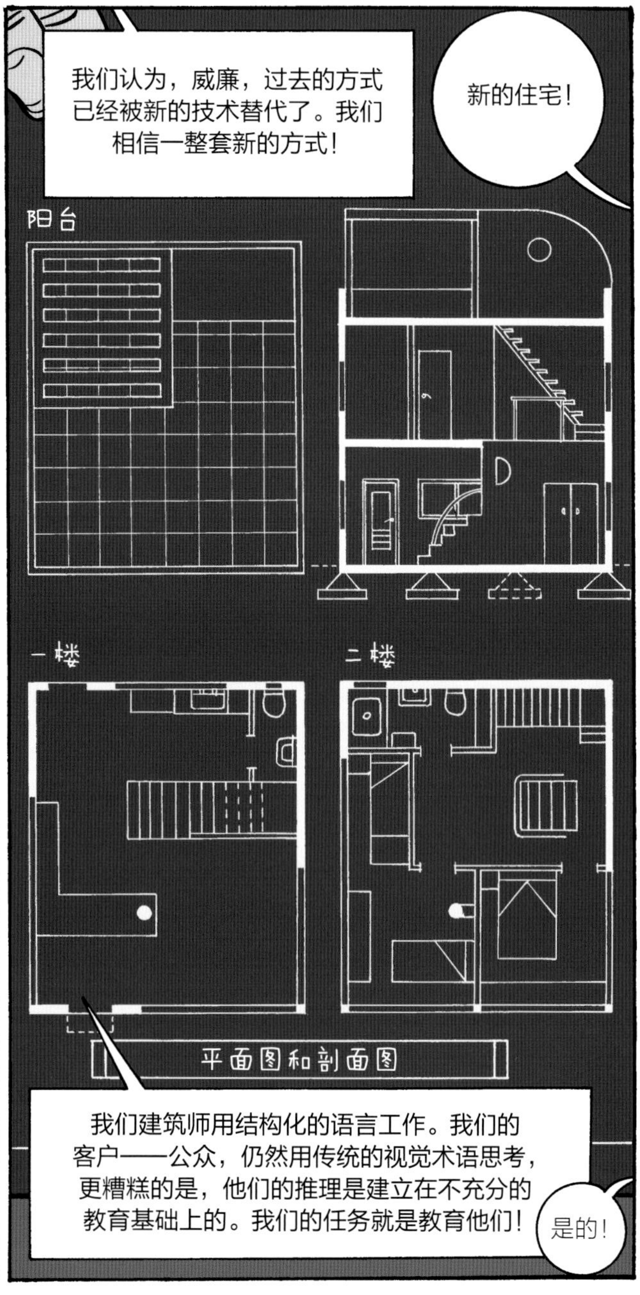

我们认为，威廉，过去的方式已经被新的技术替代了。我们相信一整套新的方式！

新的住宅！

阳台

一楼

二楼

平面图和剖面图

我们建筑师用结构化的语言工作。我们的客户——公众，仍然用传统的视觉术语思考，更糟糕的是，他们的推理是建立在不充分的教育基础上的。我们的任务就是教育他们！

是的！

他们大多数人会这么说：“是的，技术让我们获得新的见识和新的社会生活。”他们认可新的情况，不过还没有让他们的家适应这种情况。
我们的客户什么时候才会理解路易十四的大厅与梅赛德斯–奔驰汽车的内部不一样？

最近几代的建筑物已经变成了感性、美感和装饰性的事物。建筑被已有的风格约束了，这种风格要么萎靡堕落，要么繁重杂乱。

真正纯净的风格是没有风格，而且现在的经济预算也这么要求。装饰是反社会的，因为这会挥霍本可以用在其他事物上面的资源。装饰是中产阶级的排场，可以说是一种犯罪。

我们反抗这一切。我们要创造一种清晰的、有机的建筑，它的逻辑清晰明了，没有欺骗和虚假掩饰。“我们想要的住宅可以适应这个机械的世界、无线电接收器和快速汽车。”我们的客户应该这样向我们提出要求。

昨天我向他们展示了这些平面图和模型。

为了最严格地控制好预算，我们需要极度理智地集中精力，最大化地利用材料、机器和土地上建起的每一平方米。

先生们，建筑就是时代在空间上的画像。

ARCHITEKTUR = WIRTSCHAFT × FUNKTION

FUNKTION + EINFACHEIT = FORM*

到了这个时候，所有人都信服了。

* 建筑 = 经济 × 功能
功能 + 简单 = 方法

一方面，经济因素使合理化和标准化不可或缺。另外，日渐复杂的现代化需求也要求建筑师具有灵活性。

所以，最好的建筑系统就是以工厂的结构元素构建的建筑物，它让我们可以简化建设流程，并自由分割室内空间。

这是活动楼层，你发现了吗？房子变成了一个机械结构！

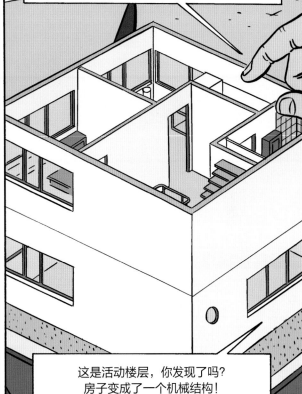

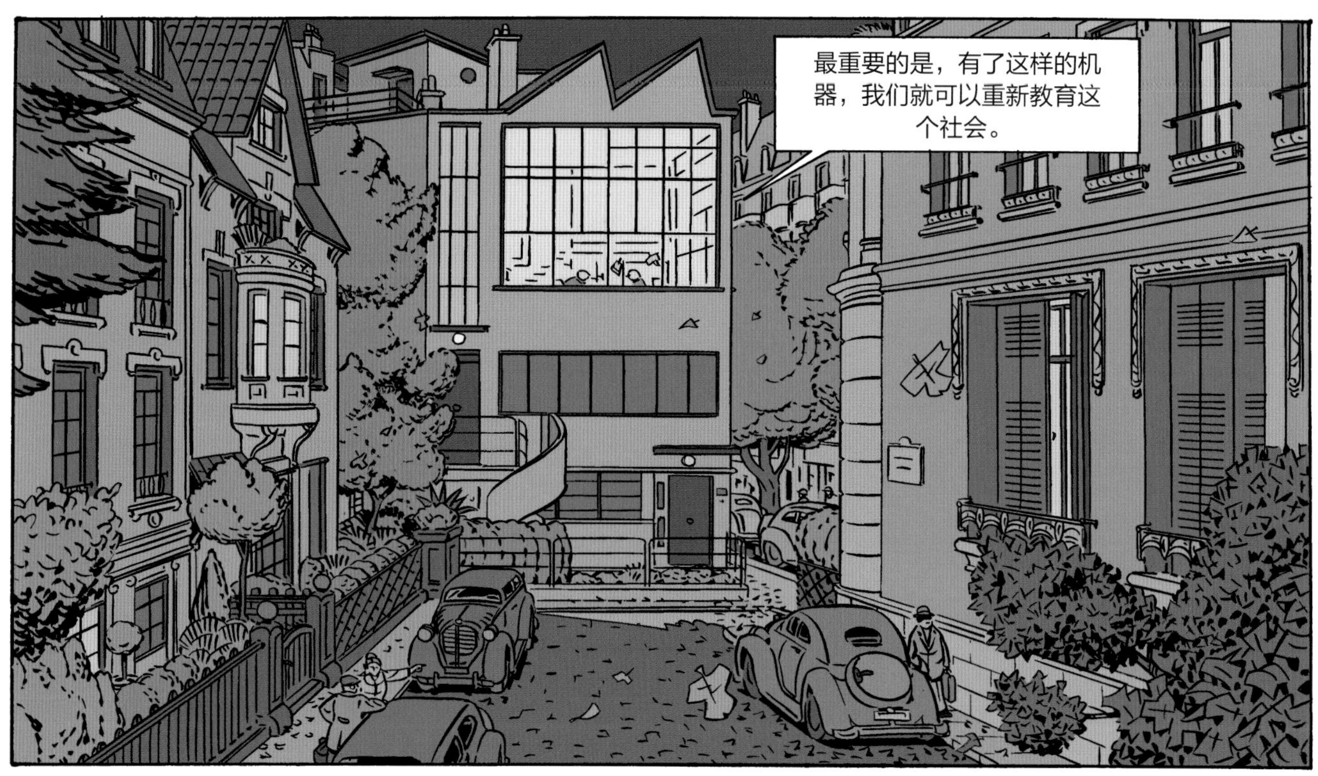

最重要的是，有了这样的机器，我们就可以重新教育这个社会。

斯图加特

1931 年 3 月

新土地法，加上对租金的控制以及公众土地权利政策，允许建筑师威廉·胡特受市议会委托开发一个社会住宅群的项目。

威廉·胡特画像，由布鲁诺·克劳斯绘制于 1929 年

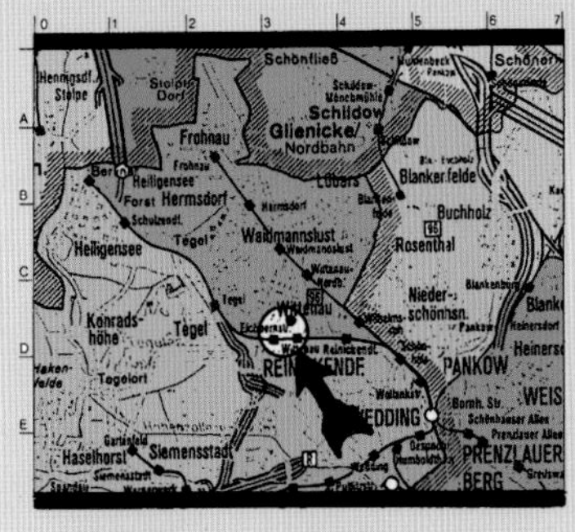

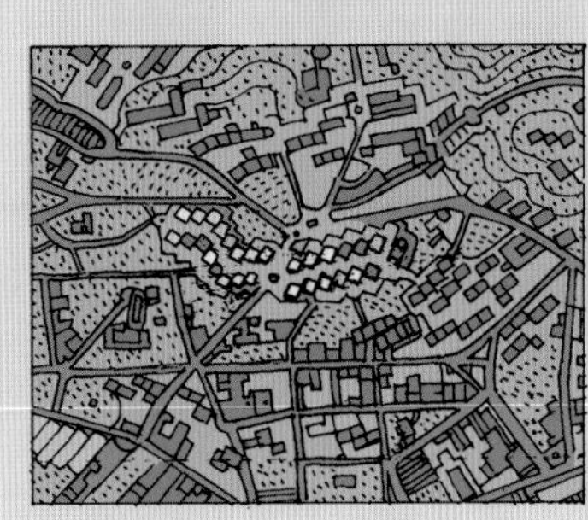

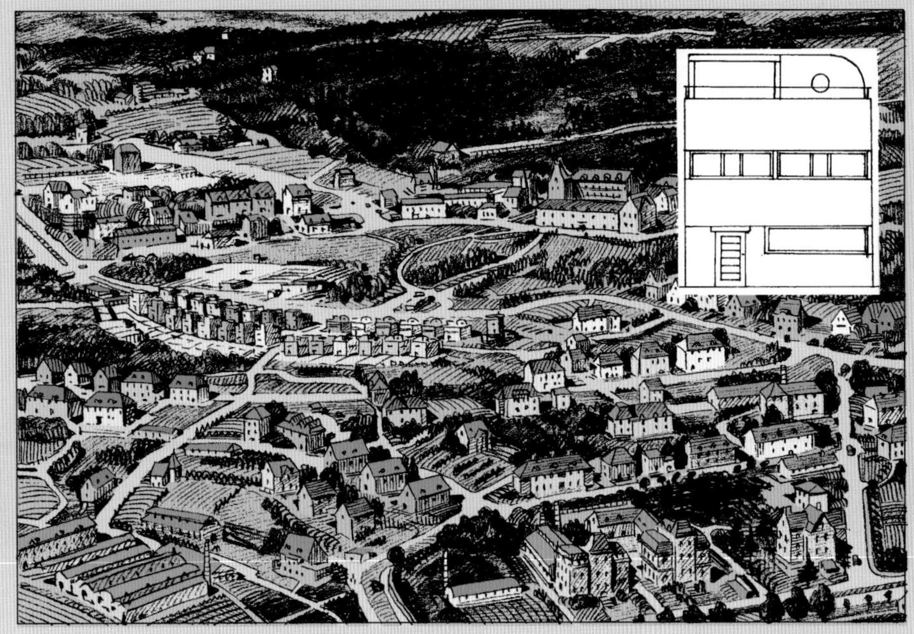

斯图加特

1933 年 6 月

由威廉·胡特指导的项目——罗马城住宅区已如期完成，与初始计划相差无几。

基础形状突出了总体的简约，由于更倾向于使用工业建筑部件及预制建筑部件，使得最终结构简易而功能化，平坦的墙面给人轻快的感觉，清一色的大白浆外墙、宽敞的窗户——可能是使用了桩子，减少了承重墙的数量——让大量的光可以透进室内，里面没有装饰元素的简单墙面让空间分布显得更加合理等。这一切都让这个低成本的住宅区成了这座城市里的世界性、现代化新建筑的范例。

接下来的两页，将展示胡特博士社会住宅其中一栋的室内原始图。

W H
1930

斯图加特
1933 年

6 月 25 日，
维塞尔一家搬进了
罗马城住宅区的其
中一栋楼。

他们初进新家的热情被儿子齐格弗里德在房子前面说的一句话止住了。“它看起来像一条船的甲板！”他天真地说，仿佛别人给他展示的是一个等待着他去探索的玩具。维塞尔夫妇，汉娜和洛塔尔，则更加凝重——也可能是惊讶得哑口无言——没有发表看法，但不可避免的，到这个新家的第一天，他们被眼前的景象搅得五味杂陈。“它让我想起上班工厂的仓库。”洛塔尔想，一股无法压制住的厌恶涌上心头。它就像一个冰箱，汉娜这么想，不禁打了个寒战。

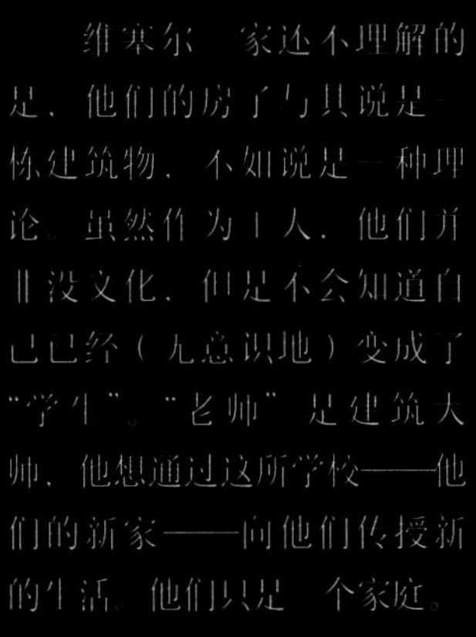

维塞尔一家还不理解的是，他们的房子与其说是一栋建筑物，不如说是一种理论。虽然作为工人，他们并非没文化，但是不会知道自己已经（无意识地）变成了"学生"。"老师"是建筑大师，他想通过这所学校——他们的新家——向他们传授新的生活。他们只是一个家庭。

不过得给他们一点时间。我们都知道新鞋一开始总是这里挤脚那里挤脚的。"当然啦，"你们也许会对我说，"但是鞋子没有被植入意识形态。"

1934 年

一年后，极其寒冷和多雨的冬天加速了渗水和潮湿的问题。维塞尔一家发现早期的结构问题和其他应该讨论的问题之后，决定“自学”，也就是在这所他们居住而不自知的学校里。

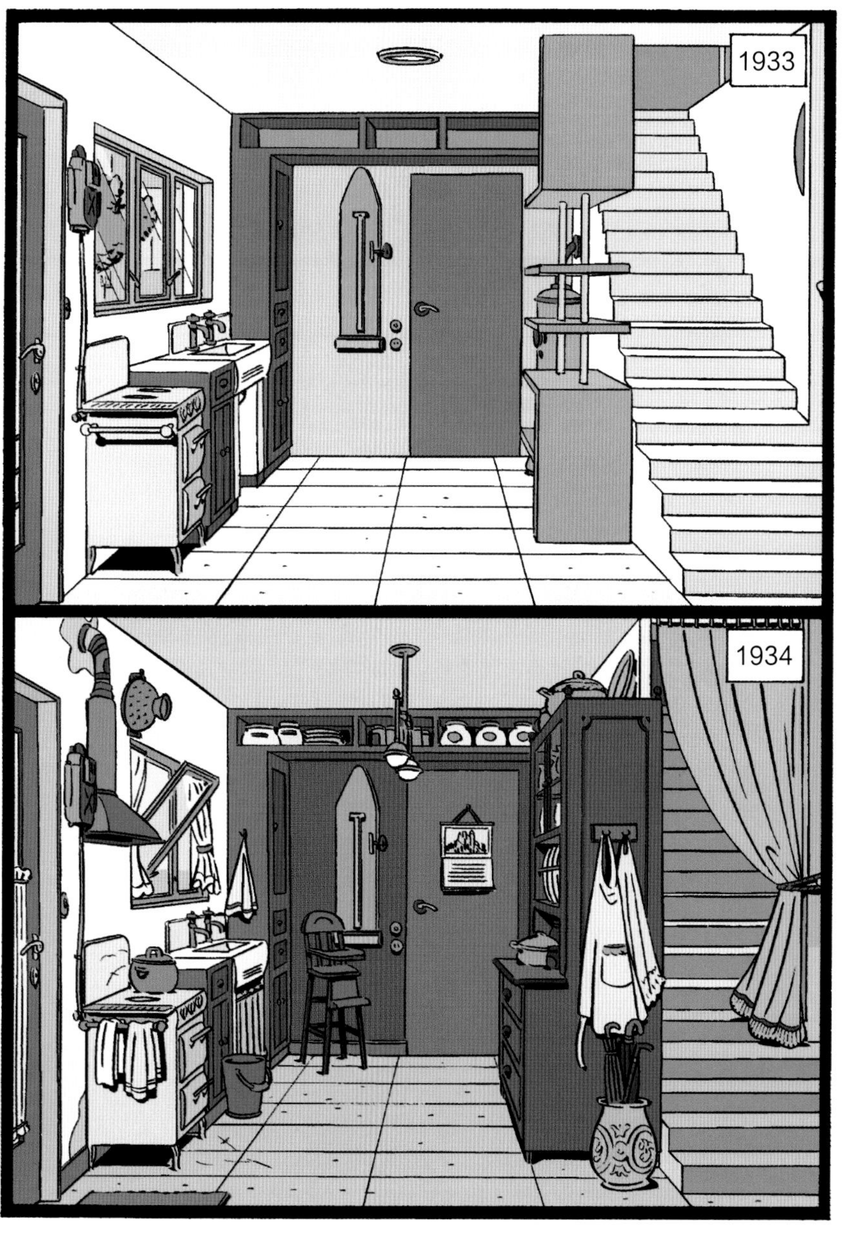

“一楼没有隔墙，同时楼梯开放，因此对室内的空间体积与暖气片的功率估算错误，导致这间屋子几乎不可能（而且代价非常昂贵）供暖。”洛塔尔说，他已经咨询了一位技术人员。“我们要建一道隔墙，还要安上一扇门，把客厅和厨房隔开。”经历了一个艰难的冬天，他无比坚定地补充道。

汉娜说：“哈，如何知道这个建筑师是个经常不在家吃饭的单身；他不知道什么是厨房。他建的厨房就像个档案馆，而不是一个烹饪、清洗、煎煮的地方……他忘了给炉灶装抽油烟机！厨房和房子的其他部分应该分开，不然我们还要回到中世纪，一切都在同一个房间完成。”

“当然，这些改变让我们不得不去掉部分窗户，不过这样很好，”洛塔尔继续说道，“窗户太多，但没有百叶窗，雨特别大的时候，就算把窗户关好，水也会很快顺着钢制窗框渗进来。”妻子很支持他：“另外，我们更喜欢我们村里的窗户。我们根据自己的喜好一点点加上装饰，比如改变这个曾经像医院等候室的客厅。以前坐在这里，好像在等一个坏消息。”

洛塔尔：“我们从广播里听到，建筑师胡特博士谈到这些房子的时候，说这些建筑是功能性的。而现在，它的功能就只有美丽，是多余的。”汉娜继续说道：“我不知道，对于我来说，一栋美丽的房子内外都应该是美的，是让我觉得舒适的。难道建筑师想说的是功能性的房屋就必须是不舒适的、需要忍耐的？说实话，一个建筑师不能把我的生活方式塞进他的平面图里，他的直角尺和直线笔在锅和尿布面前有什么么用？”

维塞尔先生总结道：“另外，我们不喜欢我们的房子和邻居的看起来一样，他们是他们，我们是我们。”

1937年

维塞尔一家决定按照自己的方式过得舒适之后，建筑杂志就又派记者和摄影师上门了。

至于威廉·胡特，他在全国和整个欧洲开讲座（据说更糟糕的是，他还在建造更多住宅）。几年过去，他的名声越来越响亮，他对现代化的诠释越来越激进，这更加拉开了建筑与用户之间的距离。“就好像建筑师在为技术或者历史书设计住宅，而不是给真正有需求、有实际问题的人们。”批评家冒着被指责为反动分子的风险，敢于发声。

斜面屋顶是圆形屋顶的简约版。用平面盖住角柱显得很自然，可以说是完美的。那里变成工人们在去工厂、厨房或者办公室之前的理想健身空间。我们对客户的承诺，亲爱的同事们，就是让他们看到建筑能为他们做什么。是的，让他们感受到，建筑如何让他们直接看到未来。

房子的平屋顶给维塞尔一家带来了几年的漏雨和潮湿的问题，这是因为糟糕的防水处理以及使用了不合格的外部覆盖材料。于是他们决定，照着几个邻居的样子，搭上传统的倾斜屋顶。

“拥护机械和技术的功能主义建筑师的克星……恰恰是技术。尽管技术看起来更快、要求更高，但它让建筑师停留在设计图上，无法看清技术本可以实现的目标。他们以为一口房子像机器一样被赋予技术以后，也可以像一个完美的机械结构一样运作起来。他们不愿意了解技术和家庭活动已经或许永久地把建筑风格放在了第二位。”

“把建筑缩减为代数公式有个困难，因为建筑师试着把个体放进这个公式，而在大多数情况下，一个人他不是一个值，也不是一个常数，而是一个未知数。”

1939 年

两年前，威廉·胡特移民到了美国。他借助公开演讲以及激进项目（例如他声称要摧毁欧洲大城市的历史中心区，以便建立起高大的玻璃塔），得以在公众面前保持名声。他很快就意识到，对于美国客户来说，名望就像侯爵的头衔一样有效，于是他等待时机（他摧毁城市的理想，很快就被其他人实现了）。他着手建立了超市、加油站，还有华尔街一些公司的摩天大楼。

在罗马城住宅区，很多业主都在效仿维塞尔一家，尽其所能将房子“个性化”。相比于推崇机械文明的加尔文禁欲主义，他们更偏好小资本主义的舒适。

1945 年

斯图加特被炮弹全面摧毁，如今百废待兴。20 世纪 30 年代的理性主义建筑师确实在某方面成了预言家，他们当时说的话成真了：“要从零开始！”

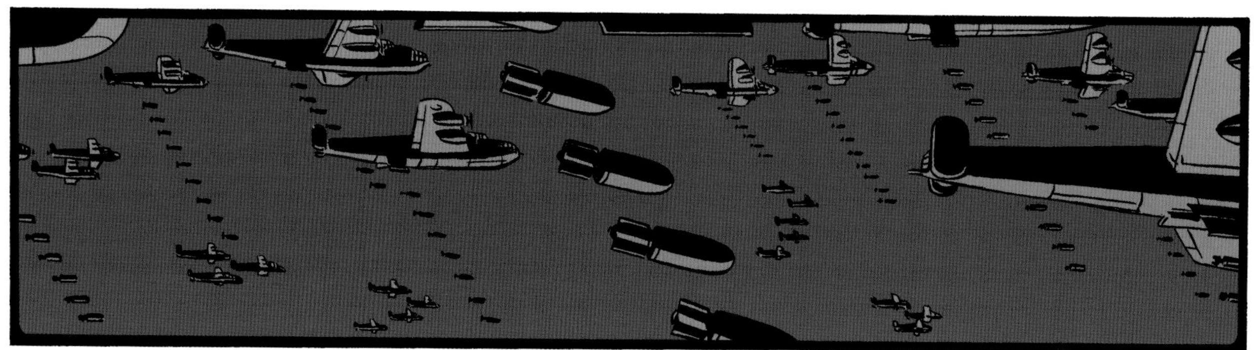

尽管带着真诚的——不过批评家们认为这是偏执的、错误的——社会责任感，20 世纪前三十年的先锋派建筑师没能达到他们希望通过改变住宅改变社会的目标。

但是他们确实通过程式化的严格标准，开启了现代化城市规划的道路。人们观察到，城市规划已经是个急需解决的问题，并且要放弃 20 世纪初的乌托邦设想。城市是个有生产力的有机体，其中居住的大多数居民都是工人阶级，政府应该管理他们，而不是不负责任地将他们当作工具。

可惜，对过去的不理智否定会让他们忘记教训，进而形成了对当前生活方式的错误理念以及对未来的模糊理念。

目前，罗马城住宅区重建了其中一栋住宅，正好在当年维塞尔一家住的位置。该住宅按照威廉·胡特的原版设计图，但使用了现代的建筑材料和方法，形状和颜色都遵循了建筑师的设计。它耸立于一小块整洁的草坪上，旁边有说明：看着它，就好像站在一座雕像前面。

参观室内，你会怀疑主人不像是住在家里，而像是一种美学体验。现代化运动的原则充满了讽刺，但也和谐。它的追随者，通过摒弃风格，创造出一种受到广泛认可的风格；而且，他们为了可居住性而摒弃美学，最后却制造出充满美学但可居住性差的作品。

第二十二章

在美利坚合众国的任意一条道路或街道

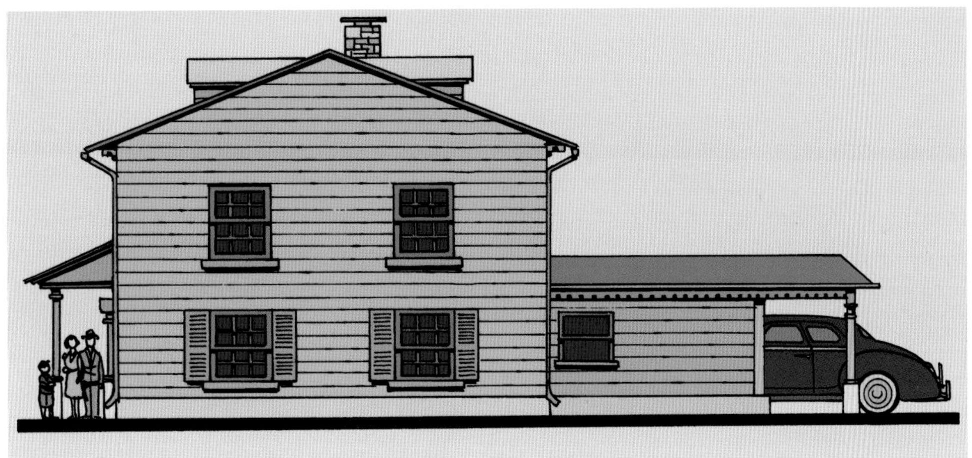

公元1941年

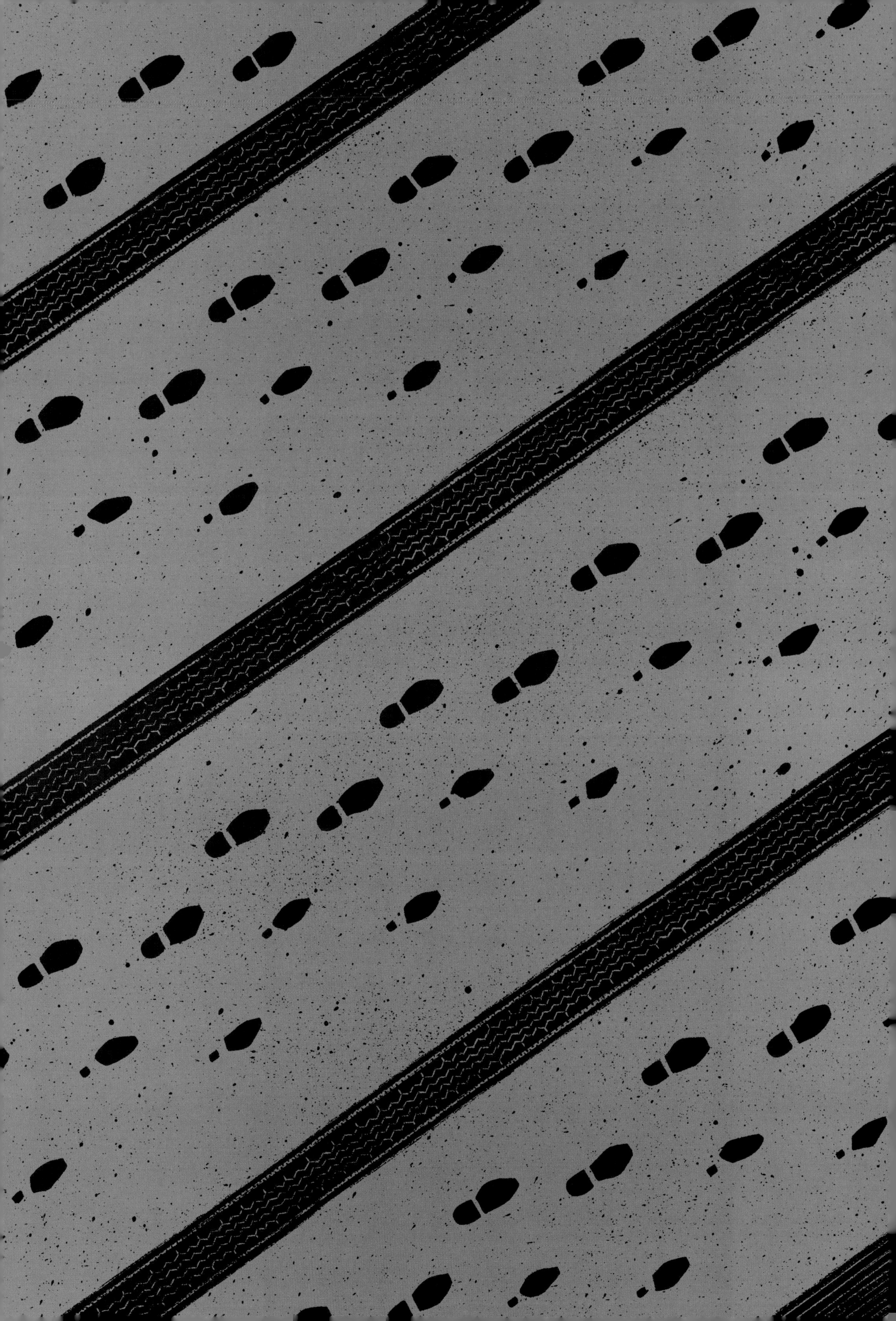

快到 20 世纪中叶的时候，一栋北美的房子的室内让我们相信，世界——您可以理解为幸福生活——在这里是触手可及的。从它的窗户我们可以遥望未来，或者至少说遥望愿景（房子通过向金融机构贷款购买，但是人们对这个愿景的热情没有一丁点儿减少）。而且现在，房子里多了一位住户。它代表的力量不可忽视。首先，它让家可以搬到市区以外，比如说在一个郊区住宅区里。高速公路之城就此诞生。

汽车进入家庭

从车的里面——我们不得不承认在车里待的时间更多——也可以看到周围的世界，这个世界的景象将最终改变这个机器的力量，让我们混淆了它的需求和我们的需求，它和时间及空间的关系与我们和这两者的关系。

Roader

Q23-69

HOLT'S
CAFE
SINCE 1916
HOLT'S RESTAURAN
AIR
AIR CONDITIONED

COFFEE
PAT'S
MILES
motel
VARIETY
STORE
GOOD FOOD
DRUGS
RAILWAY EXPRESS

Libby's
SWC-633

CLARK'S
ER SERVICE
CLARK'S
REGULAR GASOLINE
6
FOR
98¢
TAX PAID
MOTOR
RYTHM

AIR CONDITIONED
OPEN
MODERN DINER

MOTOR INN
GARAGE
CECIL WHITEBONE'
USED CARS
ELLIS
CARS WANTE
for
CASH!
CASH FOR YOUR CAR

WEST SIDE HIGHWAY
STATEN
NO TURNS

WORLD'S HIGHEST STANDARD OF LIVING
There's no way like the American Way
GARAGE
LOWEST PARKING RATES
Highway Diner
QUICK SERVICE IN YOUR CAR
EAT IN CAR
FRIED CHICKEN 40
McDonnell's STYLE

RAILWAY SYSTE
OK-135

PARKING
MILLER'S PRODUCE CO

大众化的汽车，作为“伟大的家用电器”，从此发展起来。这是一种每个用户都可以获得的机器（在美国），动力相当于六十匹或者一百匹马，速度可以达到每小时一百公里。这对于它的用户——它的“主人”，有着不可否认的心理作用。拥护者会说这是“人类乘以马达”。车就像人身体的延伸，将人包围，驶进永不停留的车流，被一股龙卷风裹挟，和其他的车混合在一起，汇聚成一条河，再次分流，奔向各自的终点。

类似的现象——在发展中——改变了城市的概念。没有机动车的时代城市是静止的，按照原来的城市做的系统设计将遭到摒弃。汽车首先扩大了企业的活动范围，然后将居民从拥堵的市中心移至“高速路之城”，那里有新型住宅区，专门为有车人士设计。

高速公路触发并推动了新城市规划的形成：公路创造了郊区的住宅区，而住宅区也创造了公路。这是个“原因—结果”的闭环，引发的争议一直持续到现在。有的声音认为多样化的路线可以成为城市问题的解决办法，有的声音却集中在土地投机和公路对周围环境的破坏；有的声音认为“高速公路之城”创造了新的生活，有的声音却看到城市千年来最宝贵的文化因此被摧毁。

在众多声音当中，汽车在前进，对这些声音充耳不闻。它推进了新的概念：汽车城。这不是因汽车而被改造的传统城市，也不是因汽车而形成的郊区住宅区，而是一种有新结构的城市生活。从现在开始，汽车将成为家里的一位新成员。

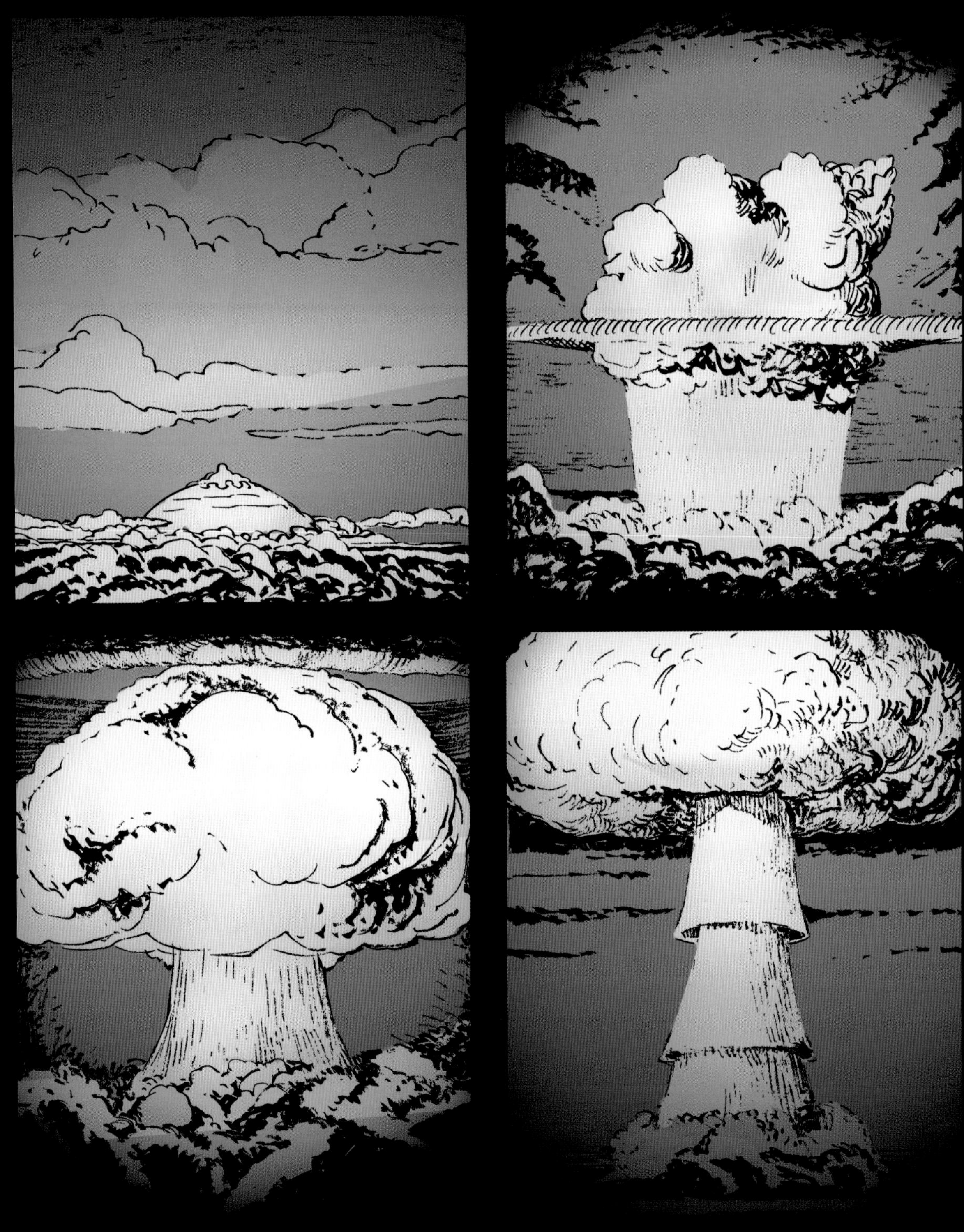

1945

第二十三章

从零开始

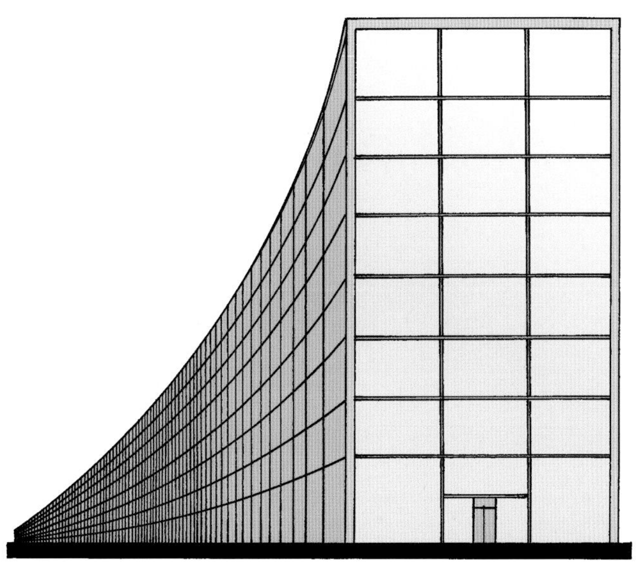

在欧洲的某个地方

公元1955年

在意识形态席卷全球前不久，欧洲已经因战争变得四分五裂。同一块大陆，因两种不同文化分成两大块：西部和东部。同样的历史，同样的罪过，但是形成了两种相反的、不断强化的看待未来的方式。这种动荡的和平暗藏危机，欧洲人被不安感和幸福的缺失感拖拽。不过，因此，或者说尽管如此，振兴欧洲是必要的。要重建她，从零开始。

1
最初几年，被夷为平地的欧洲急需解决的其中一个问题就是住宅。政治家、计划者、城市规划学者、建筑师、企业家……要面对的是欧洲人的大量需求：一个新环境中的新生活！
2
要加快速度，解放后的进程是停不下来的：
3
出现人口爆炸
增加社会结构
增加工业及行政
消费增长
财富增长
经济繁荣（这是截至当前，资本经济增长的最长时期）
4
乐观主义！
5
第二个工业时代
6 对控制机制的革命
7 大部分人口可以获得能源和大众消费
8 机械和电力体现在日常生活的各个方面
9
人们对未来充满向往，相信生活将像他人承诺的那样安稳，着重购买长期资产：**房子和车子**。评论家们说：“每个家庭都有一套房子和一辆汽车，旧欧洲的封建主义走到了终点。”

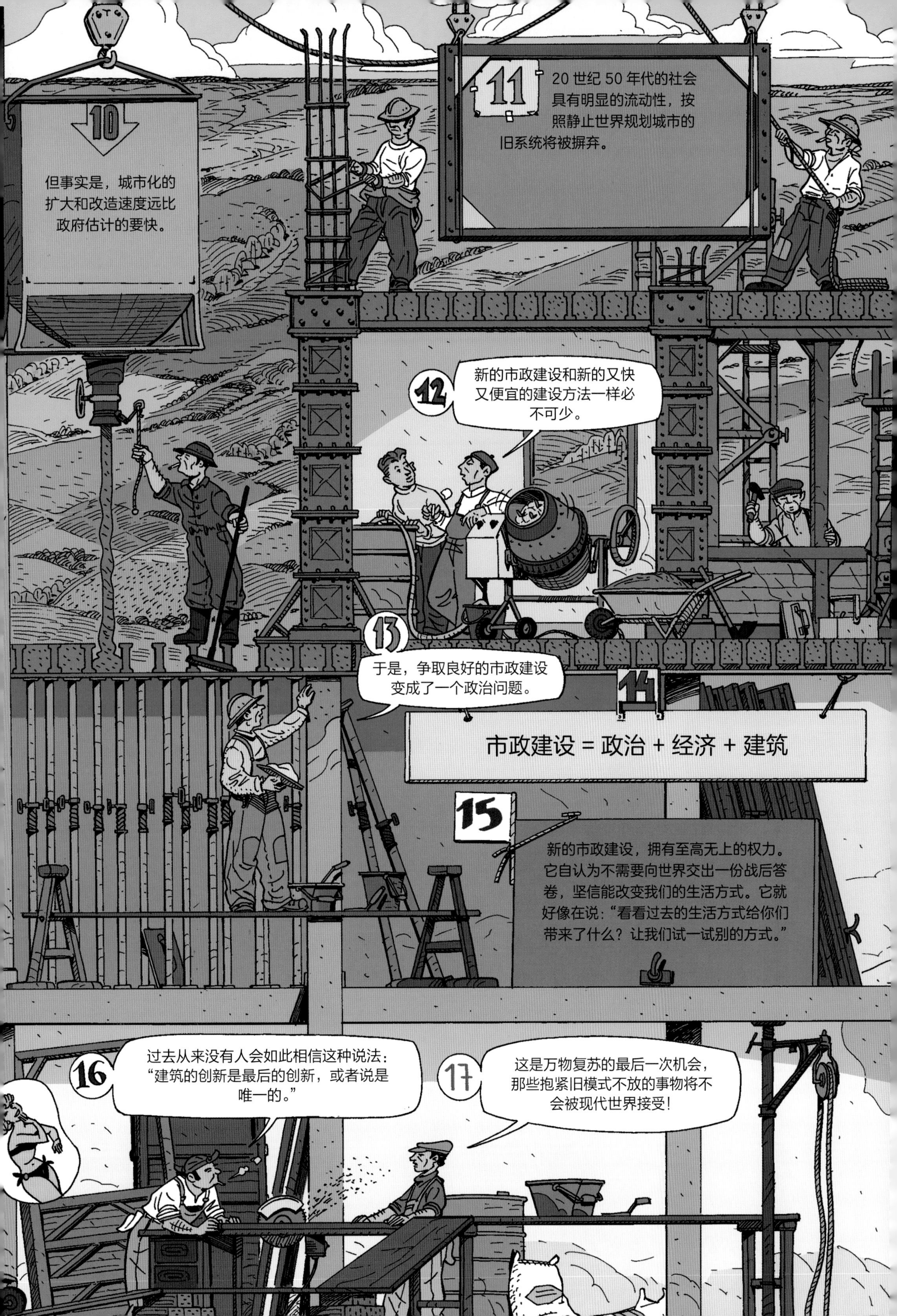
10
但事实是，城市化的扩大和改造速度远比政府估计的要快。
11
20 世纪 50 年代的社会具有明显的流动性，按照静止世界规划城市的旧系统将被摒弃。
12
新的市政建设和新的又快又便宜的建设方法一样必不可少。
13
于是，争取良好的市政建设变成了一个政治问题。
14
市政建设 = 政治 + 经济 + 建筑
15
新的市政建设，拥有至高无上的权力。它自认为不需要向世界交出一份战后答卷，坚信能改变我们的生活方式。它就好像在说：“看看过去的生活方式给你们带来了什么？让我们试一试别的方式。”
16
过去从来没有人会如此相信这种说法：“建筑的创新是最后的创新，或者说是唯一的。”
17
这是万物复苏的最后一次机会，那些抱紧旧模式不放的事物将不会被现代世界接受！

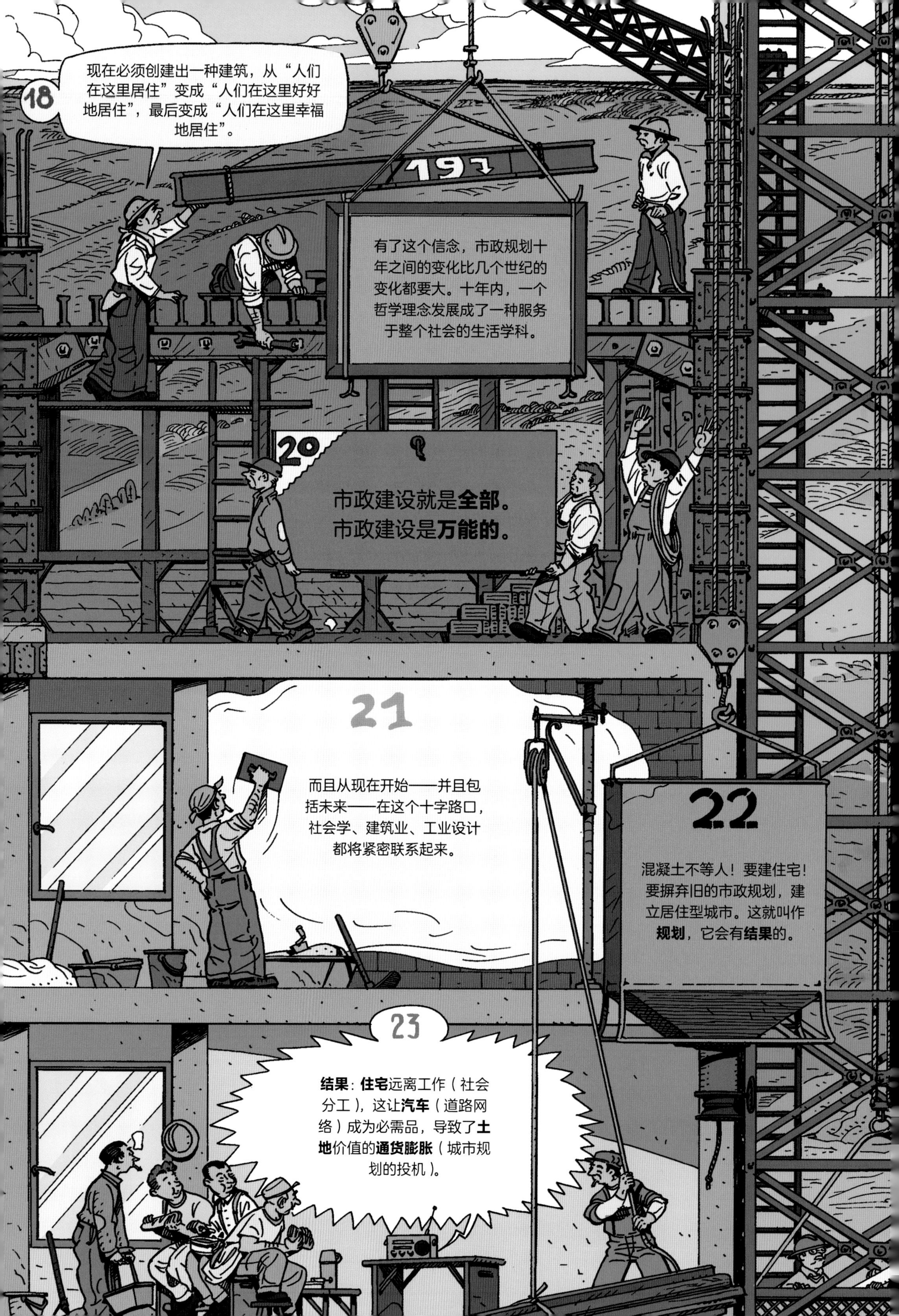
18
现在必须创建出一种建筑，从“人们在这里居住”变成“人们在这里好好地居住”，最后变成“人们在这里幸福地居住”。
19
有了这个信念，市政规划十年之间的变化比几个世纪的变化都要大。十年内，一个哲学理念发展成了一种服务于整个社会的生活学科。
20
市政建设就是**全部**。
市政建设是**万能的**。
21
而且从现在开始——并且包括未来——在这个十字路口，社会学、建筑业、工业设计都将紧密联系起来。
22
混凝土不等人！要建住宅！要摒弃旧的市政规划，建立居住型城市。这就叫作**规划**，它会有**结果**的。
23
结果：**住宅**远离工作（社会分工），这让**汽车**（道路网络）成为必需品，导致了**土地**价值的**通货膨胀**（城市规划的投机）。

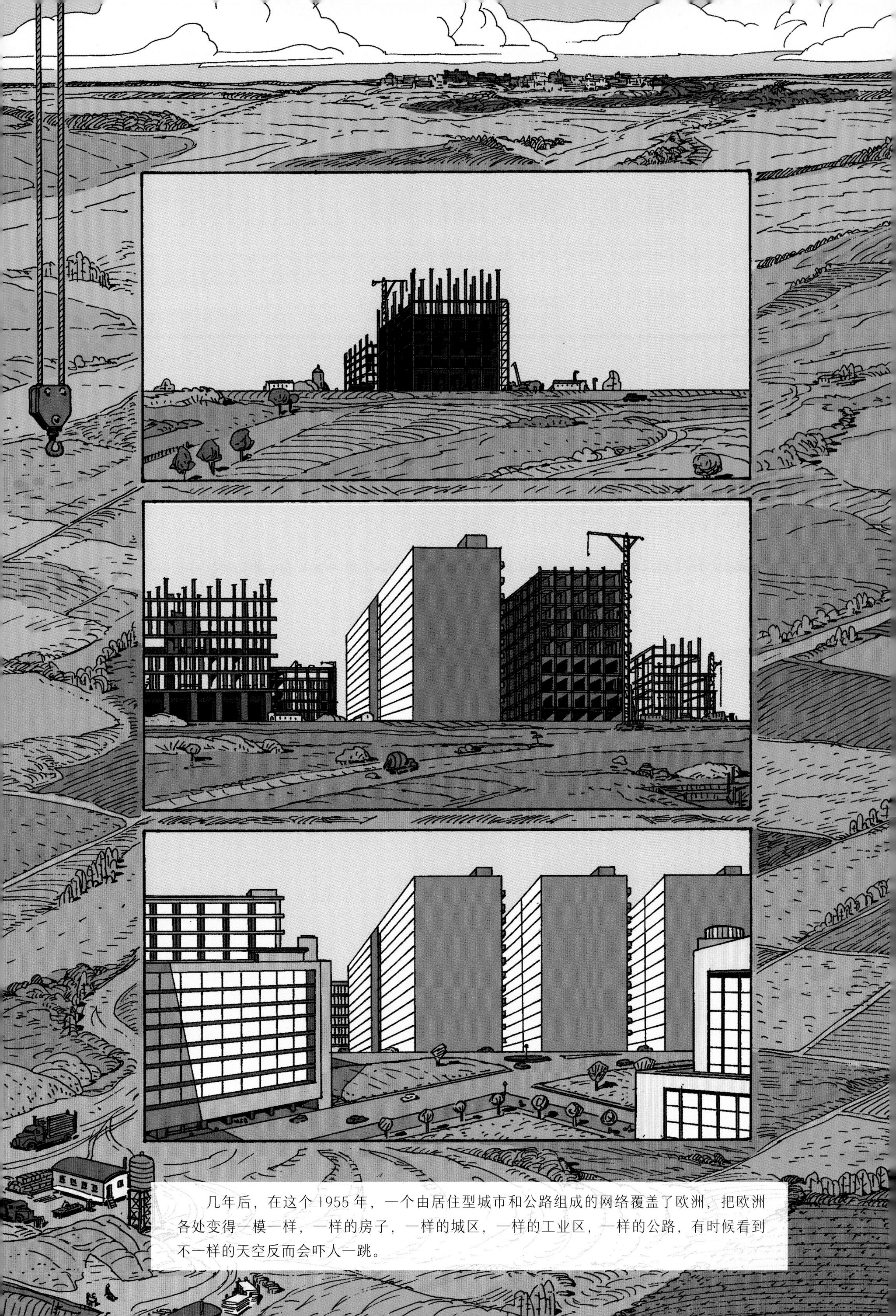
几年后，在这个 1955 年，一个由居住型城市和公路组成的网络覆盖了欧洲，把欧洲各处变得一模一样，一样的房子，一样的城区，一样的工业区，一样的公路，有时候看到不一样的天空反而会吓人一跳。

BALLY
由钢筋混凝土、钢铁、玻璃组成的建筑造就了一个新的家庭空间的概念，对建筑的视觉外观产生了明显的影响。确实，当承重墙不再是必须的，墙可以成为窗户，窗户也可以成为墙，因为玻璃构成了围绕建筑物的围护结构。进化到了终点：否定外墙。在建筑历史中，外墙必须由坚硬的材料（泥土、木材、砖坯、石头、细砖）建成，它曾经具有将房子的内外分隔开来的物理意义和精神意义。现在，室内可以通过玻璃向外展示；同样，外部也可以通过玻璃走进私密的家里。

难道说，**家**，就像通过橱窗展示商品的商店那样，现在也从属于**街道**？难道说，它的**室内**——有着让人想起办公室的建筑风格和装饰风格——已经让**公共**和**私人**空间的界限模糊？难道说，房子这个**概念**，曾经致力于保留属于家的私密性，现在成了现代化的牺牲品？
PLAY TIME

所有这一切，加上工业生产中经济和社会事件的迅速更迭，引起了日常生活的极快转变，同时也引发了一场家庭范围内的革命。
1
2
任何一个家庭主妇拥有的电器都比 20 世纪初一个工人在工厂里拥有的电器要多。20 世纪 50 年代发生了令人震惊的“大突破”。家用电器，如同汽车和楼房，从流水线上下来之后，像军队一样入侵了家庭。这些小机器将改变我们做事的方式，还有我们看待它们的方式。

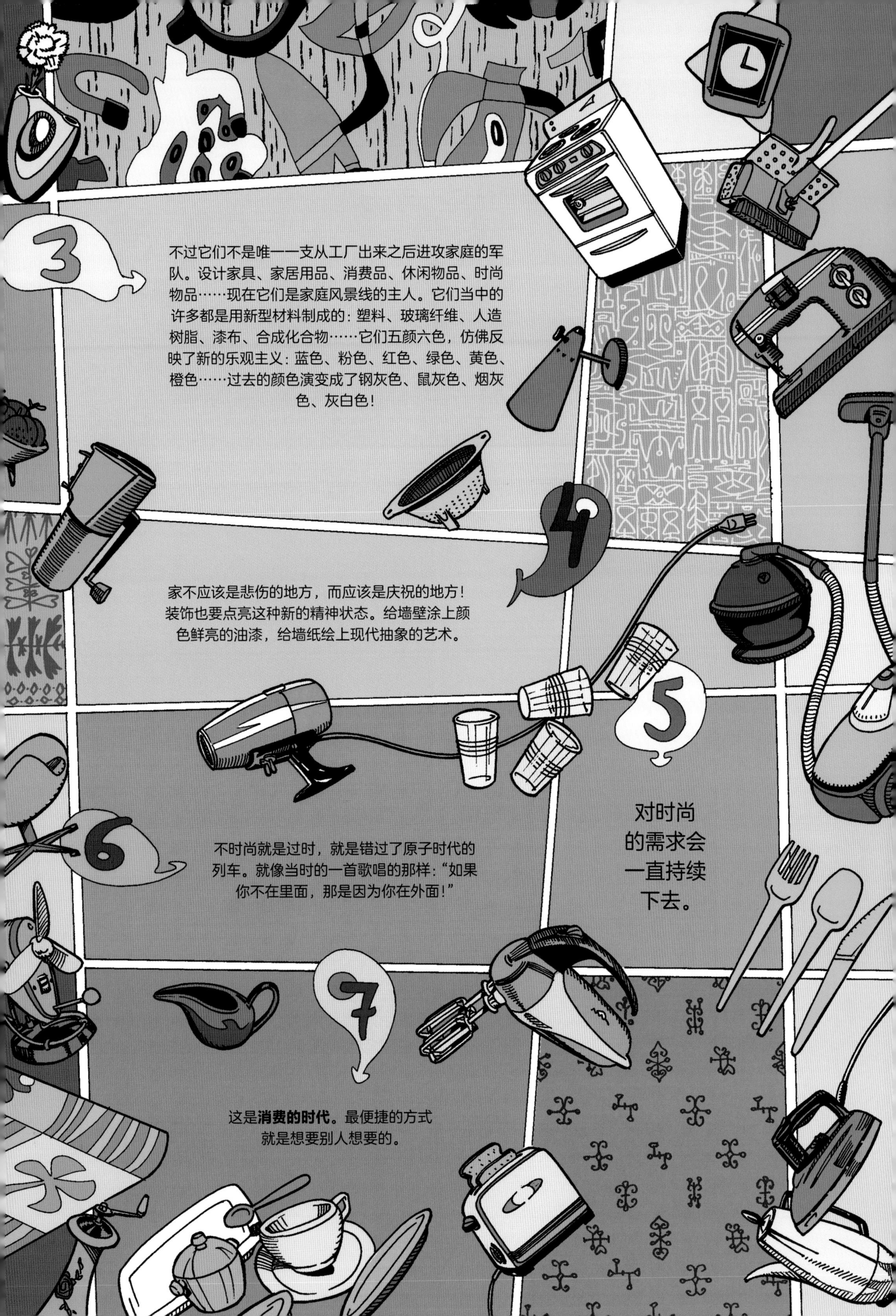
3
不过它们不是唯一一支从工厂出来之后进攻家庭的军队。设计家具、家居用品、消费品、休闲物品、时尚物品……现在它们是家庭风景线的主人。它们当中的许多都是用新型材料制成的：塑料、玻璃纤维、人造树脂、漆布、合成化合物……它们五颜六色，仿佛反映了新的乐观主义：蓝色、粉色、红色、绿色、黄色、橙色……过去的颜色演变成了钢灰色、鼠灰色、烟灰色、灰白色！
4
家不应该是悲伤的地方，而应该是庆祝的地方！装饰也要点亮这种新的精神状态。给墙壁涂上颜色鲜亮的油漆，给墙纸绘上现代抽象的艺术。
5
对时尚的需求会一直持续下去。
6
不时尚就是过时，就是错过了原子时代的列车。就像当时的一首歌唱的那样：“如果你不在里面，那是因为你在外面！”
7
这是**消费的时代**。最便捷的方式就是想要别人想要的。

savignac
我们
TODOS
都是
SOMOS
现代人
MODERNOS

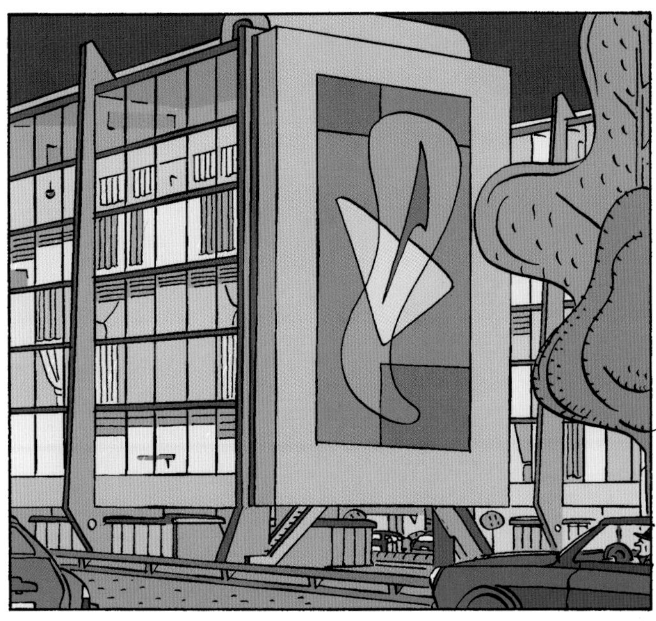

A

B

C

D

A 起居—办公—厨房
B 儿童房
C 浴室
D 卧室

LONDON

EAMES
MOMA

看到这样的场景，这样的东西，
一切都让人如此乐观，不是吗？

就好像，如果我们跟随这些现代绘画作品的形状和颜色，就会到达一个不一样的、更好的、崭新的世界——只要你想，就有可能得到。

“让我们把生活的美妙设计挂在墙上，然后它就会成为现实。”广告和最近的装饰杂志在小而精致的图片中展示：有了我们每天用的东西，从勺子到城市，我们就能幸福地生活下去。就这样，通过建筑，人们可以控制欲望和感觉。

不过就像前面提到的，社会及需求的增长带来的问题，远远超过了负责面对和解决这些问题的人的能力范围。

人们认为战后对福利的重建将促使政府建立合适的机构，但因果关系其实反了。

城市规划方面也发生了同样的事情，工业化的历史遗留问题、人口爆炸、亟待解决的新问题和缺乏经验，不可避免地使得城市规划和家居建设自 20 世纪初起就具有实验性的特点。

20 世纪 50 年代实施这种理论性的城市规划，其基础是，未来一定是稳定的、可预见的，任何影响它的事情都可以让步。

很快，城市发展中，配套设施和公共服务明显跟不上建设速度。另外，汽车即将从一种梦想变成一种噩梦：出行时，公路匮乏、塞车、不便和耗时。建筑本是为了实现公平——混凝土和玻璃的社会主义——但不可避免的土地投机使公平成了不可能实现的事情。

从 20 世纪初起，问题就只有一个：建筑可以净化社会吗？

第二十四章

未曾抵达的明天

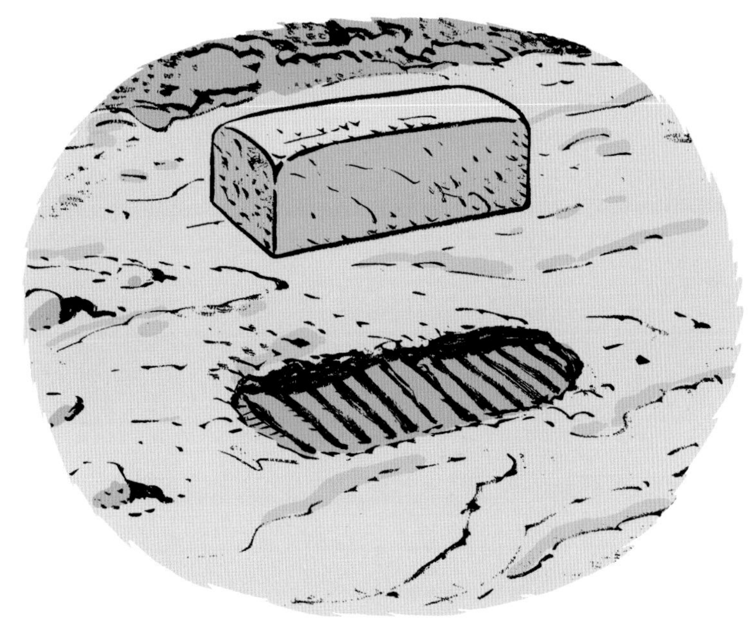

未曾实现的地方

公元1969年

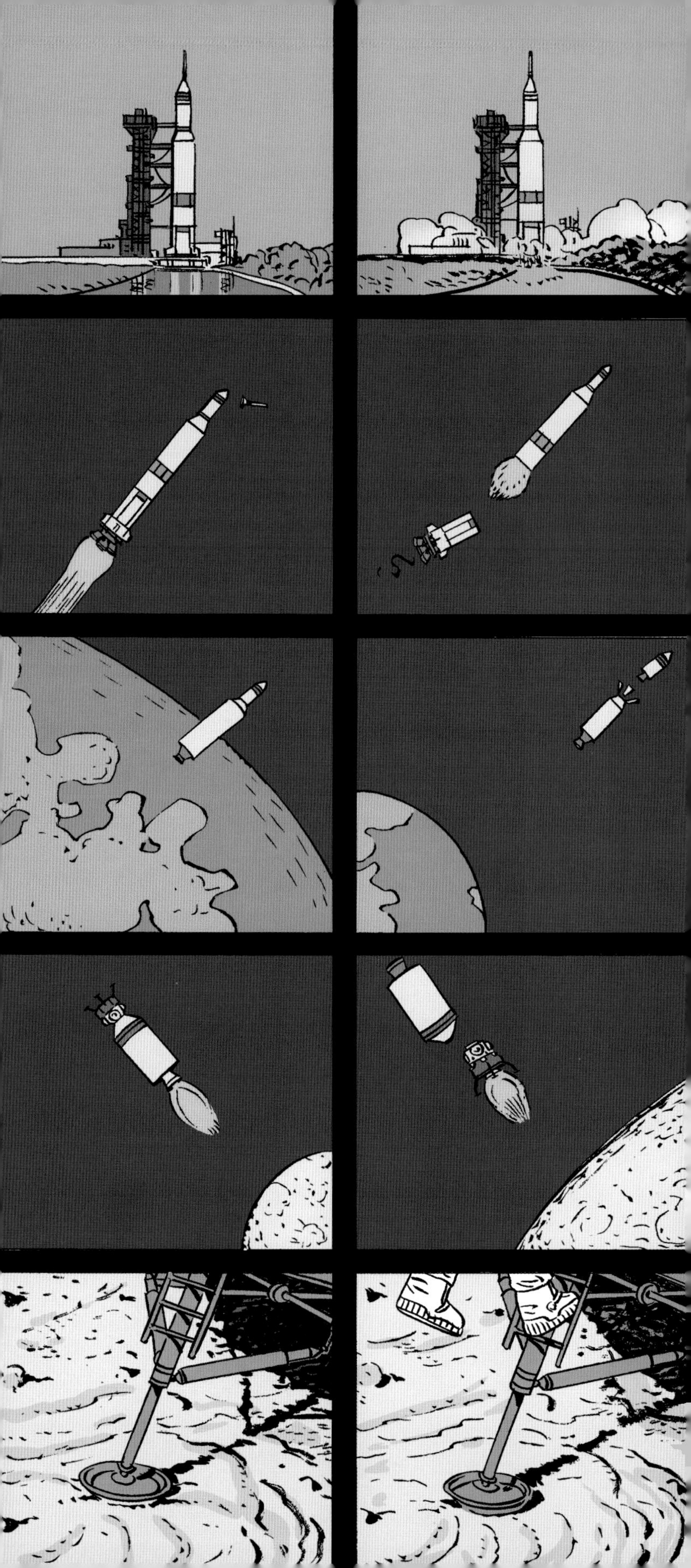

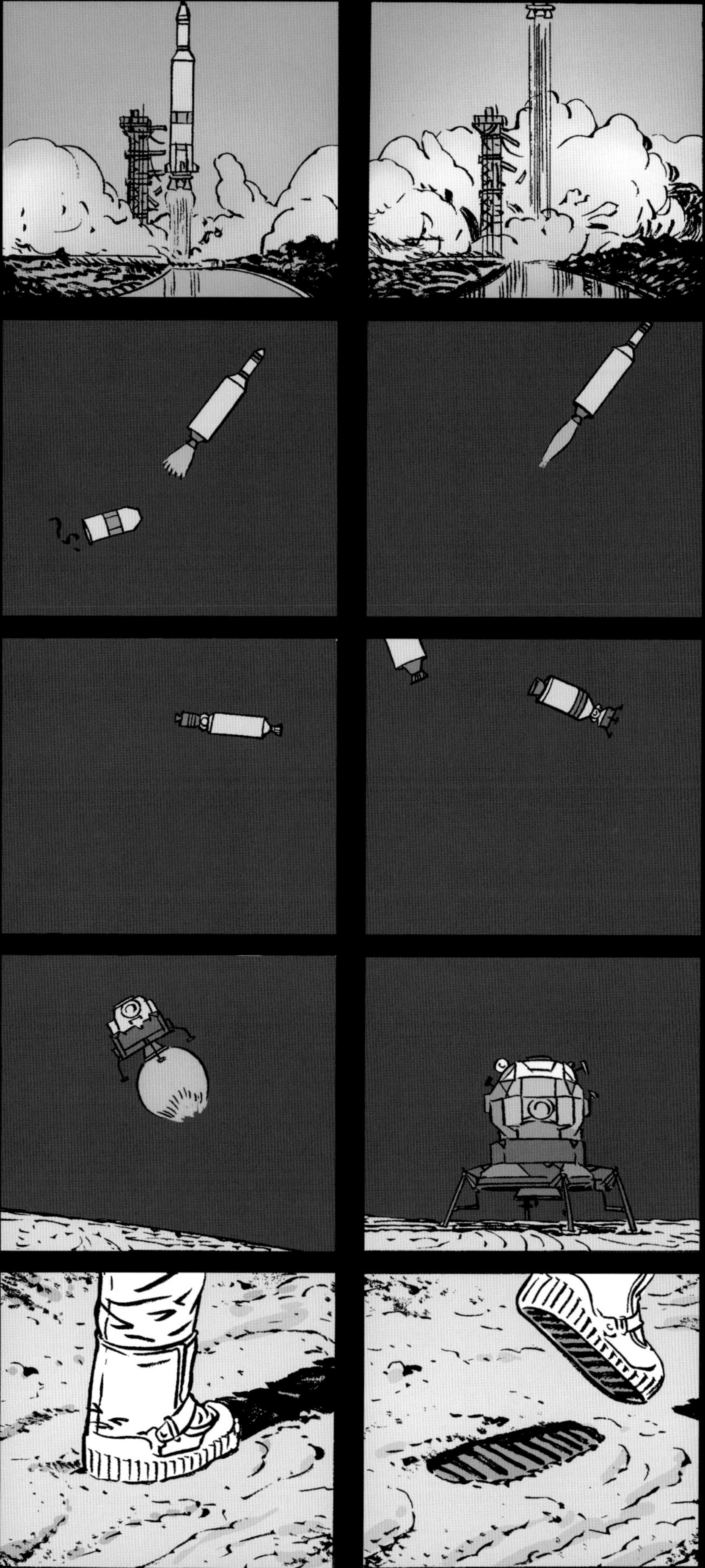

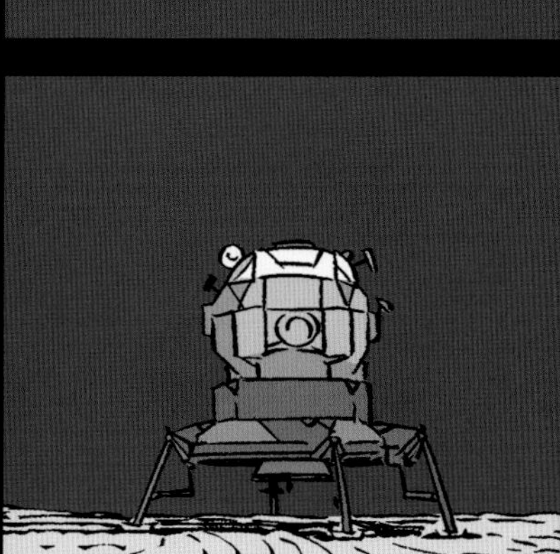

人类已经从地球故土上抬起一只脚，迈上了月球："……人类的一大步。"事实上，那个时刻配得上那句话。科学与技术就像新的神明，满足所有祈祷，让我们可以征服空间；但人类同时也征服了巨大的力量，足以摧毁地球——我们的老家，我们唯一的家，我们必须承认这一点。于是，为了无视内部问题，所有人都将目光投向了留在外面的脚印。"那个脚印将把我们带向哪里？"这句话曾风靡一时。事实上，风靡了好一段时间。

人们甚至用那样美好的画面对抗当时覆盖整个西方世界的悲观情绪。1968年5月，年轻人给这种情绪起了名字。他们把它称为"失落"。

失落演变成剧烈的运动。这是人们对背着他们制定经济、政治、社会、城市建设政策的激烈反抗。得知真相后的人们感觉自己成了受害者。
交换条件是：用对社会和经济的规划和管制，换取无限期的进步，从而迈向幸福生活。20 世纪 50 年代已经过去，20 世纪 60 年代马上也要结束，管制还在，可是根据街上的抗议活动可知，人们并没有得到承诺的福利。当然，不是每个人都获得了福利。看着郊区的人，那些年轻人，作为战后婴儿潮中出生的孩子，他们想：“嗯，这可不是他们承诺给我们的！我们想要生活在另一个世界！”他们把街道的路面石挖了出来，堆成街垒，准备好对抗，绝不妥协，他们大喊着类似墙壁上的内容：
我们要求那些
不可能实现的事

如果说技术是一种力量，振兴各行各业，无所不能；如果说我们可以获得无限的能量；如果说科学让我们征服外太空……那为什么这技术，连居住空间这么简单的东西都不能帮我们解决？
我们的父母亲从零开始，而我们什么都没有得到。
这是乌托邦时代
这个时代，人们要求不可能的事物也要实现。不能像20世纪50年代那样，仅仅通过建筑和工业设计规划社会。
二十年前的城市规划给我们留下什么？
它带来的问题比解决的问题多！
越来越差！
交通堵塞！
污染问题！
糟糕的卫生！
身份缺失！

20 世纪 50 年代仓促建成的建筑已经有了裂缝，乐观主义从缝隙中迅速逃走。平庸以同样的速度迅速钻进来。
我们的前辈，带着傲慢，自以为仅仅通过建筑就能解决所有问题。城市规划的问题、建设的问题、动荡社会的问题、文化的问题……
最后，那些用直线建起来的不合理的建筑变成一种让人讨厌的东西，像堵车或者塑料餐具。
你们跟我们说：“你们不会喜欢，但这是必需的。”
我们大喊着说：“不要！”
不会一直这样的！
建筑会倒塌
今天我们从路
明天就轮到我
极丑的家

年轻的建筑师也被卷入那场运动中，他们要喊出自己的声音。

他们来自世界各地，共同规划未来的家应该是什么样的。

未来之家

21 世纪，
我们的城市会变成怎样

自由世界出版社

这份精美的册子——如今已经找不到了——讲述了对未来建筑的展望，汇集了许多想法。从最有技术含量的到最有想象力的，从最合理的到纯理论的，所有想法都充满了一种氛围，那就是当时已经消失的、关于生活方式的乐观主义。

各位可以在下面几页看到册子里的内容：

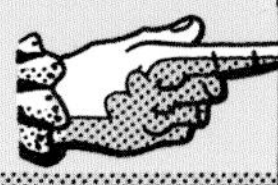

可以连接起来的房子

罗恩·汉密尔顿
迈克尔·沃特金
伦敦 1968 年

我们可以从许多工程项目中看到，对社会流动性的担忧是这一代年轻创造者共有的特点。他们当中的很多人都坚信“房子比我们存在的时间还短。每一代人都应该创造出自己的城市”。

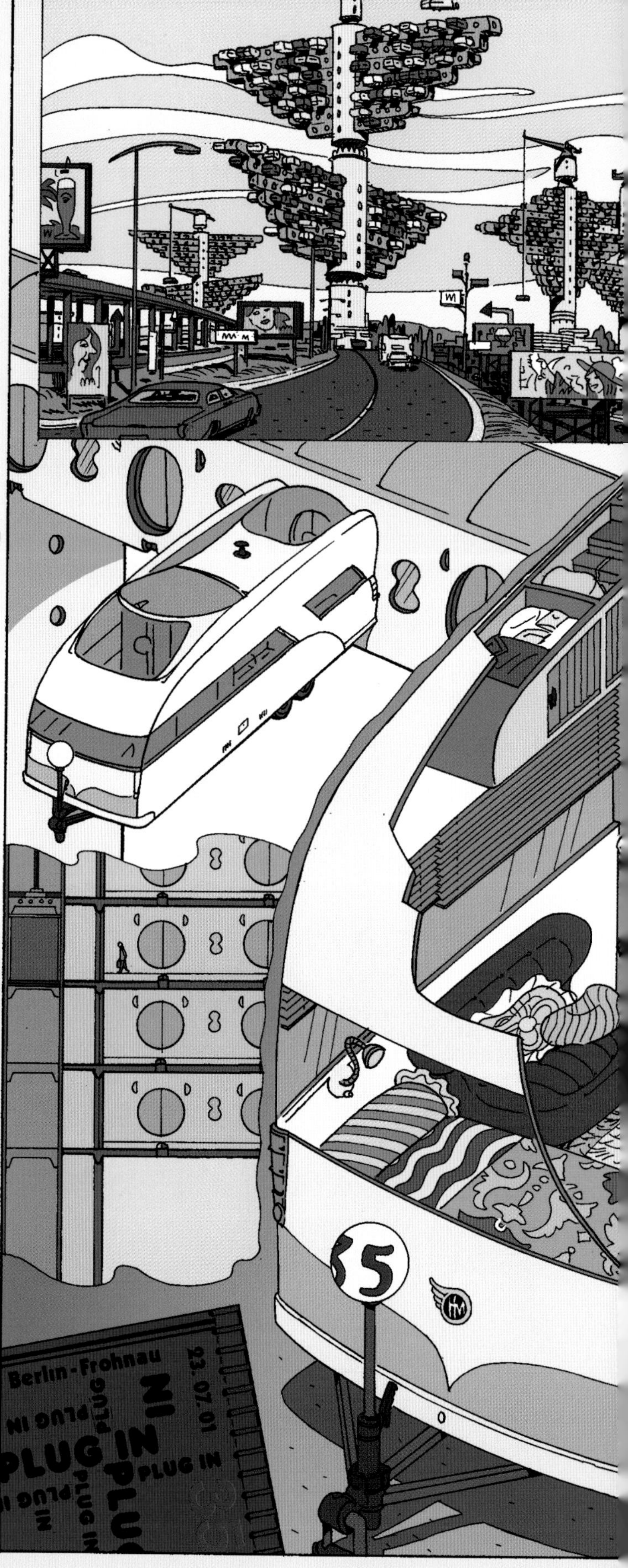

原子时代的城市生活中的决定性因素就是将空间分成固定元素和移动元素。人们出行的次数将越来越多，而且一生中会换好几份工作。传统结构——家庭、公司、社交俱乐部、地方行政部门、国家，都不再是一成不变的。在一个充满变化的世界里，还会有人需要一成不变的建筑吗？
在 2000 年，传统城市中心的周围将会有一环环高层结构，上面有固定的接收器，可以安装可移动和可附加的住宅。简单的基础服务设施，水、电、排水管、垃圾…… 既保证居住环境的舒适，也需保证安装和拆卸的便捷。通过这种方式，这座历史小城的表面将成为一个短暂的、可变更的大城市。
Berlin-Frohnau
23.07.01
PLUG IN

星际之家

H. 凯斯勒
结点军团
杜塞尔多夫 1969 年

征服月球之后不久，从太空看我们星球的画面被四处传播，它就像个蓝色的球体，美丽又脆弱。太空竞赛开始之前，只有最大胆的人才敢谈论月球殖民地。其他人则沉浸在科幻和对前瞻性建筑的幻想中，并不断大胆地推进预言的边界——几乎每种情况都忽视了科学的可行性。“太空里充满能量和原材料，”他们说，“而且取之不尽。而地球那么小，能源会被耗尽。”

2020 年，我们的星球将没有足够的空间供人类居住。再没有比太空拥有更多空间的地方了。必须发展星际社区项目。没有后退之路。过去的已经过去，宇宙是唯一的选择，别无他法。失去重力的国度将是人类最后的住宅。太空是我们真正的家。如果我们不面对这个事实，人类的历史将会终结。

帝国大厦
380 米
小塔
2000 米

塔上之城
潮流工作室
建筑师安哥拉·迪·圣雅戈博士
米兰 1967 年
理论家没有结点军团那么重的预言色彩，他们看到了利用垂直解决城市拥堵问题的方案。他们认为，21 世纪的城市，应该是压缩的、集中的和垂直的。他们预见到城市的扩张将是越来越无止境和破坏性的，而垂直性将避免城市扩张时破坏环境。塔上之城的主要特点是集中居住区域、合理规划空间、建立新的人际关系以增强集体意识。
水平这个概念已经不合时宜，技术允许我们抛弃水平，重新建立一种城市建筑语言，并由此发展出新的社会学语法。城市将成为一座塔。广场将成为上升结构中的枢纽，街道将是垂直的。先进的技术将负责提供所有自动化服务。这样，身处其中的将近五十万的居民可以在这样的空间中更加自如。

水底之家

海底世界城

琼·多梅内克
巴塞罗那 1970 年

我们再次来到这里，看到这个具有未来感的居住项目。它有一点原生态的风格，在不久的将来，环保意识觉醒。如今出现了“城市—桥梁”的理念，将岛屿和大陆或者大陆与大陆连接起来，起到扩张领土和联合“经济—政治”一举两得的作用。不过这个漂浮的、移动的海之城项目不仅限于此。那些居住舱可以从没入海底的结构中脱离出来，自由地环绕全球航行或者固定在海底。

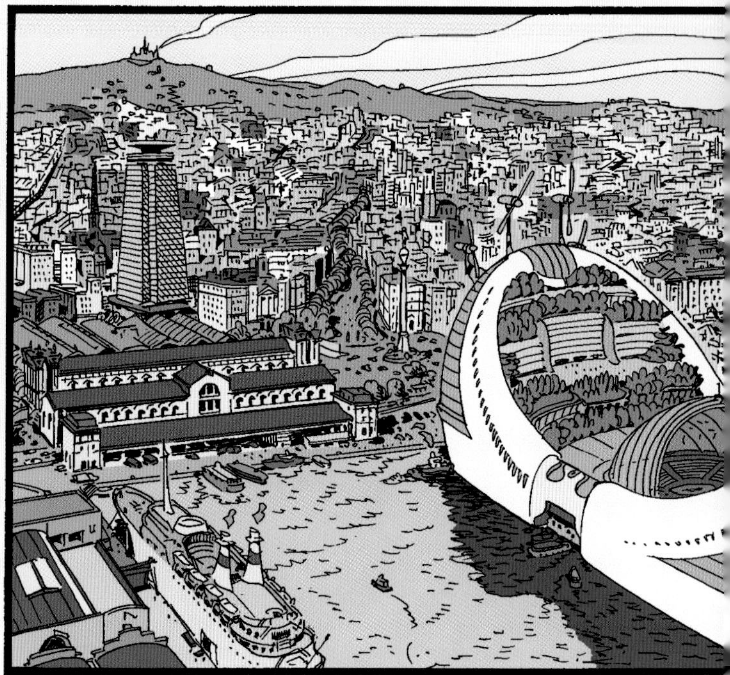

海上及海底建筑有待人们发掘。大海给我们的东西都没有完全开发完，又去太空中寻找什么？我提醒各位，大洋与海覆盖了地球三分之二的面积，这是一个不能再好的生命空间，在几十年内也是必不可少的。它是营养物质——动物和植物的来源，以及矿物资源的来源，还有太阳能和动能——海浪和潮汐，以及风能——海风。甚至对建筑设计的启发而言，海洋构造学也是无可比拟的。我们从水中来，我们就是水，我们的未来就在水里。

CSA
T-187
Villa Montse
1+1
=2
Joan

建筑细胞乐队
THE ARCHICELL BAND
我们的灵感来源于单一的细胞、
变形虫的形态以及运用于航天的密封舱的复
杂的人体工程学。住宅是有自主权的，
同时它可以和周围环境及动态
物体互动。
POW
集体住宅的定义
将是以膜为基础单位
组成的集合体。

膜之家
建筑细胞乐队
洛杉矶 1971 年
现在是属于物理学、生物化学和计算机科学的时代。
在 2000 年，世界的微型化趋势使得巨型建筑在住宅建筑范畴显得不协调。
要探索新的居住方式。
流动的、可更换的、可组装的、可对调的居住空间，它在物理上、定义上的灵活性都与一个有机体里的主要功能类似。
这种膜可以适应人体的动作和形态：那才是家。
通俗艺术、新的通信技术以及筑造机制。
将内在的组成部分拆卸掉后，可以把膜折叠：家消失了。
和平与自由的爱。
反建筑。

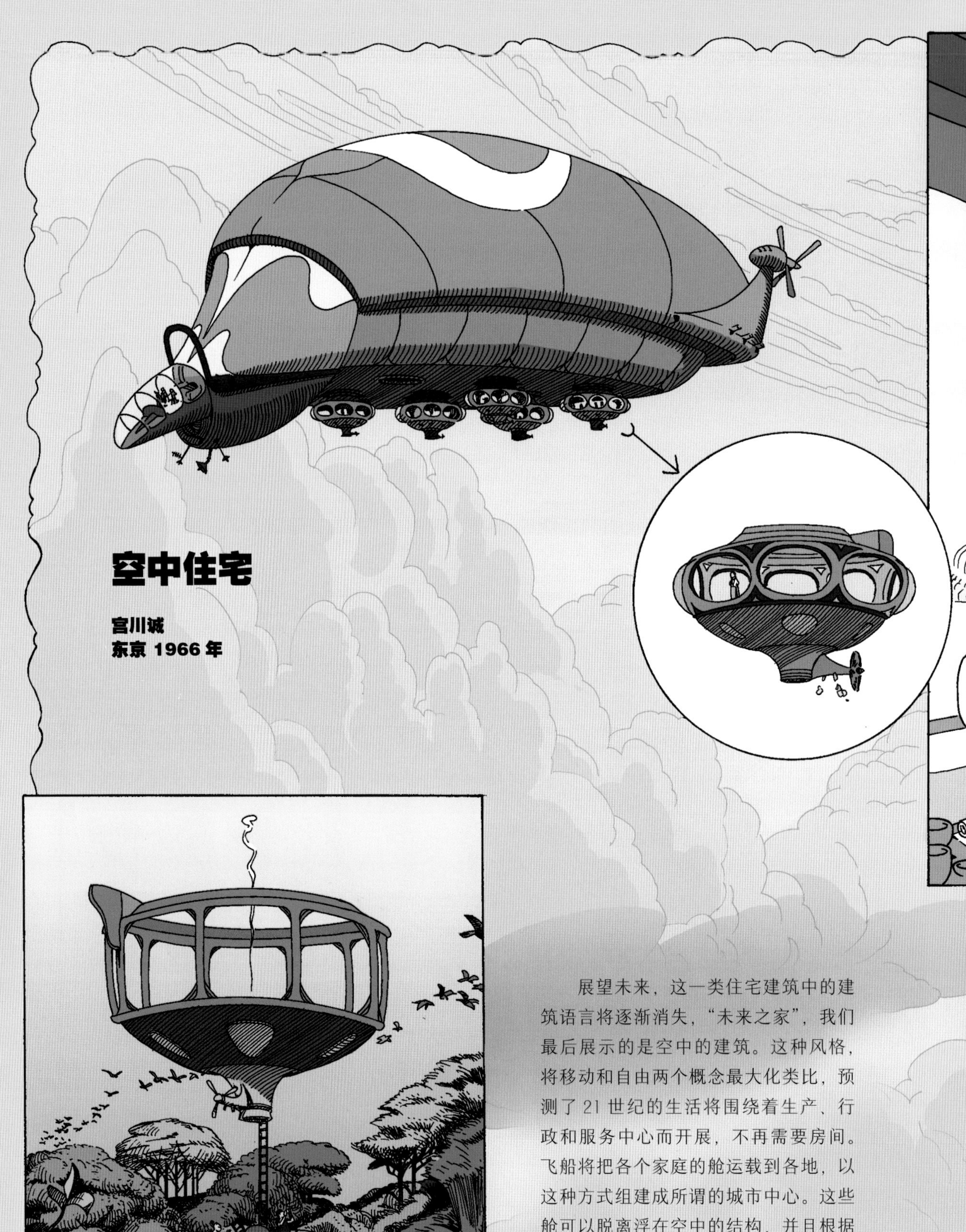

空中住宅

宫川诚
东京 1966 年

展望未来，这一类住宅建筑中的建筑语言将逐渐消失，“未来之家”，我们最后展示的是空中的建筑。这种风格，将移动和自由两个概念最大化类比，预测了 21 世纪的生活将围绕着生产、行政和服务中心而开展，不再需要房间。飞船将把各个家庭的舱运载到各地，以这种方式组建成所谓的城市中心。这些舱可以脱离浮在空中的结构，并且根据居住在里面的居民的意愿和需求，自主航行。

人是生物体，离不开太阳、光、空气和季节。五十年后，社会将变得更加自由。与此同时，我预言，届时将出现一种独立建筑，应该说是会飞的建筑。一种没有建筑师的建筑，“它就像被写在空中”。那时候，住宅将飞在太空中，它的形状只由一层膜构成，它将因室内空气及室外空气的压力差而改变。研究了空气的物理和化学特点后，我们不使用任何材料也可以建立装备。膜可以反复折叠，墙壁将不复存在，一切都属于外部空间。正如老普林尼说的：“空气是生命的起源，它填满了宇宙，将所有事物交织在一起。”

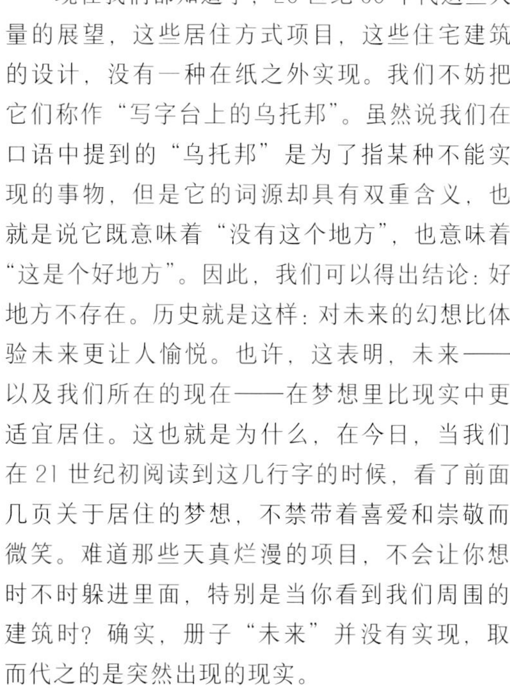

现在我们都知道了，20 世纪 60 年代这些大量的展望，这些居住方式项目，这些住宅建筑的设计，没有一种在纸之外实现。我们不妨把它们称作“写字台上的乌托邦”。虽然说我们在口语中提到的“乌托邦”是为了指某种不能实现的事物，但是它的词源却具有双重含义，也就是说它既意味着“没有这个地方”，也意味着“这是个好地方”。因此，我们可以得出结论：好地方不存在。历史就是这样：对未来的幻想比体验未来更让人愉悦。也许，这表明，未来——以及我们所在的现在——在梦想里比现实中更适宜居住。这也就是为什么，在今日，当我们在 21 世纪初阅读到这几行字的时候，看了前面几页关于居住的梦想，不禁带着喜爱和崇敬而微笑。难道那些天真烂漫的项目，不会让你想时不时躲进里面，特别是当你看到我们周围的建筑时？确实，册子“未来”并没有实现，取而代之的是突然出现的现实。

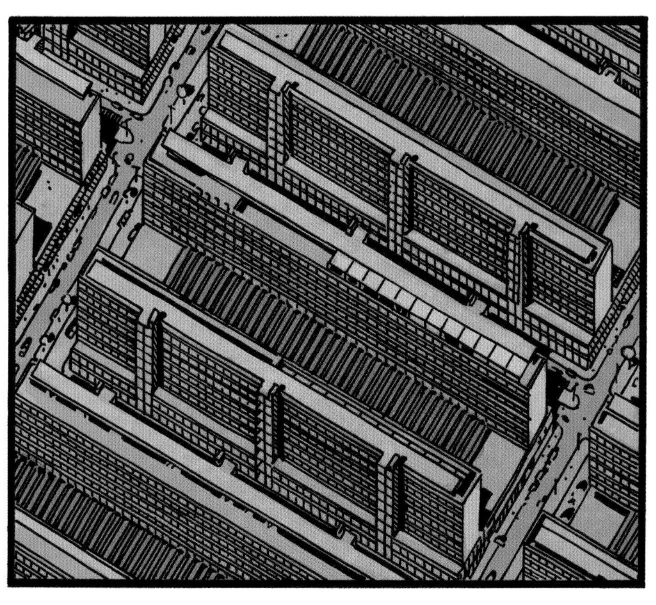

如果我们接受这个论点——住宅建筑的进化反映了创造出这些建筑的社会文化理念的进化，那么这六幅图展示的风景又能反映出一个怎样的社会呢？是的，必须承认，规划型建筑充满对未来生活的美好想象，但是在解决还不存在的问题时就失败了。不存在是因为实际上未来需求不可预知。不存在是因为问题总是在发展中不断出现。建造型建筑将我们该如何生活强加到我们身上，它失败的很大一部分原因就是它不能理解，自然不知道我们是谁，我们喜欢什么。20 世纪 60 年代真正的呐喊是："第二次世界大战之后，人们重建出来的世界，和想象中的不一致，这是一个充满复杂现实的世界，常常无法分析，却总是令人不快。"

而最差的还没有到来。

第二十五章

通信化之家

世界上任何一个通信化城市

公元1975年

在 20 世纪 70 年代中期左右，太空探索的激增使这张图片家喻户晓。

就好像我们第一次来到一个大院子，从外面看我们的家，了解它的外部。这让我们同时产生了自豪与疑虑。自豪，是因为欣赏了我们的家；疑虑，是因为它没有任何保护。

我们的摇篮，也是我们的家，从几十万年前起就是这样了。我们给它起了个名字——蓝色星球。

这张家的照片摄于 1962 年 7 月 10 日。那天，人类发射了一颗人造卫星进入轨道，它可以让图片和声音从地球的这一端传送到另一端。

就好像是一栋房子的墙上多了门和窗。人们说，自那之后，生活就和从前不一样了。当第一个轮子转动的时候，也可以这么说。当印刷术发明的时候，也是一样的。当火车用烟雾挡住风景的时候，或者当电报和电话传输的声音能在八十天内绕地球一周的时候，也是一样的。

世界史就是一部世界不断加速缩小的编年史。在如今的 1975 年，这种速度已经到了令人头晕目眩的程度。我们球形的家里多了四十亿居民，这是人类历史上最大规模的人口爆炸，这个家里的每个房间都实现了远距离连接，蓝色星球已经变成了小球。

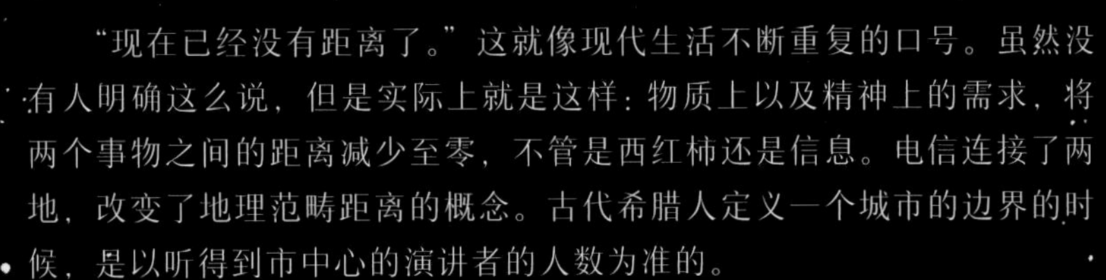

“现在已经没有距离了。”这就像现代生活不断重复的口号。虽然没有人明确这么说，但是实际上就是这样：物质上以及精神上的需求，将两个事物之间的距离减少至零，不管是西红柿还是信息。电信连接了两地，改变了地理范畴距离的概念。古代希腊人定义一个城市的边界的时候，是以听得到市中心的演讲者的人数为准的。

现如今，当声音和图像可以抵达任何一个地方时，这些边界已经不属于城市，而是整个文明了。我们称之为国际化城市。这个无边的网络里，个人在地理上是分隔开的，却因为技术和信息连接在一起。通信化城市里的通信化居民住在通信化家里，那是有各种通信设备的家：录音机、电话和电视。这三个物品里，电视将最有力地改变我们对生活的看法。如今，每家都有一台电视。全人类——四十亿！我们要记住这个数字——就是一台电视。这种断言也许不准确，但是却表达了一个愿望，或者说一个预言。

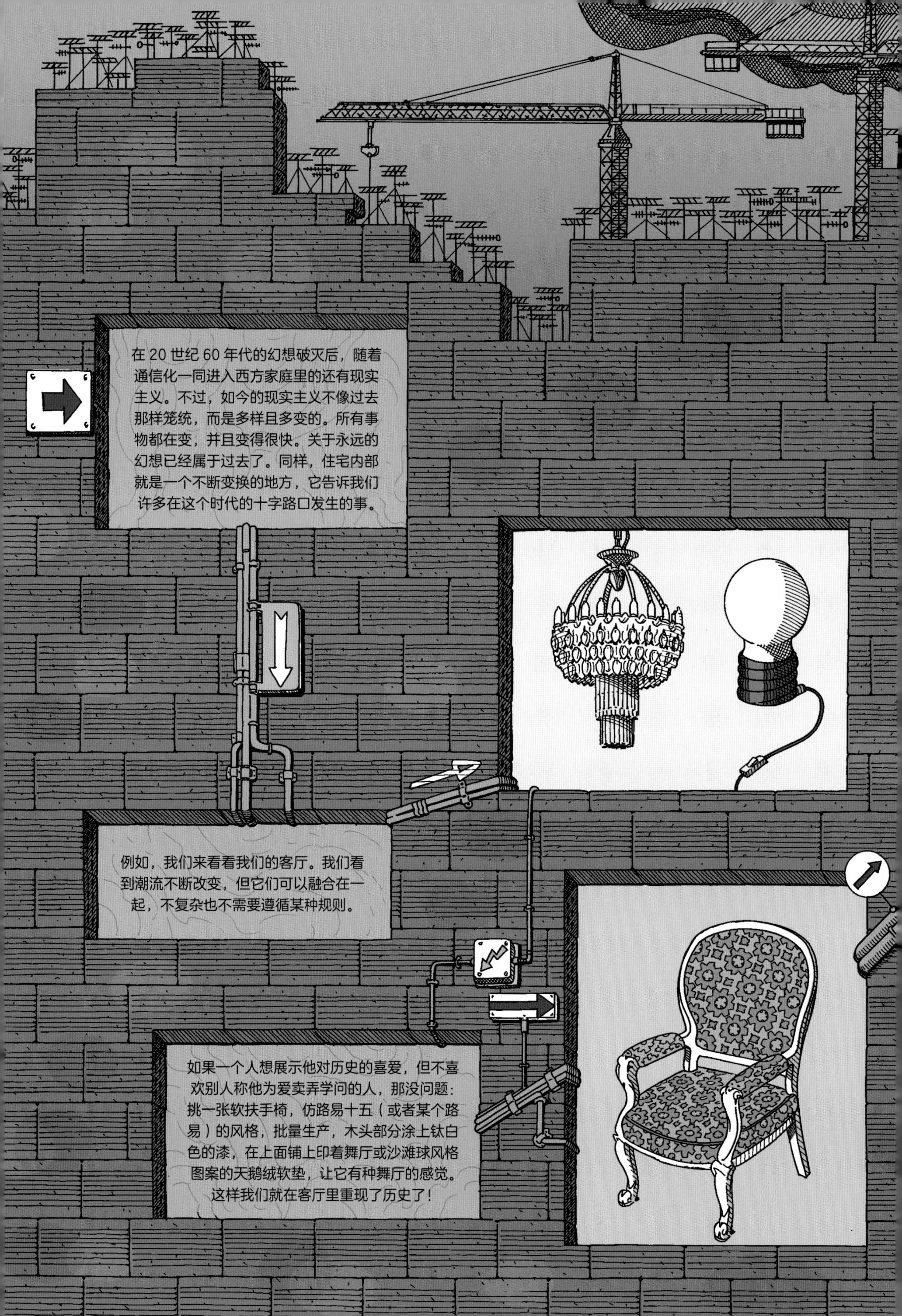
在 20 世纪 60 年代的幻想破灭后，随着通信化一同进入西方家庭里的还有现实主义。不过，如今的现实主义不像过去那样笼统，而是多样且多变的。所有事物都在变，并且变得很快。关于永远的幻想已经属于过去了。同样，住宅内部就是一个不断变换的地方，它告诉我们许多在这个时代的十字路口发生的事。
例如，我们来看看我们的客厅。我们看到潮流不断改变，但它们可以融合在一起，不复杂也不需要遵循某种规则。
如果一个人想展示他对历史的喜爱，但不喜欢别人称他为爱卖弄学问的人，那没问题：挑一张软扶手椅，仿路易十五（或者某个路易）的风格，批量生产，木头部分涂上钛白色的漆，在上面铺上印着舞厅或沙滩球风格图案的天鹅绒软垫，让它有种舞厅的感觉。这样我们就在客厅里重现了历史了！

再时髦的人也不应该为追求舒适而感到羞愧。而且没有什么能比一张英式的大扶手椅更舒适的了。成千上万个屁股在它上面度过了几个世纪，没有一丝怨言。
为什么抛弃掉还不错的 20 世纪 50 年代到 20 世纪 60 年代的设计呢？好吧，再忍耐一会儿，等奖金到账了我们再来看看。
不过，如果您想让挑剔的房客闭嘴，那就给他看最新、最潮流的家具，或者说第二新的。有可能不太舒适，有点难移动，而且有很多毛。

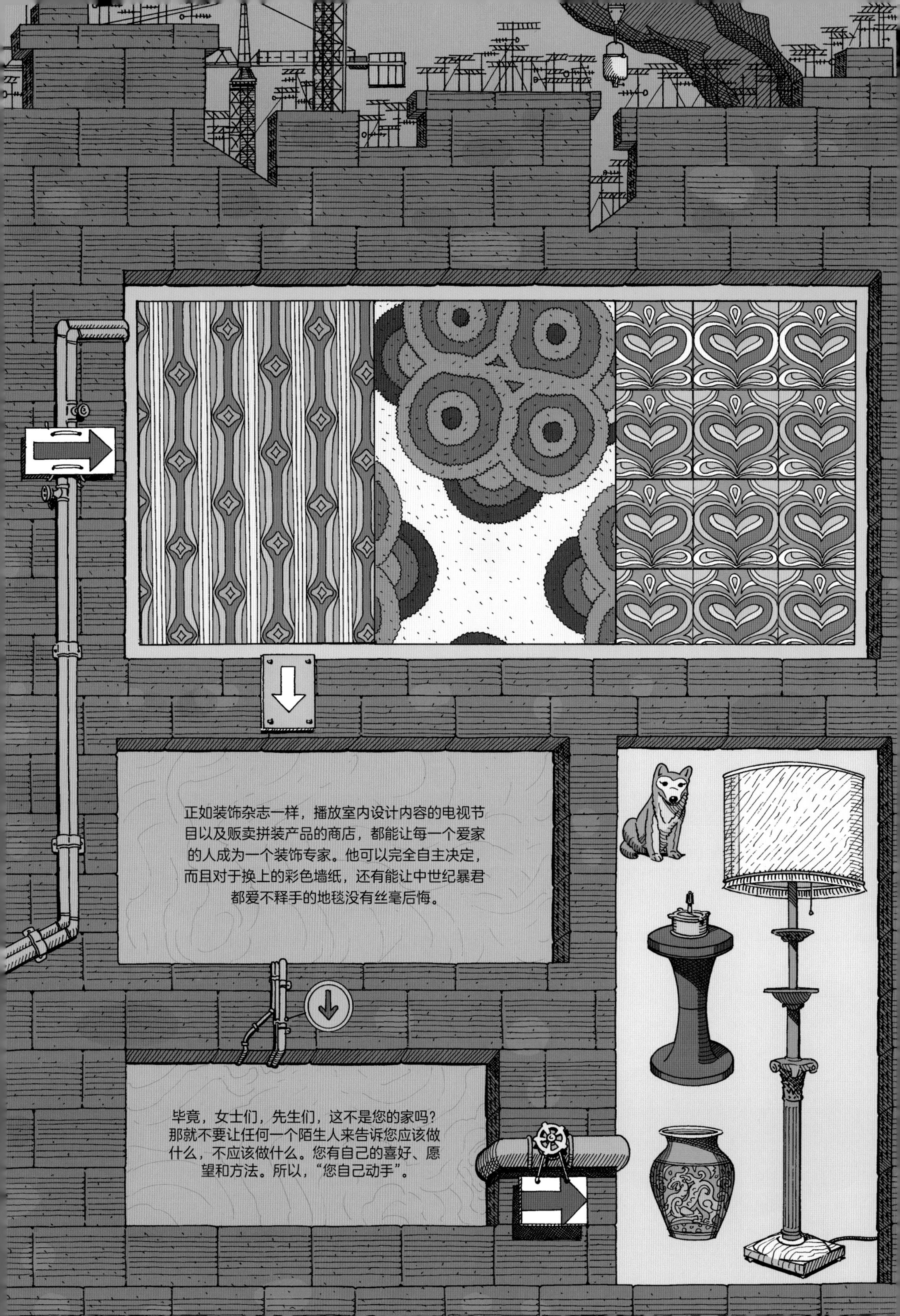
正如装饰杂志一样，播放室内设计内容的电视节
目以及贩卖拼装产品的商店，都能让每一个爱家
的人成为一个装饰专家。他可以完全自主决定，
而且对于换上的彩色墙纸，还有能让中世纪暴君
都爱不释手的地毯没有丝毫后悔。
毕竟，女士们，先生们，这不是您的家吗？
那就不要让任何一个陌生人来告诉您应该做
什么，不应该做什么。您有自己的喜好、愿
望和方法。所以，“您自己动手”。

每个人家里都有一个房间，“人们在那里开展生活”。正如某句非常有启示的话说的，就是那个有电视的房间。
因为那块有阴极射线显像管的电视屏幕，是新的、现代的、闪耀的，也是更适合的、面向世界的窗户。
收音机意味着外部世界的纷扰进入家庭的私人空间，但是它的影响力被限制在声音里。电影的确包括了图像和声音，但只能在家庭空间以外的地方放映。电视意味着多重图像的传输，充满了在真实场景和虚拟场景中不断变换的戏法。而所有这些都能在您的家里得到，女士！
“那块小屏幕”播放的内容，就是事实，绝对是的。无须赘言。

在西方世界，个体被限制在家中这块屏幕面前。他伸出头，透过这块屏幕，看到通信化的城市，即地球村。
通过这种方式，人们了解到 1973 年的石油危机，该事件引发了自 1929 年以来最严重的世界经济衰退。
这让全世界人都了解到这个世界有多依赖石油。
于是，偏远地区产生的危机会极度扰乱经济秩序，以至于逼迫人们必须改变已经固定的生活方式。
一个时代已经结束，那是个能源廉价且取之不尽的时代。
地球和自然资源第一次变得不足和有限。

在通信化城市里，身处不同地点的人们在
同一时间惊觉，原来我们人类正在给居住
的地球设置有效期。
这在一定程度上唤起了生态
保护意识。
自 20 世纪中叶起开始的快速发展，
让人们对能源的消费失去节制，导致
了自然环境中的许多问题。
是的，电视前的观众朋友们，我们
就是自然环境的一部分，需要做出
果断的反应，致力于保护自然，
以及我们自己。

科学与技术不再只是一条充满积极理念的道路。现在它黑暗的一面越来越明显。
污染物!
污染!
环境灾难!
核威胁!

还有，城市的风景也变得暗淡！
不断建设中的卧城*以及卫星城，无能的中央管理以及对房地产的疯狂渴望，建筑师已经被排除在外。人们急于求成，用可疑的材料，带着可疑的城市规划标准，将城市空间分割成工作、住宅、休闲和交通，将这些附属城市从老城区分开，在某种程度上，使这些城市降级。
这些郊区住宅污染了环境，就像工业流水线的又一个产品。家庭需要大量消耗的东西，诸如电、煤气、水、暖气、冷气，那里却没有……风景都因此变脏了，正如我们的未来。
1 2 3 4
5 6 7 AV

* 指大城市周边的大型社区或居民居住点，人口相对集中但缺乏成熟的城市配套功能，功能几乎局限于晚上回家睡觉。

要节省能源！经济学家和环保主义者都是这么说的，
不过……
如果我们想继续提高发展水平和生活质量，我们应该从哪里节省？
住宅应该经济化！建设者应该采用最合适的方法和材料，而住户应该用最节省的方法使用家庭能源，
但是……
无节制的消费带来迫切的建设需求，以及生活水平和消费挂钩，使得我们所有人都看向另一面。
电视、消息、现实的某一面都展示了这些问题，
但是……
同时，广告却将“用过即抛”的家庭消费观念强加给人们。楼下的大型超市里装满各种产品，虽然您不需要，却等着您去满足那小屏幕带来的欲望！

自相矛盾？不，现实是多样化的，我们已经提过这点了。通信化之城并不是一个总称，它是多面的。
创造愿望并向我们售卖幻想不是它的目的。这是它的语言，我们不要忘了，塑造一个靠电视生存的人，一方面是通过他接收的信息，一方面是通过传播的方式。

通信化之城把世界缩小到一块屏幕的大小，还把它放进家里！
它的语言将成为第一种世界通用语言。
00:25
01:15
不能关电视。它已经成为家中不可替代的器官。
UMO
利用短暂的信息交流，悄无声息地将你的现实变成唯一的现实。
10:03
11:00
于是，电视观众倾向于将家里这块屏幕传递的内容理解为一个与自己无关的“表演”。
警惕，这可以是一种遗忘，也可以变成一种控制，甚至到统治！
15:35
15:45

这块屏幕已经不仅仅是一扇朝向外部世界的窗户了。它还是一扇门，什么都可以通过它不受控制地进来。
那块屏幕是一种入侵！
关掉它！
08:45
没有播出的事情就没发生过。
它通过把事实局限在幻想里，剥夺了电视观众的反应能力。
15:00
难道这个箱子要成为传播思想的主要工具吗？
20:52
成为唯一的工具吗？
23:48

随着西方家庭中电视的普及，到了某个时刻，家从私人空间转变成公共
空间，没有回头之路。
视听化的文明交流会把我们带向何方？是让我们变成
坚韧的个体，还是合并成不思考的乌合之众？

“几个世纪的时间都没能征服的家庭私密性，现在被一件家具的一个洞就搞定了。”有的人遗憾地说。“将家庭空间融入地球村并不是一种损失。”另外一些人这么说。
反思还是催眠?
我要把它关了。
我要把它关了。
我要……

第二十六章

未来之家

巴黎
纽约
怀玛拉玛
公元2015年

法国电视台，2015 年 4 月 15 日，晚上 21：15。
工作。健康。住宅。
france télévisions
J'
LA SCÈNE 2

这些是如今地球居民首先要考虑的三个点。

最近一个星期，我们博客上的问卷调查得出了这个结果。

然后才是教育、情感关系、文化、休闲……不过，这些方面都能分开讨论吗？

电视机前或者在多媒体屏幕前正在收看我们节目的朋友们，不管是今天还是明天，在这里还是地球的另一端……
我是你们的劳拉·鲁泽特，来自法国二台。

这里是《似曾相识》：一种让你想起熟悉事物的前瞻性。

这个星期，让我们把目光投向未来的家。正如许多预言家指出的，在这个未来里，事物的联系将越来越紧密，应该说我们关注的各个方面可以被称作“生活方式”。

我们的现场有一群年轻的观众朋友们。

他们是十五岁的男孩儿女孩儿们。
他们正好出生于 21 世纪初，对于他们来说，20 世纪后面几十年发生的事情已经是历史了。
我们简要地回顾一下。

20 世纪 80 年代末，一种社会模式的没落正好碰上了一场科学技术的革命。
人们说，那是意识形态的关键、历史的关键、现代化的关键。你们看这些图片：它看上去不像是一个开始吗?

属于世界性的新型社会的时代。它被称为后工业化，或者数码化，或者信息化，或者全球化。
一个新时代的开端。

地理，在社会的历史进程中曾是个重要因素，在面对无所不在的经济时失去了重要性。世界范围内，根据服务，出现了新的分工，而不是根据产品。产品和服务可以是分开的和去中心化的。

不过，20 世纪 60 年代至 20 世纪 80 年代的疯狂工业化掀开了环境问题、能源问题和城市问题的幕布。

所以，20 世纪末出现了一段不确定和断裂、失落和重组、危机和希望的时期。

在 90 年代末，电脑、互联网及万维网大量普及，成了最强有力且无所不在的事物，影响了社会变更、技术创新、资本流动以及文化转型。由硅的大爆炸开启的数码时代，不管我们是否愿意，都带领着我们走向一种新的理解生活的方式，而且速度极快。

孩子们，
你们看。

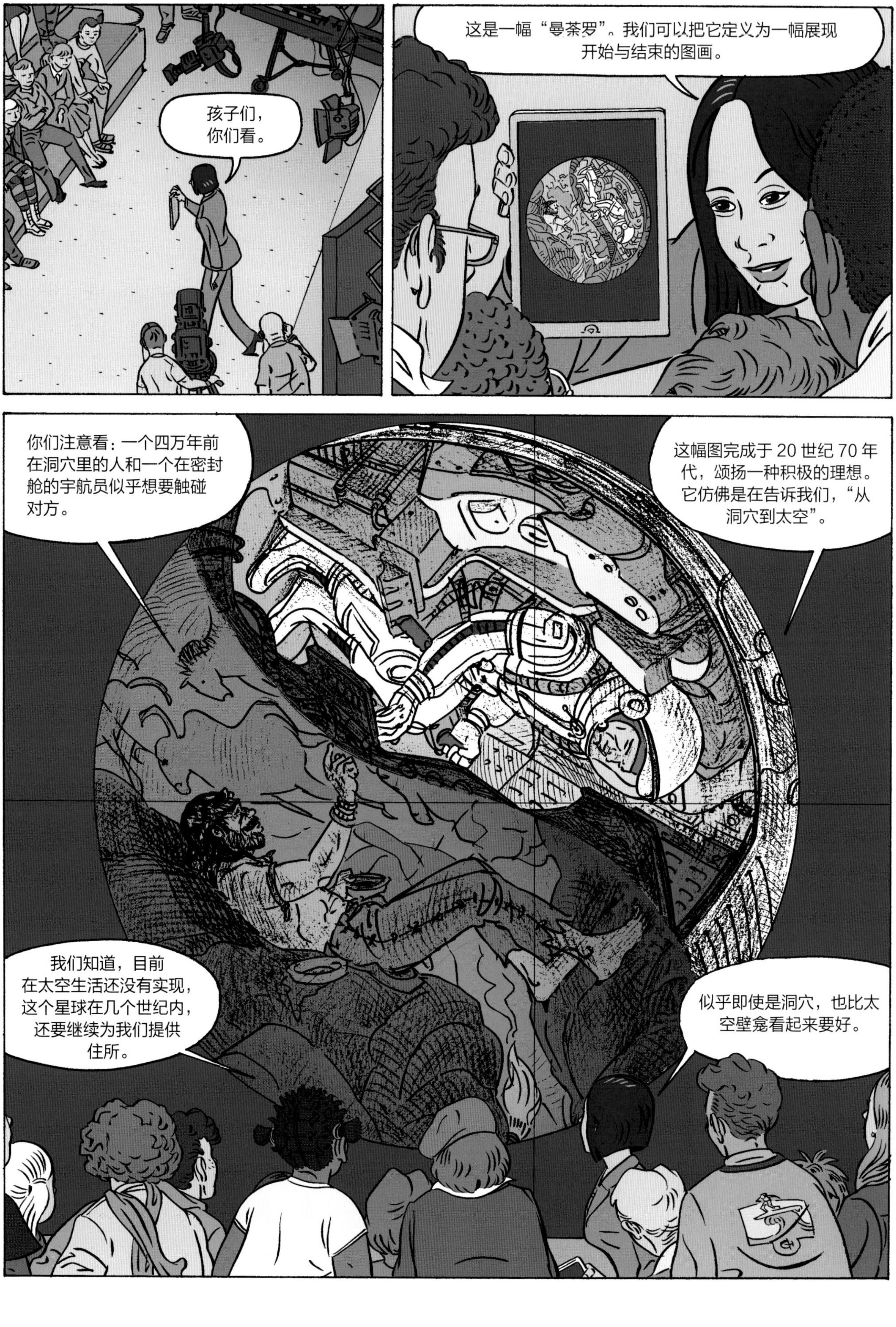

这是一幅“曼荼罗”。我们可以把它定义为一幅展现
开始与结束的图画。

你们注意看：一个四万年前在洞穴里的人和一个在密封舱的宇航员似乎想要触碰对方。

这幅图完成于 20 世纪 70 年代，颂扬一种积极的理想。它仿佛是在告诉我们，“从洞穴到太空”。

我们知道，目前在太空生活还没有实现，这个星球在几个世纪内，还要继续为我们提供住所。

似乎即使是洞穴，也比太空壁龛看起来要好。

在我们面前的是来自曼哈顿街区复式楼层的杰基·吉尔德，当地时间为 15 点 35 分，她是社会学家、网络专家以及麻省理工学院的媒体实验室的教授。

你好，罗拉。谢谢。

另外通过卫星与我们连线的是来自新西兰怀玛拉玛隐居地的雨果·德·蓬庞特韦基奥，当地时间为 7 点 35 分，也就是 16 号的早上，他是散文家和小说家。早上好，德·蓬庞特韦基奥先生，我们看到您那边是早上。

是的，大家早上好。

两位对于未来的设想都很清晰，
但是持不同立场。

所以我们希望两位能就此问题进行一场对
话，我们也是为了这个问题参加今天这场
座谈会的。

今天在场的年轻人，当他们成年的
时候，会住在哪里？
未来的住宅是怎么样的？

住宅将变得
“三个化”。
电子化。
经济化。
生态化。

也就是人们谈论了很久的“可持续化”，通过一条电缆就能抵达世界各地。我们的住宅将成为无所不在的数码世界之间的界面。
嗯……

我认为问题应该是这样：
我们想居住在哪里？或者更恰当地说，我们想怎么生活？

好了，我想我可能会是这个节目里令人讨厌的宿命论者。我希望这不会令你们失望。
不过这是个严肃的话题，我们就不要丑化它了。

我们不能成为绝对的悲观主义者，也不能成为绝对的乐观主义者。并不是每个人都能享受到技术带来的便利。所以，请不要预言技术必胜。
嗯……
不是的。技术是不可避免的，但也有讨论的空间。
但也可能不是。我们第一次拥有可以和我们互动的机器。它们可能会让我们失望，让我们变得笨拙，甚至给我们带来危险。技术的问题，我称之为它欺骗性的一面，因为它让我们相信，有了技术，什么都可以实现。
这就是问题的来源。我问的不是技术是否可以实现一切。我带着担忧，问的是，是否应该通过技术去实现一切。

我同意。
但我们也不应联想到这种恐怖模式，即被赋予特权的技术力量会践踏权利、自由意志以及传统。
技术是必需的。这一点无须讨论。
我是一名技术专家。我认为科学和技术的应用，让我的生活更富裕也更舒适。
实际上，一切都可以通过技术实现。这是它存在的理由。
是的，应该要尝试。技术促进全人类的发展。否认这一点就是否认历史。

怀玛拉玛，上午07：50，2015年4月16日。
您知道，吉尔德教授，技术革新比人类行为和文化革新更快。我们怎么面对这种落差？一部电脑不能让驴变成人，但是能强化它的大脑。没有道德进步只有技术进步，会给我们带来更大的困惑和悲剧。
巴黎，晚上
WBC
教授，我认为您才忘记了历史。蒸汽机引发了工业革命，但也让贫苦遍布城市。
而我认为社会和时代总是跟着一样的旋律起舞！未来也会如此，毋庸置疑，机器能达到的极限，也就是人类的极限。

月15日。
纽约，下午15:50，2015年4月15日。
是，我相信，没有一个不断进步的伦理基础，我们的技术环境无法发展。
请不要忘了，在座所有人都希望能理解二位说的话。
我想说的是，一场技术革命离不开对技术成果的良好使用。
那是另一个时代，另一种社会。
巴黎电视台播放厅的孩子们将会居住在一个有无限可能的世界里。那是一个更好的世界。
我将描述这个世界的一部分。回到那个把我们聚在这里的问题：我们会住在哪里？

这些楼房运作起来就像巨型电脑。它的程序被设计成在最大限度为住户提供舒适的同时最低限度消耗能源和资源。我们将听到很多人谈论这个功能：用最小限度获得最大限度。住宅的程序不仅可以实现消耗较少能源且不产生任何碳和剩余物质这一目的，更厉害的是：住宅产生的剩余能量，可以通过智能组件和材料再次输送给电力网络。
是的，我们的房子将成为一个小型能量合成厂。工厂生产的具有计算功能的电子组件的成本会相对较高，不过，建筑成本会比较低，可以抵消。房子取决于程序、网络和集成电路，而且活动部件和结构的损耗会较少。
建筑物的基本结构——框架，将会是简单、坚固和耐用的。里面会嵌入不同的电子设备，其中的程序会不断自动更新，同时会更换更合适的程序。所有这些——步骤、进展、维护，都会被适当监控。我们的家将会是智能的、包容的和服务型的。

家除了是空间和时间，还是信息，
这个新概念将会改变我们生活的其他
方面。家作为一个封闭单位——直到
目前为止都是这样的——将会消失。
工作、人际关系、休闲活动、文化，
等等，都将混合其中，形成这样一个
实体。新技术以及全球化
唤醒了我们关于居住的
新看法。
家将与我们紧密联系。通过手提
电脑、手机或者车载电脑，我们
时刻与它保持连接，它就像一个
可以随身携带的假肢。在家里，
我们也同样可以连接到任意一个
地方、一种信息或者一次活动。
它的墙壁不是实际的墙，而是铺满电缆的
电板，而且我们可以废除它的限制功能，
把墙壁变成屏幕，根据自己的选择，从中
获得信息或者图片。
家，成了非物质网络的一部分，将重新
定义私人与公共的关系，溶解其中的边界，而
且将在住户心里留下一个精神上而非物质上的
痕迹。居住，意味着参与发现专门为我们设置
的新科学与自然、社会与技术、人体与机器。
这是一个有关掌控与舒适的梦想。

我没有说话，而是让教授发言，因为连接那些用技术建造的迷人住宅的地方，出现了正好可以反驳她的预言的论据。这让我不禁提出一个绝望的请求：让我们停止假想，让我们开始设计！我觉得时间快不够用了。我们也知道，过去的假想乌托邦把我们带到了哪里，它们遍布在我们的城市中。
“家将是人不可分割的一个假肢。”这样，家将和人一样充满矛盾，因为，正如我已经说过的，不管信息化的住宅变得多么智能，这不代表住户也变得同样智能。我看到的更多是信息普及化包含了专制的特性。谁将有能力设计您家里的程序？我不行，我连洗衣机的说明书都看不懂！
那让我害怕。某个无法触碰的事物将告诉我的家应该对我做些什么。难道这就是您指的“精神上的痕迹”？
如果我的鞋子上有泥，我的家就不让我进了，我会发疯的。
您真的认为我们所有人都将放弃自己的意愿，而我们的身份将被当作电子产品，像某个软件的一部分吗？
牺牲掉我们之所以为人的那一部分吗？
我明白了。人与硅的结合将是对城市、工厂、住宅和风景的赞美。我认为，目前对技术的崇拜，对未来技术化场景的设想，不过是重申我们对未来的信心，因为那时的政治、经济、艺术或者宗教都无法为我们提供什么了，更不用说答案了。

网络会替您
考虑的。
就像我们已经学会和机器互动，
未来要学会和家互动。我们会重新
将家变成新的机器。
不会的，您会把泥土去掉，
这样就不会把家里弄脏了。
人类只能在机器和网络上找到
我们的救赎。
随着信息技术的物理结构越来越小，
而且在基因工程中的化学结构越来越不稳定，
两种技术不断地在重叠和融合。
您提到了，
德 · 蓬庞特韦基奥先生：
对未来的信仰。
那正是我们建设的基础。

是，但是您不要忘了，有信仰并不一定意味着——正如您猜想的那样——有足够的信仰。您的预言本质上是一种概率。您在时间上做出一种预测，但是忘了考虑区域。观众们看到您、听到您对我们未来如何居住的描述之后，也许已经畅想所有人都将居住在您故事里的住宅中。其实并不会。在理想中的技术之城（很少），会有这样的理想的技术之家；在垃圾之城（很多），会有很多垃圾之家。
在 21 世纪的第二个十年，全球仍然有三分之一的人口居住在贫民窟。我们都同意这个观点，这个世界的所有问题都是互相联系的，一个茅屋总是会弄脏一个现代化的房子。
是的，可持续性已经是一个全球性的因素，这是一个生存的问题，发展中社会为了变成发达社会仍然需要消耗大量的能源，需要发达社会的帮助。那时候不会有北边的社会、南边的社会。到时候只有一个世界范围的社会、以二进制单位为速度运转。

是啊，这种速度就会积累冲突。通过多消耗来达到少消耗，这本身就是一种矛盾。而建设生态化、自动化、互联的住宅不能解决这些问题。
现在，我们最亟须解决的问题是，我们继承了工业发展的成果，而我们的后代会继承的，是那些将理想之家和财产及人连接起来的基础设施。一个可持续的家，会因为一个错误的方向变得不再可持续。一个适用于全宇宙的模型可以终结这点？嗯……我认为我们做不到。
我们会做到的，没有别的选择。未来的星球是这么要求的，不过……
我们已经听够这题外废话了！
就这个把我们聚在一起的主题达成一致并不是这场辩论的目的。
不过，我认为，正因如此，事情正在变得越来越清晰：

第一，我们今天探讨了很多东西，因为设计未来的家就是设计未来。
第二，保持不同意见，并不断反思，将会是我们不断前进的唯一方式。

因为，也许并不是一切都可能实现。
也因为，也许并不是一切都会被丢掉。

展现在我们面前的，是在未来如何生存，这个困难而持久的巨大任务。与此同时，我们还要面对一些不断改变的条件，其中会有大量的成功与失败。我们将不得不做出决定，这些决定毫无疑问将影响人们对人类社会关系的理解。

这些年轻人们，他们是这个世纪的航海者，将会在一个
充满矛盾的海上航行，其中会有困惑与探索、危险与激情、
失去与得到。

为此，拥有好的船与帆是
必须的。
而且，
要顺风。

即便如此，当他们抵达一个看
起来合适的港口后，有可能还
要重新启航。

在两千五百年前，一个叫赫拉克
利特的希腊人说过："唯一不变的
就是永远在变。"

这就是法国电视
二台的《似曾相识》。
下星期见。

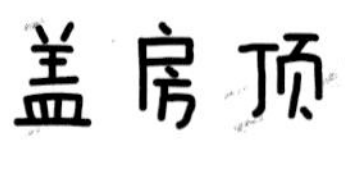

盖房顶

（结语）

这段伟大征程的简短编年史就到此为止了。

在玩追逐游戏的时候，当孩子们抵达一个约定好不会被抓的地方之后，会大喊“到家!”。当我们在日常生活中感到精神状态很痛苦时，我们会说“我感觉房子都要塌了”。我们给某人建议，免得他起了个坏头，会对他说“不要从屋顶开始建房子”。住宅，作为一个物质上的实体，为我们提供了一个遮蔽风雨、阻挡外人的容身之处。同时它也是精神上的建筑物，给我们提供认同感，告诉其他人我是谁，告诉自己我是谁。

这个观念中寄托了许多希望。经过三千年的征服之路，我们才成为拥有这个观念的居民。这条征服之路仍未结束，不过可以肯定的是，没有这个观念，我们就不会是今天的我们。家，是我们物质上和精神上的“棱堡”，这个空间长时间地见证了我们最私密的部分，以至于它的优点成了我们的优点，而我们的不幸和缺点也能在这时间长河里找到一个解决办法。我们为家做了这么多筹划，坚信家比我们自身更能表达我们能企及的成就。这场征服是一个梦想，经过了漫长且不停的锻造。它让我们获得了私密、隐私、舒适或者居家，但仍是一个没有完全实现的梦想。我们将会实现它吗?未来，那个虚拟的空间将会回答这个问题。但是我们别忘了，这是过去给我们提的一个问题。

男人和女人，有时候费尽周章，让一个谎言变得可信；但是住宅是他们的神殿，它会说出真相，告诉我们住在里面的是怎样的人。

——《他们》作者：鲁德亚德·吉卜林

图书在版编目（CIP）数据

屋檐之下：人类住宅进化史 /（西）丹尼尔·托雷斯著；谢沛奕译. -- 成都：四川美术出版社，2024.5
ISBN 978-7-5740-0653-9

Ⅰ.①屋… Ⅱ.①丹… ②谢… Ⅲ.①住宅—建筑史—世界 Ⅳ.①TU241-091

中国国家版本馆CIP数据核字(2023)第146293号

著作权合同登记号　图进字 21-2023-19

屋檐之下：人类住宅进化史
WUYANZHIXIA: RENLEI ZHUZHAI JINHUASHI

［西］丹尼尔·托雷斯　著
谢沛奕　译

选题策划	后浪出版公司	出版统筹	吴兴元
责任编辑	杨　东　王馨雯	特约编辑	强　梓
责任校对	陈　玲	营销推广	ONEBOOK
装帧制造	墨白空间·黄海		
出版发行	四川美术出版社（成都市锦江区工业园区三色路238号 邮编：610023）		
开　　本	889毫米×1194毫米　1/16	印　　张	36.5
字　　数	405千	印　　刷	河北中科印刷科技发展有限公司
版　　次	2024年5月第1版	印　　次	2024年5月第1次印刷
书　　号	ISBN 978-7-5740-0653-9	定　　价	288.00元

读者服务：reader@hinabook.com 188-1142-1266
投稿服务：onebook@hinabook.com 133-6631-2326
直销服务：buy@hinabook.com 133-6657-3072
网上订购：https://hinabook.tmall.com/（天猫官方直营店）